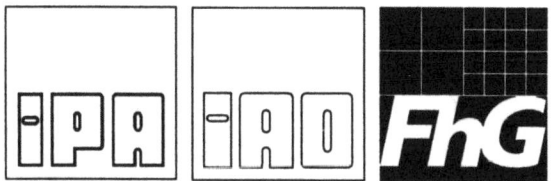

Forschung und Praxis

Band T44

Berichte aus dem

Fraunhofer-Institut für Produktionstechnik und Automatisierung (IPA),
Stuttgart

Fraunhofer-Institut für Arbeitswirtschaft und Organisation (IAO),
Stuttgart

Institut für Industrielle Fertigung und Fabrikbetrieb (IFF)
der Universität Stuttgart

Institut für Arbeitswissenschaft und Technologiemanagement (IAT)
der Universität Stuttgart

Herausgeber: H.-J. Warnecke und H.-J. Bullinger

25. IPA-Arbeitstagung
16. und 17. Juni 1994

Produktionsstrategie für das 21. Jahrhundert -
Die Fraktale Fabrik

Herausgegeben von   H.-J. Warnecke
                                          H.-J. Bullinger

Springer-Verlag
Berlin   Heidelberg   New York   London   Paris
Tokyo   Hong Kong   Barcelona   Budapest 1994

Dr.-Ing. Dr. h. c. mult. H.-J. Warnecke
o. Professor an der Universität Stuttgart
Fraunhofer-Gesellschaft für angewandte Forschung e.V., München

Dr.-Ing. habil. Dr. h. c. H.-J. Bullinger
o. Professor an der Universiät Stuttgart
Fraunhofer-Institut für Arbeitswirtschaft und Organisation (IAO), Stuttgart

ISBN 978-3-540-58226-7   ISBN 978-3-642-52359-5 (eBook)
DOI 10.1007/978-3-642-52359-5

Dieses Werk ist urheberrechtlich geschützt. Die dadurch begründeten Rechte, insbesondere die der Übersetzung, des Nachdrucks, der Entnahme von Abbildungen und Tabellen, der Funksendung, der Mikroverfilmung oder der Vervielfältigung auf anderen Wegen und der Speicherung in Datenverarbeitungsanlagen, bleiben, auch bei nur auszugsweiser Verwertung, vorbehalten. Eine Vervielfältigung dieses Werkes oder von Teilen dieses Werkes ist auch im Einzelfall nur in Grenzen der gesetzlichen Bestimmungen des Urheberrechtsgesetzes der Bundesrepublik Deutschland vom 9. September 1965 in der Fassung vom 24. Juni 1985 zulässig. Sie ist grundsätzlich vergütungspflichtig. Zuwiderhandlungen unterliegen den Strafbestimmungen des Urheberrechtsgesetzes.

© Springer-Verlag Berlin Heidelberg 1994

Die Wiedergabe von Gebrauchsnamen, Handelsnamen, Warenbezeichnungen usw. in diesem Werk berechtigt auch ohne besondere Kennzeichnung nicht zu der Annahme, daß solche Namen im Sinne der Warenzeichen- und Markenschutz-Gesetzgebung als frei zu betrachten wären und daher von jedermann benutzt werden dürften.

Sollte in diesem Werk direkt oder indirekt auf Gesetze, Vorschriften oder Richtlinien (z.B. DIN, VDI, VDE) Bezug genommen oder aus ihnen zitiert worden sein, so kann der Verlag keine Gewähr für Richtigkeit, Vollständigkeit oder Aktualität übernehmen. Es empfiehlt sich, gegebenenfalls für die eigenen Arbeiten die vollständigen Vorschriften oder Richtlinien in der jeweils gültigen Fassung hinzuzuziehen.

Grafische Gestaltung: O. Walter, IPA

Vorwort

Fit für den Aufschwung

Mit der sich abzeichnenden Verbesserung der Wirtschaftslage werden viele Unternehmen wieder aufatmen. In einigen Fällen wird sich dabei leider zeigen, daß sehr "schlanke" Unternehmen nicht mehr über die erforderliche Substanz verfügen, um einer dynamischen Marktentwicklung folgen oder gar voranschreiten zu können. Für Unternehmen allerdings, die sich beizeiten darauf vorbereitet haben, ergeben sich große Chancen.

Konjunkturzyklen sind ein bekanntes Phänomen; jeder seit längerer Zeit Berufstätige hat mehrere solcher Phasen mitgemacht. Damit verbunden ist die Erwartung, daß die Verhältnisse wieder werden wie in besseren Tagen. Vieles deutet jedoch darauf hin, daß das große Revirement zu Beginn der neunziger Jahre einen tiefen Einschnitt in der Industriegeschichte unseres Landes markieren wird.

Die erfolgreichen Unternehmen der nahen Zukunft werden
- sich in einer Welt des Wandels behaupten,
- komplexe Wertschöpfungsprozesse beherrschen,
- Abschied genommen haben von linearem Denken,
- ihre Mitarbeiter zu Mitunternehmern gemacht haben,
- überlegene Methoden und Instrumente zur Anwendung bringen.

Ein Patentrezept für den Schritt in die Zukunft gibt es nicht. Die Vielfalt der Anforderungen und Einflußgrößen erfordert individuelle Vorgehensweisen. Deren Konturen werden jedoch immer deutlicher. Viele Beispiele aus der Praxis können schon heute als Orientierungspunkte dienen. Die Vermittlung von Anforderungen und Rahmenbedingungen, insbesondere aber von Lösungsansätzen und Methoden ist Anliegen dieser Tagung.

Ob Sie den ersten Schritt schon vollzogen oder noch vor sich haben, wir freuen uns auf Ihre Teilnahme.

Stuttgart, im Juni 1994

Prof. Dr.-Ing Dr. h. c. mult. H.-J. Warnecke

Inhalt

Paradigmenwechsel im Produktions-   **9**
betrieb - Die Fraktale Fabrik
H. Kühnle

Produktionsstrategien für das   **45**
21. Jahrhundert - Aktuelle Ergebnisse
einer Untersuchung des BMFT
B.-D. Becker

Innovative Struktur- und Arbeits-   **71**
organisation - Herausforderungen
an die Personalpolitik
P. Wagener

Marktorientierte Neugestaltung -   **92**
Der Mensch steht im Mittelpunkt
K.-H. Ruhe

POLYRACK - ein Unternehmen auf dem   **113**
Weg ins 21. Jahrhundert
H. Rapp, J. Bühring

Struktur statt Technik - Erfahrungen in   **133**
einer Fraktalen Fabrik
H. Steiner

Gestaltung von Informationssystemen   **165**
in der Fraktalen Fabrik
W. Sihn

Zielorientierte Selbststeuerung teilauto-   **201**
nomer Arbeitsgruppen auf der Basis eines
Budgetierungssystems bei einem Hersteller
von Großpressen
J. Faulstich

Fraktale Strukturen im Großhandel -   **227**
Bestandsoptimierung bei LAPPKABEL
A. Lapp

Dezentrale Anlagen- und Prozeßverant-   **261**
wortung bei einem Unternehmen der
Automobilzulieferindustrie
B. Brodbeck

WINI - Standortsicherung durch Fraktale   **293**
Strukturen
H. Karsch

Paradigmenwechsel im Produktionsbetrieb - Die Fraktale Fabrik

H. Kühnle

Paradigmenwechsel im Produktionsbetrieb - Neuorientierung der Produktion

Ausgangssituation und Vision

Seit Ende des letzten Jahrzehnts wissen wir bestimmt: In anderen Wirtschaftsräumen dieser Erde gibt es Industrieunternehmen, die mit der Hälfte des Personals auf der halben Fläche unter Einsatz der Hälfte der Bestände doppelt so schnell und bei wesentlich weniger Qualitätsproblemen dieselben Produkte oder zumindest ähnliche Produkte zu erzeugen im Stand sind wie unsere Vorzeigindustrien in Deutschland. Speziell die japanischen Firmen sind in diesem Zusammenhang besonders auffällig in Erscheinung getreten. Nicht hektischer Industrietourismus und blindes Kopieren von vermeintlichen Erfolgsrezepten mußte die adäquate Antwort sein, sondern konsequentes Rückbesinnen auf unsere Stärken, auf das Geleistete, schonungsloses Aufdecken von Versäumnissen und Defiziten sowie der Aufbau zukunftsweisender und erfolgsträchtiger auf unsere Verhältnisse abgestimmter Konzepte und Lösungen zur Aufrechterhaltung und zum Ausbau der konzeptionellen und technologischen Führerschaft auf dem Produktionssektor war das Gebot der Zeit. Ein wichtiges Ergebnis solcher Überlegungen und Absichten ist die Fraktale Fabrik gewesen, die als ganzheitliches Konzept angepaßt an die nun gültigen Markt- und Produktionsbedingungen sowie das Know-how der Mitarbeiter in Mitteleuropa zur Entwicklung von Produkt-, Technologie- und Mitarbeiterqualifikation gleichermaßen vorgeschlagen und an zahlreichen Produktions- und Dienstleistungsunternehmen ausschnittsweise oder aber auch flächendeckend umgesetzt ist.

Die Ergebnisse der Lösungen und Umsetzungen sind äußerst ermutigend; die kurzfristig gesetzten Leistungsziele einer 30 bis 40%igen Produktivitätserhöhung bzw. einer Durchlaufzeitreduzierung um über die Hälfte sind in allen Fällen erreicht worden. Dies stellt jedoch nur einen Anfang dar; einen Anfang der Entwicklung in Richtung einer durch die Mitarbeiter getriebenen höheren Automatisierung, verdichteter und effizienter Kommunikation und leistungsstarker Kundennähe unserer Produktionsbetriebe. Ausbildungssysteme, technische Ausstattungen und die Auslegung von Informationssystemen sind auf die bisher von uns betriebenen klassischen Produktionsbetriebe abgestimmt. Nun gilt es, das erworbene Verständnis zu der neuen Art des Produktionsbetriebes der Fraktalen Fabrik in Qualifikation, technische Ausstattungen und Kommunikations- und Informationsstrukturen umzusetzen. Dazu sind Methoden und Werkzeuge neu zu entwickeln bzw. auch bestehende zu modifizieren und zu Gesamtlösungen zu verknüpfen. Vor uns allen liegen eine Menge unerledigter Aufgaben und ungelöste Probleme - darüber dürfen die ersten durchweg alle Erwartungen übertreffenden Erfolge nicht hinwegtäuschen.

Die Akzeptanz bei unseren Projektpartnern und die Begeisterung, mit der die Mitarbeiter die "Fraktale Fabrik" in ihren Unternehmen tragen, geben Anlaß zu längerfristigem Optimismus. Gelingt es uns, selbstorganisierende, sich selbst optimierende im Sinne der Gesamtunternehmenszielsetzung ausgerichtete Einheiten flächendeckend in unseren Industriebetrieben einzuführen, so entstehen schlagkräftigste Produktionseinheiten, die keinerlei Wettbewerb zu scheuen brauchen. Dank der breiten und qualifizierten Ausbildung in Sachen Produktion und Industrie, die hierzulande in einem Umfang vorhanden ist wie nirgendwoanders, werden uns in die Lage versetzen, Führerschaften auf allen für uns vitalen Gebieten in und um den Industriebetrieb zurückzugewinnen und auszubauen. Gleichzeitige Weiterentwicklung unserer Produkte, der eingesetzten Technologien und der Qualifikation unserer Mitarbeiter sichern Wettbewerbsfähigkeit, Vollbeschäftigung und Wohlstand.

Vom Ausland wird die "Fraktale Fabrik" aufmerksam registriert und die Entwicklung verfolgt. Japaner und US-Amerikaner behandeln das Konzept der Fraktalen Fabrik in den Produktionswissenschaften mit gleichem Rang wie Konzepte des Agile Manufacturing (US) oder des Bionic Manufacturing (J) bzw. Dezentralized Autonomous Manufacturing (J).

Die Bedingungen, unter denen die Produktionsbetriebe heute auf den Märkten tätig sind, haben sich noch nie so nachhaltig und in so vielen Dimensionen gleichzeitig verändert, wie es in den letzten Jahren der Fall war. Die ständig zunehmende Komplexität der Unternehmensumwelt wirkt sich zwangsläufig auf die Unternehmensabläufe aus und läßt diese immer beziehungsreicher und unübersichtlicher werden (Bild 1). Die Auseinandersetzung um die Beherrschung dieser Komplexität hat die Frage nach der geeignetsten Organisationsstruktur zu einem wesentlichen Diskussionsgegenstand in Wirtschaft und Wissenschaft werden lassen - zumal auch die in der Praxis dominierenden hierarchischen und tayloristischen Organisationsleitbilder heute an ihre Grenzen stoßen. Zentralisierung, Spezialisierung und Bürokratie haben in den Unternehmen nicht nur zu Unübersichtlichkeit und Schwerfälligkeit geführt, sondern auch zu einer weitestgehenden Inflexibilität der Geschäftsabläufe. Die derzeitigen Anforderungen des Marktes und des Wettbewerbs können unter solchen Voraussetzungen jedoch nur schwer bewältigt werden. Ziel muß deshalb sein, das Dogma festgefügter, unbeweglicher, zentralistischer Organisationskonzepte zu brechen. Die heute benötigte Flexibilität - Anpassungsfähigkeit an sich wechselnde Bedingungen - kann nur durch dezentrale, dynamische Organisationsstrukturen gewährleistet werden.

Grundgedanken

Die starke Abhängigkeit von der Umwelt (Markt, Umgebung, Ressourcen) ergibt - zusammen mit der in der Umgebung feststellbaren Beschleunigung (Turbulenz) - die neue Problematik der Nichtvorhersagbarkeit zukünftiger Verläufe und Ereignisse. Damit stoßen wir an die Grenze der rein deterministischen Gestaltung und Erklärung, wie dies auch in anderen Wissenschaften eingetreten ist. Die Blickwinkel auf den Produktionsbetrieb muß also um nichtplanbare Bereiche erweitert werden. Zwischen den streng planbaren, deterministisch ablaufenden Bereichen und den Gegenden der völligen Unplanbarkeit bzw. Nichtbeschreibbarkeit liegt eine Zone, die sich klassischen Maßen entzieht, jedoch bei erweiterten Maßstäben faßbar bleibt. Es handelt sich um den fraktalen Bereich, in dem auch Maße für Strukturen hoher Komplexität angegeben werden können. Da natürliche Systeme sehr gut an turbulente Umgebungen anpassungsfähig sind und das Fraktal als eines der Grundmuster natürlicher Systeme erkennbar ist, liegt es nahe, aus diesen Strukturen Grundmuster auch für die Gestaltung von Industriebetrieben abzuleiten. Vor allem die Eigenschaften, Selbstorganisation, Selbstähnlichkeit und Dynamik fraktaler Objekte sind Eigenschaften, die auch ein Industriebetrieb zum Überleben in turbulentem Umfeld aufweisen muß (Bild 2).

Im Fabrikbetrieb definieren wir deshalb ein Fraktal als selbständig agierende Unternehmenseinheit, deren Ziele und Leistungen eindeutig beschreibbar sind. Fraktale organisieren sich selbst, optimieren sich selbst, folgen widerspruchsfrei den Zielen des Gesamtunternehmens (Selbstähnlichkeit) und sind über ein leistungsfähiges Informations- und Kommunikationssystem verknüpft (Dynamik).

Die Fraktale Fabrik ist dann ein offenes System, das aus selbständig agierenden und in ihrer Zielausrichtung selbstähnlichen Einheiten - den Fraktalen - besteht und durch dynamische Organisationsstrukturen einen vitalen Organismus bildet (Bild 3).

Diese allgemein gehaltenen Definitionen müssen noch hinsichtlich des Bezugsrahmens durch Leitlinien genauer abgesteckt und mit Inhalt erfüllt werden. Dies soll zunächst an einigen Projektbeispielen konkret mit Leben erfüllt werden, die den Zustand vor der Planung der "Fraktalen Fabrik" und die Zustände danach anhand einiger Darstellungen skizzieren.

Im ersten Beispiel ging es darum, einen Produktionsbetrieb für Tauch-Motor-Pumpen markt- und kundengerecht umzustrukturieren. Die Leistungsziele eines Preises unter der Hälfte der derzeitigen Marktpreise, Lieferbereitschaften von 24 Stunden innerhalb des Landes und 48 Stunden europaweit mit Stückzahlbeliebigkeit ließen keine Zweifel daran aufkommen, daß es sich um großflächigere revolutionäre Umstrukturierungen in diesem Produktionsbetrieb handeln mußte. Alle waren gefordert, das gemeinsame Ziel anzusteuern. Die Geschwindigkeitsziele waren nur erreichbar, wenn die taylorisierten Strukturen aufgelöst und durch andere durchlässige ersetzt würden. Die permanente Verbesserung am Produkt war nur durch Weckung der Kreativität und des Potentials der einzelnen Mitarbeiter im Rahmen einer Selbstorganisation, Selbstoptimierung und auf das Gesamtziel ausgerichteten dynamischen Struktur denkbar. Nach eingehenden Zieldiskussionen mit der Leitung und dem Führungsteam waren die Parameter festgelegt und die Ausgangsstrukturen für die Abläufe klar. Innerhalb von sechs Monaten war die Umsetzung und Coaching-Phase für alle Mitarbeiter im Werk abgeschlossen und die Ziele soweit erreicht. Die Fraktale Pumpenfabrik war geschaffen - gerüstet für weitere Herausforderungen und neue Marktchancen im Auge.

Im zweiten Beispiel bei der "Weißen Ware" war es Ziel, aus der Kostenlawine heraus in strategisch günstige Positionen zu kommen, da die Produkte und ca. 30 % zu teuer und auf unangenehme Nischen (Sonderausführungen) beschränkt waren. Stückzahlrelevante Produkte waren die Minderzahl, ein großes Spektrum an Exoten stellte das Hauptproduktionsprogramm dar:

- Hohe Lagerbestände ergaben deshalb nicht die erwartete Lieferbereitschaft.

- Hohe Fertigungstiefe mit arbeitsteiligen Produktionsstrukturen verursachten Schnittstellenverluste (Zeitaufwand, Abstimmungsprobleme).

- Starre Organisationsstrukturen verhinderten, daß die Mitarbeiter Freiräume zur Verbesserung der Situation ausschöpfen konnten.

Die Firma entschloß sich, den langfristigen Fortbestand des Unternehmens durch eine ausgeprägte Kundenorientierung des gesamten Unternehmens zu sichern und ein auf diese Prämissen hin ausgerichtetes Unternehmenszielsystem zu arbeiten. Die betriebsmittelorientierte Produktionsstruktur wurde in mehrere Produktions-Workshops aufgebrochen und in ablauforientierte Strukturen umgewandelt. Unter Einbeziehung aller Mitarbeiter kam ein Fraktalbildungsprozeß in Gang, deren Ergebnis die im Bild dargestellte "Fraktale Produktionsstruktur" war. Jedes Fraktal ist dabei ein eigener Verantwortungsbereich mit Fraktal-Leiter, mehrere Fraktale bilden einen gemeinsamen Koordinationsbereich, der ablauforientiert und kundenbezogen funktioniert. Das Steuerungskonzept basiert nicht auf ein Prognoseverfahren, sondern auf der kundenorientierten Montage. Es wurden Lieferzeitkategorien gebildet, die eine ausschließlich bedarfsgesteuerte Montage der Struktur erlaubten. Lagerbestände werden nur noch für ausgewählte Typen geführt. Es konnte eine drastische Bestandssenkung von über 50 % innerhalb der Eigenfertigung bei gleichzeitiger Senkung der Lieferrückstände herbeigeführt werden. Eine erhebliche Verbesserung der Lieferbereitschaft ist die Folge. Von einem Pilotbereich ausgehend ist nun das Fraktale-Fabrik-Konzept im Betrieb flächendeckend umgesetzt. Dabei beschränkte sich die Umsetzung nicht nur auf die Produktionsbereiche, sondern auch auf die Produktentwicklung, in dem Produkt-Entwicklungs-Fraktal wurde durch parallele Aufgabenbearbeitung eine enorme Produktentwicklungszeitverkürzung erreicht.

Im Laufe des Projektes ist deutlich geworden, daß sich verschiedene Denk- und Verhaltensweisen innerhalb der Belegschaft vollständig geändert haben. Es hat sich gezeigt, daß verschiedene Grundsätze einige der elementaren Kennzeichen der Fraktal-Strukturen darstellen, ohne deren Beachtung die Fraktale Fabrik nicht funktionieren konnte. Diese Grundsätze verdeutlichen auch die neue Unternehmenskultur, die sich im Laufe des Projekts gebildet hat. Auszüge daraus: Alle Aktivitäten im Unternehmen sollen dem Kunden nutzen, die im Einklang mit den Unternehmenszielen stehen.

- Anstelle des veralteten Abteilungsdenkens tritt das Wir-Gefühl zur Erreichung der Unternehmensziele

- Alle Beteiligten ziehen an einem Strang, sind also an dem Produkt, also dem Endergebnis orientiert.

- Das Fraktal besteht aus Mitarbeit und ggf. aus Gruppen- und Fraktalleiter. Das Fraktal ist nur dann effektiv wandlungsfähig, wenn alle genannten Beteiligten zusammenarbeiten.

- Der Ablauf entlang der Wertschöpfungskette steht bei allen Aktivitäten im Vordergrund.

Das zweite Beispiel macht die Vielschichtigkeit des sozio-technischen Systems "Fabrik" deutlich. Effektiv kann der Produktionsbetrieb also nur dann sein, wenn diese Vielschichtigkeit bei der Gestaltung Beachtung findet, ohne jedoch die Sachverhalte zu stark zu vereinfachen.

Die Ebenensicht des Produktionsbetriebs

Die Fabrik wird mehr denn je zu einem offenen komplexen und dynamischen System, wenn es nach fraktalen Gesichtspunkten analysiert wird. Wichtigste Aufgabe ist deshalb, diese Komplexität weiter zu reduzieren, also die Fabrik dergestalt zu vereinfachen, daß einzelne funktionsfähige, gestaltbare und entwicklungsfähige Teile entstehen. Aufgrund der Erweiterung des Bezugsrahmens und der Beschleunigungsphänomene kann nicht mehr auf die althergebrachte Komplexitätsreduzierungsmethode nach Taylor zurückgegriffen werden, nach der in funktionale Bereiche arbeitsteilig zerlegt wird. Vielmehr wird ein Zerlegungsprinzip in ganzheitlich vollzogene Leistungsabschnitte mit überprüfbaren Resultaten und Zielvereinbarungen in Fraktale zu einer ersten Reduzierung der Komplexität nutzbar gemacht. Die Fraktale betreiben Selbstorganisation, Selbstoptimierung und Dynamik, also auch zur Positionierung im Außenraum innerhalb einer Kunden-/Lieferantenkette orientieren sich an vereinbarten Zielen und bewegen sich im strategischen Rahmen. Dabei soll die Strukturierungsaufgabe so gelöst werden, daß sowohl die Fraktale als auch die gesamte Fabrik aufgrund der

Selbstähnlichkeit derselben Strukturierungssystematik unterworfen werden, die folgende Anforderungen erfüllen muß:

- Selbstähnliche Strukturierung von Fabrik als auch Fraktal und Unterfraktal.

- Unterstützung der Kommunikationsintensität fraktaler Strukturen im Sinne der Abbildung und Ausgestaltung der Kommunikation.

- Abbildung von ganzheitlichen Geschäftsbeziehungen und Leistungserstellungsketten.

- Durchdringung einzelner Fraktaler nach innen und nach außen abzubilden.

- Zwischenergebnisvereinbarungsüberprüfungen und Darstellungen sicherstellen.

- Entsprechend der Entwicklung muß eine ständige Evolution in Schritten erfolgen.

- Komplexität und Dauercharakter von Gestaltungsaufgaben sind durch zyklische Abfolgen von Einzelschritten zu vereinfachen und durch ein transparentes und eingängiges Instrumentarium zu unterstützen.

Die Fabrik ist ein sozio-technisches System, das in ein Umfeld eingebunden viele Aspekte gleichzeitig beinhaltet, die bei der dynamischen Betrachtung und Komplexitätsreduzierung gleichzeitig Beachtung finden müssen. Hierbei ist vor allem zu beachten, daß eine Fabrik Ausdruck einer Willensentscheidung hinsichtlich eines durchführenden Leistungserstellungsprozesses zur Unterstützung nicht nur wirtschaftlicher, sondern auch höherer Ziele darstellt. Also seinerseits wieder höheren Regelwerken unterworfen ist. Dies wird deutlich bei der Beachtung von gesetzlichen Bestimmungen, überlieferten Werten und Verhaltenswei-sen. So betreiben wir beispielsweise sonntags die Fabriken in den seltensten Fällen, beachten zunehmend Umweltverträglichkeiten und gesellschaftliche Belange bei der Konzeption und auch beim Betrieb der Fraktalen Fabrik. Diese Vorgaben liefern die Eingangsdaten für eine Strategiebildung, nach der Produkte, Prozesse,

Leistungen und Vermarktungen erfolgen. Die Erledigung der aus den Unternehmensaufgaben aus dieser festgelegten durch Strategie abgesicherten Unternehmensaufgabe erfolgt zunächst durch die Mitarbeiter, weshalb die Organisationsstruktur bzw. das informelle Beziehungsgeflecht im Betrieb die entscheidende Rolle spielen. Nach der Teilaufgaben- und Teilergebnisbildung erfolgt eine wirtschaftliche und finanzielle Vorgabe/Überprüfung, Machbarkeit und Bewältigung, bevor im Detail Informationsflüsse und technische Abläufe ins Blickfeld rücken.

In entsprechender Schichtung ist auch das den Anforderungen gerecht werdende Ebenenkonzept aufgebaut. Nach diesen Ebenen wird die Fabrik in isoliert voneinander bearbeitbare Aspekte zerlegt, ohne die Ganzheitlichkeit im Sinne der Durchgängigkeit durch die Fabrik bzw. das Fraktal zu zerstören.

Alle Forschungsprojekte lassen eindeutig erkennen, daß zur Beschreibung eines jeden Unternehmens als Grundmuster eine Auflösung in sechs Ebenen herangezogen werden kann. Diese Ebenen können durchgängig - aber jeweils voneinander getrennt - betrachtet und bearbeitet werden (Bild 4).

Das Ebenenkonzept ist eine sehr wertvolle Unterstützung bei der betrieblichen Umsetzung fraktaler Lösungen. Wichtige durchgängige Aspekte können isoliert und damit vertieft behandelt werden, ohne daß der Gesamtzusammenhang des Ablaufes oder aber die ganzheitliche Betrachtung des Produktionsbetriebs eingeschränkt ist.

Kulturelle Ebene

Kultur ist die *kollektive Programmierung* des menschlichen Denkens, erworben im Laufe des Lebens, die alle Mitglieder einer Gruppe von Menschen voneinander und von denjenigen einer anderen Gruppe unterscheidet. Eine Gruppe von Menschen mit zumindest rudimentär geteilter Zielsetzung und einem ansatzweisen inneren *Zusammenhalt* bezeichnet man üblicherweise als Organisation: Jede Organisation hat daher eine mehr oder weniger stark ausgeprägte Kultur. *Organisationskultur* ist also Oberbegriff, unter dem die *Unternehmenskultur* einzuordnen ist. Essentieller Bestandteil von Organisationskulturen sind Werte. Sie drücken Gewünschtes aus, umfassen somit den gesamten Bereich menschlicher

Präferenzen. Verhalten orientiert sich an Werten. Bewähren sich Werte, führen sie also zum Erfolg, werden diese Werte aus dem Bewußtsein in tieferliegende Gedankenschichten geführt. Spätestens hier wird deutlich, daß eine zielgerichtet arbeitende Unternehmung ohne *Wertvorstellungen*, d. h. Kulturelemente, nicht auskommt. In vielen Unternehmen ist dies erkannt. Es werden *Leitbilder*, gemeinsame Wertanschauungen und Grundsätze zum Umgang miteinander und mit der Außenwelt geprägt. Darüber hinaus wird der eigenen Organisation ein Platz zugewiesen und ein Zweck vorgegeben.

In jedem Unternehmen herrscht eine bestimmte Unternehmenskultur, deren man sich im Unternehmen selbst jedoch nicht in vielen Fällen nicht streng und im einzelnen bewußt ist. Kulturgestaltung kann in keinem Fall utilitaristisch gesehen werden, d. h., bei bestimmten Kulturelementen sind bestimmte Leistungsresultate zu erwarten. Gleichwohl dient das Festschreiben gewisser unternehmenskultureller Elemente der Bewußtmachung und Verinnerlichung von Werten und Handlungsgrundlagen. Selbstorganisation und Selbstoptimierung können nur wirksam werden, wenn übergeordnete Regelwerke bestehen, die Einzelfallregelungen überflüssig machen. Derzeit ist man sich in den wenigsten Unternehmen der Bedeutung der Unternehmenskultur im Zusammenhang mit dezentral organisierten Produktionsbetrieben bewußt.

Strategische Ebene

Strategie ist die Art und Weise, in der die im Unternehmen vorhandenen Ressourcen zur Erreichung eines Ziels eingesetzt werden. Es sind also Bilanzen zu ziehen, was die eigentlichen eigenen Ressourcen anbelangt und welcher Wert ihnen zugesprochen werden kann. Des weiteren sind klare Ziele vorzugeben, damit der Weg dahin durch speziellen Einsatz vorhandener oder gegebenenfalls beschaffender Möglichkeiten konsequent begangen werden kann. Wichtige Strategien können sein: Innovationsstrategien. Me-too-Strategien. Spezialisierungs- und Diversifikationsstrategien etc. Zunächst jedoch ist das *Zielsystem* zu definieren.

Grundlage für eine erfolgreiche *Strukturierung* mit minimalem Zeit- und Kostenaufwand ist ein zielgerichtetes Vorgehen. Hierfür ist es erforderlich - ausgehend von der Unternehmensphilosophie, der strategischen Orientierung und der Kultur des Unternehmens -, ein Zielsystem zu generieren, wie ein Unternehmen auf die Einflüsse der Unternehmensumwelt reagieren muß, damit dem steigenden Wettbewerbsdruck, der zunehmenden wirtschaftlichen Unsicherheit, den politischen Veränderungen und dem technologischen Wandel begegnet werden kann.

Die Verantwortlichen erarbeiten eine Zielstruktur für die Unternehmensziele. *Unternehmensziele* werden einander mit Hilfe des paarweisen Vergleichs gegenübergestellt und gewichtet. Entsprechend derart gewichteten *Zielstrukturen* können konkrete *Planungsziele* formuliert werden, um die erarbeiteten alternativen Prinziplösungen miteinander vergleichen zu können.

Es gilt, dieses Zielsystem in großen Runden - gemeinsam mit der Geschäftsleitung - festzuschreiben und dafür zu sorgen, daß die bereits vorhandenen oder zu bildenden Teile des Unternehmens nach ebendiesen Zielen ausgerichtet werden. Dies betrifft die geistige Einstellung ebenso wie das Lohn- und Anreizsystem, das Führungsverhalten und die Unternehmenskultur. Abhängig vom Zielsystem müssen *Fraktale* abgegrenzt werden. Als Ausgangssituation kann eine *Fraktalstruktur* generiert werden mit Fraktalen entlang der Logistikkette und Fraktalen, die die Logistikkette unterteilen, beispielsweise Fertigung und Montage.

Bild 5 zeigt die Detaillierung der strategischen Ebene hinsichtlich der Zielgebung auf Unternehmens- und anschließend über die Selbstähnlichkeitsprinzipien auf den Fraktalebenen. Damit wird hinsichtlich der Zielsetzung "Parallelität aller Fraktale" hinsichtlich des Fraktals "Produktionsbetrieb" erreicht. Das Beispiel ist entnommen aus einem Projekt für Elektrokleingeräte, bei dem die kurze Lieferzeit für Einzelgeräte an den Kunden zum vitalen Überlebensfaktor geworden ist. Zeitziele und Produktvariantenvielfalt sind daher mit hoher Priorität im Zielsystem verankert. Dies betrifft ebenso die Montage-Fraktale sowie die davorliegenden Bereiche. Die Priorisierung der Ziele wird meist in dieser Dreiecksform visualisiert. Die Zielsysteme können bis in die Lieferantenstruktur heruntergebrochen werden. Damit verschwindet hinsichtlich der Zielgebung der Unterschied zwischen internen und externen Leistungsträgern hinsichtlich der methodischen Behandlung. Auch die Liefernaten werden damit auf das Gesamtleistungsziel des Unternehmens hinsichtlich der relevanten Produkte orientiert. Darstellungen wie Bild 5 unterstützen das übergreifende Verständnis hinsichtlich in dieser Zielausrichtung. Diese Herauslösung des Strategieaspekts im übergreifend dargestellten Leistungserstellungsprozeß ist dadurch ein wesentliches Element der Projektvorgehensweise und Verinnerlichung von Zielen.

Unternehmensstrategien bzw. auch Produktionsstrategien sind in den meisten Fällen gewachsene und als statisch angesehene Produktoptionen oder Entscheidungspräferenzen. Häufig dominiert noch die Grundsatzstrategie des Hinzufügens an aufwendigerer Technik, falls gewisse Produktsparten am Markt unter Druck geraten. Zur Strategieentwicklung bei flexiblen, anpassungsfähigen Produktionssystemen, wie der Fraktalen Fabrik, bedarf es oft einer längeren Überzeugungsarbeit, Produktvereinfachungen als strategische Option in den Vordergrund zu stellen oder auch gewisse "hausgemachte Qualitätskriterien" durch kundenbezogenes Qualitätsbewußtsein zu ersetzen. So will z. B. nicht jeder Kunde ein äußerst langlebiges Produkt zu einem hohen Preis, sondern eher einen Modellwechsel nach kürzerer Zeit und auf diese kürzere Gebrauchszeit bezogene Preisvorstellungen realisiert sehen. Häufig ist auch eine Sortimentbereinigung Dimension im Rahmen der Strategieplanung notwendig, die seit Jahren ins Auge gefaßt, jedoch niemals konsequent angegangen worden ist. Auch hinsichtlich der Variantenpolitik müssen klarere Festlegungen erfolgen, als dies bisher der Fall gewesen ist.

Sozial-informelle Ebene

Die sozial-informelle Ebene der fraktalen Fabrik steht in enger Wechselwirkung mit der Kulturebene des Modells. Letztere gibt nämlich den Rahmen vor, innerhalb dessen sich die Merkmalsausprägungen zu bewegen haben.

Die sozial-informelle Ebene umfaßt die Gesamtheit aller psychischen, sozialen und informellen Faktoren, die das *Beziehungsgefüge* aller Mitarbeiter des Unternehmens bestimmen und beeinflussen. Bei der Gestaltung der Merkmale kann, wie auf allen anderen Ebenen, auf bereits existierende Ansätze zurückgegriffen werden. Als zentrale Größen dieser Ebene können *Aufbauorganisation*, *Kommunikation* und *Teamfähigkeit* identifiziert werden. Die entsprechenden, dem Kontext der fraktalen Fabrik anzupassenden Methoden wären dann beispielsweise:

- Organisationsentwicklung

- Bildung von Teams und Arbeitsgruppen
- Moderation der Teams
- Informations- und Kommunikationsmanagement
- Coaching.

Zentral sind die Begriffe *Information* und *Kommunikation*, die Gestaltung der diesbezüglichen Strukturen wird zu einer "conditio sine qua non" der fraktalen Fabrik. Wenn es nicht gelingt, alle Mitarbeiter in den dynamischen Wandlungsprozeß einzubeziehen, wird dieser unweigerlich scheitern.

Ein wichtiger Aspekt, der den Rahmen der sozial-informellen Ebene mit den Teams diskutiert, entwickelt und auch gecoacht wird, ist die Einbeziehung von zusätzlichen Leistungsumfängen, die in klassischen Strukturen durch Stabsstellen oder die sogenannten indirekten Bereiche bewältigt worden sind.

Die sozio-psychologische Ebene, wie sie in der Fraktalen Fabrik definiert wird, ist in derzeit in tayloristisch geprägtem Industriebetrieb praktisch nicht vorhanden oder nicht stark ausgeprägt. Die Beziehungsgeflechte sind zwar den Mitarbeitern bekannt. Grundsätzlich sind jedoch Stablinien-Zusammenhänge für die (machtorientierte) Beziehungsstruktur maßgebend. Organigramme prägen auch das Erscheinungsbild nach außen hinsichtlich Zuständigkeit, Funktion und Verantwortungsbereich. Phänomene wie Spezialistenstellungen innerhalb einer Organigrammstruktur, die das Stablinienprinzip dominieren oder auch das "freie Elektron" in der Organisation sind bekannte Phänomene, jedoch niemals gezielt in einen Leistungserstellungsprozeß zur Effizienzsteigerung eingebaut. Instinktiv ist man sich der Defizite seit langem bewußt und versucht, über Reorganisationskonzepte, Schaffen von Krisen in der Organisation oder Einführen von projektorientierten temporären Zusatzstrukturen weitere Potentiale auszureizen. Zur Gestaltung einer dauerhaften Organisation sind dies aber keine Kriterien gewesen. Die soziopsychologische Ebene betont nun gezielt diesen Aspekt zur Erhöhung der Leistungsfähigkeit der Organisation und stellt dem Stabliniendenken ein prozeßorientiertes Organisationsprinzip entgegen.

Wirtschaftlich-finanzielle Ebene

Die finanzielle Ebene der fraktalen Fabrik befaßt sich mit dem Modus der Verrechnung von Leistungen. Hier müssen betriebswirtschaftliche Daten hinsichtlich Wirtschaftlichkeit und Leistungsrelevanz beurteilt werden. Das heißt, daß Umsatz-Kosten-Betrachtungen mit Auslegungsbetrachtungen zusammengeführt werden müssen. Ein geeignetes Instrument wäre hier die Simulation von Prozessen in einer Weise, die diese Zusammenführung gewährleistet. Weiterhin müssen auf der finanziellen Ebene z. B. die Art und Verrechnung von *Ressourcenverbräuchen*, die Art der Kalkulation, das *Bilanzierungssystem* nach "Gewinn" und "Verlust" an die spezifischen Gegebenheiten der fraktalen Fabrik angepaßt werden.

Die Darstellung und Verrechnung wird im Rahmen der Betrieblichen Navigation systemseitig unterstützt (Betriebliches Navigationssystem BNS). Dieser Einsatz zeigt sowohl nach innen hin als auch nach außen die Position hinsichtlich wichtigere Kennwerte, die das Fraktal aktuell einnimmt. Das Fraktal verfügt damit über ein Instrument, daß das eigenständige Controlling genauso unterstützt wie das Initiieren kontinuierlicher Verbesserungsprozesse. Die Übertragung einer eigenen Budgetverantwortung sowie Entscheidungskompetenzen über den Ausgabenteil sind andere Optionen.

Das Einziehen der wirtschaftlich-finanziellen Ebene bezweckt, die Kosten und Wertschöpfungsdenkrichtungen in eine prozeßorientierte Betrachtung umzuwandeln (Bild 6). Allzuhäufig sind Kostenrechnungssysteme Ausdruck der tayloristisch geprägten Organisation und in der Regel auch unscharf im Kostenabbild auf die Kostenträger. Außerdem wird dadurch die Introvertiertheit verstärkt, indem auch das Spiegelbild der eigenen Organisation und damit der darauf aufgebauten Kostenstruktur nach außen getragen wird (Projekt- und Produktkalkulation). Die neue und dringend notwendige Sichtweise der marktorientierten Kalkulation und der anschließenden Zielkostenbetrachtung wird durch die bisherigen Kostenrechnungssysteme nicht ausreichend unterstützt. Das Einziehen in der ablaufübergreifenden wirtschaftlich-finanziellen Ebene läßt hingegen eine konsequente Anwendung von Prozeß- und Zielkostenbetrachtungen zu und unterstützt im Anschluß daran auch auf die Gesamtziele ausgerichtete Bereichszielmarkendefinitionen und die daraus abgeleiteten Lohn- und Anreizsysteme im Überblick (Bild 7).

Informationelle Ebene

Die informationelle Ebene hat primär die Gestaltung der technischen Informationsflüsse zum Gegenstand, der zentrale Begriff ist somit die Ablauforganisation. Das Hauptproblem besteht darin, die Durchgängigkeit und die Integration der Informationssysteme aufrechtzuerhalten, ohne dadurch die Dynamik der Strukturen zu hemmen. Mit dieser Aufgabe gehen spezifische Anforderungen einher:

- Informationserfassung
- Informationserstellung
- Informationsaustausch
- Informationsverwendung
- Informationswege.

Realisierungsmöglichkeiten liegen in weiten Teilen "jenseits von CIM", die Infomationsverarbeitung muß den Abläufen angepaßt werden und nicht umgekehrt. Zahlreiche erfolgreich abgeschlossene Industrieprojekte des IPA haben gezeigt, daß dies nicht nur wünschenswert, sondern auch möglich ist.

Methodisch können übergreifende Darstellungen durch Informationsfluß-Charts, Gesamtpfeildarstellungen zur Auftragsabwicklung angegangen werden. Sollten detailliertere Darstellungen hilfreich sein, so können SADT-Diagramme eine wirksame Unterstützung der Team-Coaching-Arbeiten sein. Für Analysen zur Auftragsabwicklung bzw. zur Informationsflußgestaltung haben sich auch in der Vergangenheit schon die Gesamtinformationsflußdarstellungen bewährt. Insofern ist die Einbeziehung von geleisteten Vorarbeiten und gängigen Methoden zur Informationsflußgestaltung und Umstrukturierung einfach bewältigbar, wenn das Ebenenmodell zugrundegelegt wird. Darüber hinaus gelingt nahtlos der Anschluß an die angrenzenden Ebenen des wirtschaftlich-finanziellen Aspekts sowie der Prozeß- und Materialflußebene.

Prozeß- und Materialflußebene

Die technische Ebene der fraktalen Fabrik ist für die technische Ausstattung der *Materialflußeinrichtungen* zuständig. Hierunter fällt der gesamte Komplex der *Logistik* und der *Materialwirtschaft* mit all seinen Teilkomponenten. Zielgrößen wie Produktivitätssteigerungen, Erhöhung der Flexibilität und der Termintreue entlang der gesamten Auftragsabwicklung sowie die aus Wettbewerbsgründen immer wichtiger werdende *Durchlaufzeitverkürzung* rücken in den Blickpunkt.

Auf der Prozeß- und Materialflußebene sind bereits übergreifende, durchgängige und ganzheitliche Darstellungen in der Vergangenheit weiträumig benutzt. Man denke nur an Senkey-Diagramme, Prozeßablaufpläne, Materialflußschaubilder oder bildliche Darstellung von Transporteinheiten bis hin zur Animation der Abläufe. Ebenso gehören auf diese Ebene Darstellungen zu innerbetrieblicher Maschinenanordnung, Fabrikgrundrisse sowie werksübergreifende Flußdarstellungen und Transportbeziehungen. Bekannte Methoden der Fabrikplanung und der Materialflußgestaltung werden so im Rahmen des Ebenenkonzepts verknüpft mit den erweiterten Aspekten des finanziellen, informatorischen und strategischen Blickwinkels.

Auf der technischen Ebene werden die Anordnungen und Flußbeziehungen im Unternehmen hinsichtlich des Zielsystems gestaltet, Bestandsfestlegungen getroffen und der Einsatz von Transport- und Fördermitteln optimiert.

Die Vitalität wird als übergeordneter Begriff zur Messung der *Lebens-* und *Leitungsfähigkeit* des Fraktals definiert. Dies erfolgte in der Erkenntnis, daß Produktivität, Rentabilität und Erlös punktuelle bzw. retrograde Größen sind, die nur sehr bedingt Aussagen über die weitere Entwicklung zulassen. Rentabilität von *heute* sichert keine Rentabilität von *morgen*, und eine schlechte Erlössituation der Vergangenheit muß nicht für die Zukunft Schlechtes bedeuten. Im *Ebenenmodell* ist dies auch berücksichtigbar, indem diese Faktoren auf der Ebene *finanzielle Aussagen* und *Wechselwirkungen* abgehandelt werden.

Die *Vitalität* hat jedoch nicht nur auf dieser Ebene Auswirkungen, sondern auch auf allen übrigen Ebenen des Modells. Die Größen, die als *Vitalitätsmerkmale* zu beachten sind, werden auf die Fähigkeit abgestellt, ein *dynamisches Systemverhalten* zu entwickeln. Vitalität muß also in den einzelnen Merkmalen auch überwiegend Größen festhalten und bewerten, die als Maß der Veränderung bzw. Veränderlichkeit der einzelnen Schichtenmerkmale verwendet werden können.

Das skizzierte Ebenenmodell genügt den eingangs geschilderten Anforderungen an eine Komplexitätsreduzierungssystematik voll. Wie belegt, gilt die Ebenendarstellung nicht nur für das gesamte Unternehmen, sondern auch für die gebildeten selbstoptimierenden, sich selbst organisierenden und selbstähnlichen dynamischen Einheiten, die Fraktale.
Die Kommunikation zwischen zwei Einheiten ist nun auch ebenenweise behandelbar. Dabei ist sowohl die Kommunikation zwischen den Fraktalen eines Unternehmens als auch dem Unternehmen und dem Fraktal angesprochen. Darüber hinaus gestattet das Ebenenmodell auch die umfassende Behandlung der Kommunikation zwischen zwei Unternehmen. Stets ist eine über alle Ebenen gleichzeitig erfolgreiche Kommunikation die für alle Seiten optimale. Hierbei kann es sich um gemeinsam geteilte Wertvorstellungen und Leitbilder ebenso handeln wie gemeinsam getragene Strategien zur Erstellung und Vermarktung spezieller Produkte (Strategieebene). Beziehungsgeflechte zwischen Mitarbeitern der Unternehmen können Prozesse vereinfachen und beschleunigen. Neben den bisher gängigerweise ausgetauschten Informationen und Teilen oder Produkten (Informations-, Prozeß- und technische Ebene) hat es sich auch jetzt schon durchgesetzt, im Gefolge einer Zielkostenbetrachtung auf der wirtschaftlich-finanziellen Ebene eine über einer Wertschöpfungskette verlaufende Wertschöpfungskurve als Instrument für weiterführende Überlegungen zugrunde zu legen. Dies ist eine Kommunikation auf der wirtschaftlich-finanziellen Ebene (Bild 6). Die betriebliche Navigation (BNS) stellt das konsistenzerhaltende Bindeglied zur wirtschaftlich-finanziellen Ebene des Fraktals dar.

Leitlinien und Entwicklungsrichtungen

Die Zerlegung des Produktionsbetriebs in Ebenen und die Unterwerfung des allgemeinen Denkens und die fraktalen Prinzipien der Selbstorganisation, Selbstoptimierung und Selbstähnlichkeit kann noch durch weitere Leitlinien und Entwicklungsrichtungen, die der Fraktalen Fabrik zugrundegelegt werden, präzisiert werden. Dabei treten vor allen Dingen die äußeren Wirkungen, auf die mit den Prinzipien reagiert wird, in Erscheinung. Außerdem lassen sich die Leitlinien zur

Gestaltung der Fraktalen Fabrik im Rahmen des soeben dargelegten Ebenenmodells angeln. Zunächst seien die Leitlinien im einzelnen gegeben.

Die Fraktale Fabrik ist ein ganzheitlich offenes System mit all seinen Abläufen und Strukturen.

Diese Sichtweise sichert die Einbeziehung aller Beziehungen, die ein Unternehmen mit seinem Umfeld verzahnen. Die bisherigen Auffassungen vom Unternehmen als Summe seiner strategischen Geschäftsbereiche und der damit fest abgegrenzten Aktivitäten sind hierfür nicht ausreichend. Abläufe dienen stets zur Leistungserstellung und zur Erfüllung von Kundenwünschen unter Einbeziehung der Möglichkeiten für Stoffkreisläufe und der Abstimmung mit den Kunden (intern wie extern). Der Mitarbeiter, der diese Sicht des Unternehmens verinnerlicht, kommuniziert mit der Umgebung, mit den Kunden sowie mit seinen Partnern innerhalb des Unternehmens. Er setzt sein Wissen und seine Fähigkeiten zur Sicherstellung und Verbesserung der Abläufe und Strukturen ein. Zur raschen Herstellung der Kundenzufriedenheit kann er seine Fähigkeiten auch unternehmensübergreifend zur Verfügung stellen, beispielsweise kann ein Entwicklungsingenieur auch durch Übernahme von Montagevolumina Termine sicherstellen und Kundenzufriedenheit erzeugen. In diesem Zusammenhang gehören auch flexible Arbeitszeitmodelle in Abhängigkeit von Auftragslagen und Kundenwünschen.

Fabriken entwickeln sich nichtlinear, mit nach Wahrscheinlichkeitsgesetzen entstehenden Sprüngen und Umwandlungen, die gesteuert, aber nicht vorausbestimmt werden können.

Wir tun gut daran, uns diese Leitlinie zu verinnerlichen, die Ausdruck der Auswirkungen turbulenter Entwicklungen des Umfeldes ist. Mit unseren nach einfachen Gesetzen aufgebauten Planungen laufen wir sonst Gefahr, uns immer weiter von den Realitäten zu entfernen. Abweichungsanalyse liefern zu spät Resultate. Die Reaktion des Betriebs auf veränderte Situationen, die nicht planbar und nicht vorhersehbar sind, muß die Beherrschung des Fabrikbetriebs im Sinne einer Nachsteuerung möglich machen.

In der Fraktalen Fabrik sind Netzwerke die geeignetsten Organisationsformen.

Das Geschwindigkeitspostulat erzwingt Organisationsstrukturen, die prozeßorientiert sind und sich an rasch wechselnde Konstellationen im Umfeld und im Ablauf selbst rasch anpassen können. Dies ermöglicht die rasche Ausrichtung Beziehungsgeflechts auf das gemeinsame, stets stark in Bewegung befindliche Leistungsziel. Die Hierarchie als Organisationsform wird diesen Anforderungen nicht gerecht.

Alle Geschäftsverbindungen der Fraktalen Fabrik (intern wie extern) sind tatsächlich oder potentiell von der Art des kooperativen Spiels (Gewinnkoalition).
Eine Leistungsorganisation, die auf ein gemeinsames Ziel - in diesem Falle einen gemeinsam zu erreichenden Kundennutzen - hinarbeitet und dies unter Beachtung von Zeitzielen tut, ist gezwungen, nach höheren Regelwerken in Selbstabstimmung zu entscheiden. Der Zusammenarbeit der sich selbst organisierenden und selbst optimierenden Einheiten, der Fraktale, ist dann natürlich gegeben, wenn der Nutzen innerhalb des Verbunds - auch für den einzelnen höher ist als eine eigenständige Aktivität.

Alle Grenzen innerhalb der Fraktalen Fabrik zwischen Bereichen (Fraktalen) oder auch außerhalb zu Lieferanten und Kunden sind unscharf, durchlässig für Informationen und gekennzeichnet durch ablauffunktionale Verbindungen (Prozesse).

Die Zeitanforderungen und Turbulenzen im Umfeld bevorzugten Systeme, die die Abläufe ganzheitlich bewältigen und keine Schnittstellen aufbauen. Für viele Abläufe der Produktion existieren Schnittstellen nur gedanklich, sind also künstlich geschaffen. Die zumindest gedankliche Aufhebung von Schnittstellen stellt selbstverständlich erhöhte Anforderungen an den einzelnen Mitarbeiter in der Organisation, da abgegrenzte Aufgabeninhalte und Zuständigkeiten nicht mehr vorgegeben werden. Jeder ist aufgefordert, situationsbedingt über sein Tätigkeitsfeld hinaus Verantwortung zu übernehmen und Handlungen auszuführen, die den Ablauf reibungsloser gestalten, Zeitersparnis ermöglichen und Nutzenmaximierung unterstützen. Strategische und wirtschaftliche Einflußmöglichkeiten sind somit auch jedem einzelnen gegeben und nicht nur einer begrenzten Anzahl von Vordenkern oder Planern. Die Überlappung der Bereiche begünstigt auch rasche Neustrukturierungen, nicht als Ergebnis von Planungen, sondern als situationsbedingte Anpassung der Abläufe.

Alle Vorgaben und Abläufe in Fraktalen werden nicht bis ins Detail ausgeplant, sondern lediglich durch Zielvereinbarungen zwischen den Mitarbeitern und Kunden sichergestellt.

Sich ständig wandelnde Abläufe, die laut neuem Bezugsrahmen die Regel sind, führen Genauplanungen ad absurdum. Mit Blick auf die Vorgaben und Zielvereinbarungen können Abläufe der Selbstorganisation und Selbstoptimierung überlassen bleiben, so daß im Mitarbeiterteam der Weg frei ist für Weiterentwicklungen des Produktes und Prozesses sowie zur Improvisation und Motivation.

In der Fraktalen Fabrik sind Informationen für alle zugänglich und werden von jedem einzelnen Mitarbeiter abgerufen, ausgewertet und aufbereitet.

Die Fraktale als selbständig agierende, sich selbst optimierende Einheiten, sind informations- und kommunikationsintensive Gebilde. Es ist unmöglich, den Informations- und Kommunikationsbedarf für alle sich einstellenden Situationen vorauszubestimmen. Es muß den Mitarbeitern im Fraktal überlassen bleiben, auf welchen Wegen sie welche Informationen beschaffen, wie sie diese auswerten und für Entscheidungen aufbereiten. Informationstechnologie und Ausbildungsstand unserer Mitarbeiter sind mehr als ausreichend, um dieser Vorstellung zu entsprechen. Dieses Prinzip ermuntert die Mitarbeiter zu Kommunikation und zunehmender Eigenständigkeit der Entscheidung auf der Grundlage stark verbesserter Informationen. Auch Informationen zu Investitionen, Strategie und Wirtschaftlichkeitsdarstellung des Unternehmens dürfen hier keine Ausnahme machen, da sonst den Mitarbeitern die Tür zur zielgerichteten Unterstützung der Unternehmensentwicklung versperrt ist.

Zu jeder der angesprochenen Leitlinien, die für die neue Sicht der Fabrik angegeben sind, ergeben sich eine Reihe von Gestaltungsmöglichkeiten. Die jeweils angegebenen Beispiele stellen nur exemplarisch konkrete Möglichkeiten der Umsetzung zur Diskussion, auch mit den unterstützenden Instrumenten stehen wir erst am Anfang der Entwicklung. Dies betrifft vor allem die dezentrale Zielüberprüfung, das gesamtunternehmerische Zielmanagement, ebenso sind die informationstechnischen Möglichkeiten noch längst nicht ausgereizt. Vor allem aber stehen wir erst am Beginn der Ausschöpfung der Möglichkeiten einer vielschichtigen Kommunikation zwischen den Betriebseinheiten und den Betrieben. Kommunikationsfähigkeit und -fertigkeit ist zum einen eine unabdingbare Voraussetzung, um schnell abgestimmte Leistungserstellungsprozesse zu etablieren, zum anderen aber auch Grundbedingung, um als globaler Produktionsbetrieb Standortflexibilitäten und günstige auf die jeweilige Produkterstellung zugeschnittene Verbundkonfigurationen rasch herbeizuführen und anzupassen. Auch für kleine und mittelständische Unternehmen wird die Rolle des Global Players künftig auszufüllen sein. Zum anderen wird durch die Zwänge zur Kreislaufwirtschaft enge Abstimmung mit weiteren Leistungsträgern innerhalb dieser Kreisläufe zur Existenzgrundlage. Auch hier sind vielschichtige Kommunikation und kurze unproblematische Informationswege zu beherrschen und weiterzuentwickeln. Das Konzept der Fraktalen Fabrik bringt unsere Industriebetriebe auf den beiden Hauptwachstumsachsen, nämlich zum einen der in Richtung höherwertiger intelligenterer Produkte, zum anderen im Wirtschaften in Kreisläufen entscheidend weiter. Denn die strategischen Schwerpunkte des Konzepts, die als Antwort auf die ausländischen Produktionskonzepte etabliert wurden, liegen ja gerade auf der Weiterentwicklung von Produkt und Prozeß zum einen, und dem Ausbau einer vielschichtigen Kommunikationsfähigkeit zwischen einzelnen Einheiten zum anderen.

Die ganzheitliche Betrachtung des Produktionsbetriebs, die dem Marktgeschehen gegenübersteht, sei ein (Bilder 7 und 8) Fall einer fraktalen Struktur gegenübergestellt der konventionellen Struktur mit Informationswegen. Die Marktanforderungen zielen direkt auf die einzelnen Fraktale, während sie im klassischen Organisationsprinzip nach Stablinienbeziehungen lediglich interne Abwicklungen in Gang setzen. Die unscharfen Grenzen zwischen einzelnen Fraktalen bedeuten, daß intensive Kommunikation auf allen Ebenen parallel stattfindet. Dies ist (Bild 9) insbesondere auch auf der sozio-psychologischen Ebene im Sinne des Austausches von Mitarbeitern zur Bewerkstelligung übergreifender Abläufe sowie der gemeinsamen Strategie hinsichtlich der Produkterstellung wichtig. Dann kann ein vereinfachter Ablauf auch auf den unteren Ebenen des Prozesses sowie der Information in Kraft treten. Die Überprüfung einer Kunden-/ Lieferantenbeziehung auf Gewinnträchtigkeit läßt sich auf der finanziell-wirtschaftlichen Ebene (Bild10) veranschaulichen. Es müssen (auch im Sinne eines Benchmarking) die jeweiligen Wertschöpfungsanteile entweder nach Marktwert oder behelfsweise nach Herstellkosten verglichen werden.

Ausblick und Weiterentwicklung

Wie gezeigt, korrespondieren Leitlinien und die Ebenensicht des Unternehmens. Innerhalb der Ebenendarstellung lassen sich alle Leitlinien für die Fraktale Fabrik veranschaulichen und umsetzen. Gemäß den Prinzipien der Fraktalen Fabrik gilt die Selbstähnlichkeit, wie sie beispielsweise für die Ziele zur Polung auf das gemeinsame Leistungsziel hin bereits erläutert wurde. Im gesamten Ebenenmodell läßt sich die Selbstähnlichkeit jedoch weit umfassender veranschaulichen:
Das Ebenenmodell gilt demnach für das gesamte Unternehmen genauso wie für die einzelnen im Unternehmen angesiedelten Fraktale. Damit eröffnet sich auch für andere Ebenen Strukturbeziehungen untereinander und in der Sicht des Gesamtunternehmens zum Fraktal. Die Unternehmenskultur wird dann in Fraktalen als Subkultur spezifiziert. Die sozio-psychologische Ebene im Fraktal ist selbstverständlich die Teamstruktur. Die wirtschaftlich-finanzielle Ebene wird bestimmt durch den Wertschöpfungsanteil in der Leistungserstellungskette und den leistungsbestimmenden Parametern zur Erstellung der Wertschöpfung im Sinne einer betrieblichen Navigation, d. h. eines Instruments zur Selbst-steuerung über wichtige operative Parameter wie Ausbringung, Durchlaufzeit, Qualitätsmerkmal, Mitarbeiterzufriedenheit, etc.

Die Kommunikation zwischen Betrieben und Fraktalen ist ebenfalls vielschichtig interpretiert - und darstellbar. Sie beschränkt sich nicht alleine auf den Austausch von Informationen und Teilen oder Produkten auf den Ebenen Informationsfluß bzw. Prozeß, sondern geht auch über die wirtschaftliche Ebene hinaus in die Beziehungsebene, beispielsweise in Form von Austausch von Personen oder aber sogar Entwicklung gemeinsamer Leitbilder bzw. individueller Leitbilder, die miteinander verträglich sind. So sind rasche unproblematische Geschäftsabwicklungen möglich. Die Schnittstellen zwischen einzelnen Bereichen und sogar einzelnen Unternehmen verschwimmen somit. Teile-Lieferanten können diese sogar selbst am Endprodukt einbauen. Gemeinsame Entwicklungsprojekte können gestartet, firmenübergreifende Projektteams gebildet werden.

Die Akzeptanz für das dargelegte Gedankengut ist in den Industriebetrieben bei den Mitarbeitern und Vorgesetzten enorm hoch. Dies liegt an der offensichtlich erhöhten Entscheidungs- und Handlungsfreiheit einzelner Mitarbeiter, an den vielen dem Management unterschwellig schon immer bewußten jedoch einmal sauber ausformulierten Grundgedanken sowie den Resultaten, die sich sofort auch in wirtschaftlich-finanziellen Verbesserungen niederschlagen wie verkürzte Durchlaufzeiten um 80 %, Produktivitätserhöhung um 30 % o. ä. bei Projektlaufzeiten von 6 bis 9 Monaten. Damit sei aber das Ziel, das die Fraktale Fabrik ansteuert, auch im Entwicklungsprozeß noch nicht erreicht; gemeinsam unter Einsatz des Mitarbeiterwissens auf breiter Ebene muß auf der Grundlage selbstorganisierender, sich selbstoptimierender reaktionsfähiger Einheiten an der Weiterentwicklung der Technologie und des Produkts gearbeitet werden. Die Fraktale Fabrik in der derzeitigen stark organisatorisch ausgerichteten Zielrichtung ist also ein erster Schritt in der Entwicklung zur Behebung der Innovations- und Produktdefizite, die - wie die Strukturen - zu einem Drittel unsere mangelnde Wettbewerbsfähigkeit verursachen (vgl. Studie Zukunftskommission 2000 Baden-Württemberg). Durch die Heranführung an den fraktalen Betrieb an den Kunden ist bereits ein erster Schritt getan. Die Intensivierung der Kommunikation zwischen den einzelnen Einheiten im Betrieb und den Kunden direkt werden weitere rasche Wirkungen in punkto Verbesserungen und Weiterentwicklung des Produkts und Annäherung der Produktpaletten an die Kunden erzielbar.

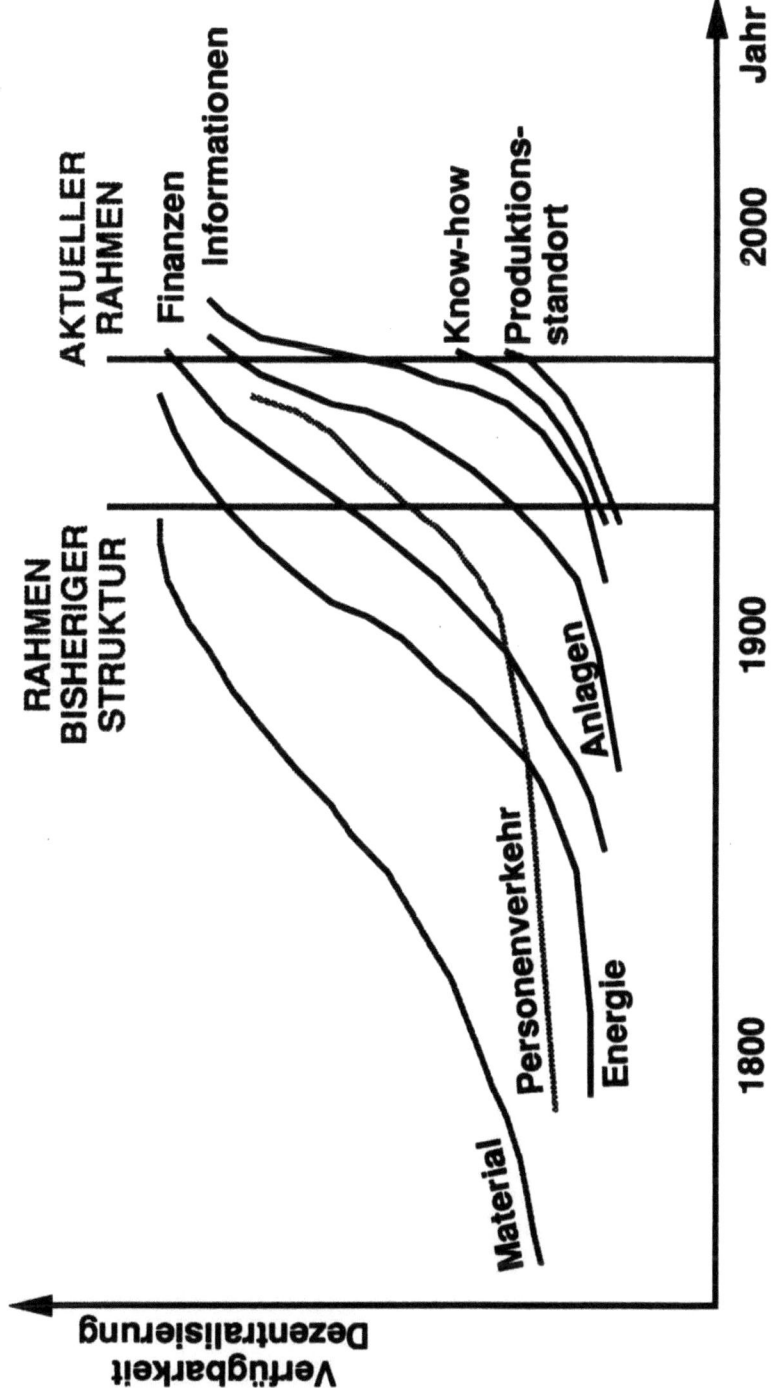

Bild 1: Verfügbarkeit von Produktionsfaktoren

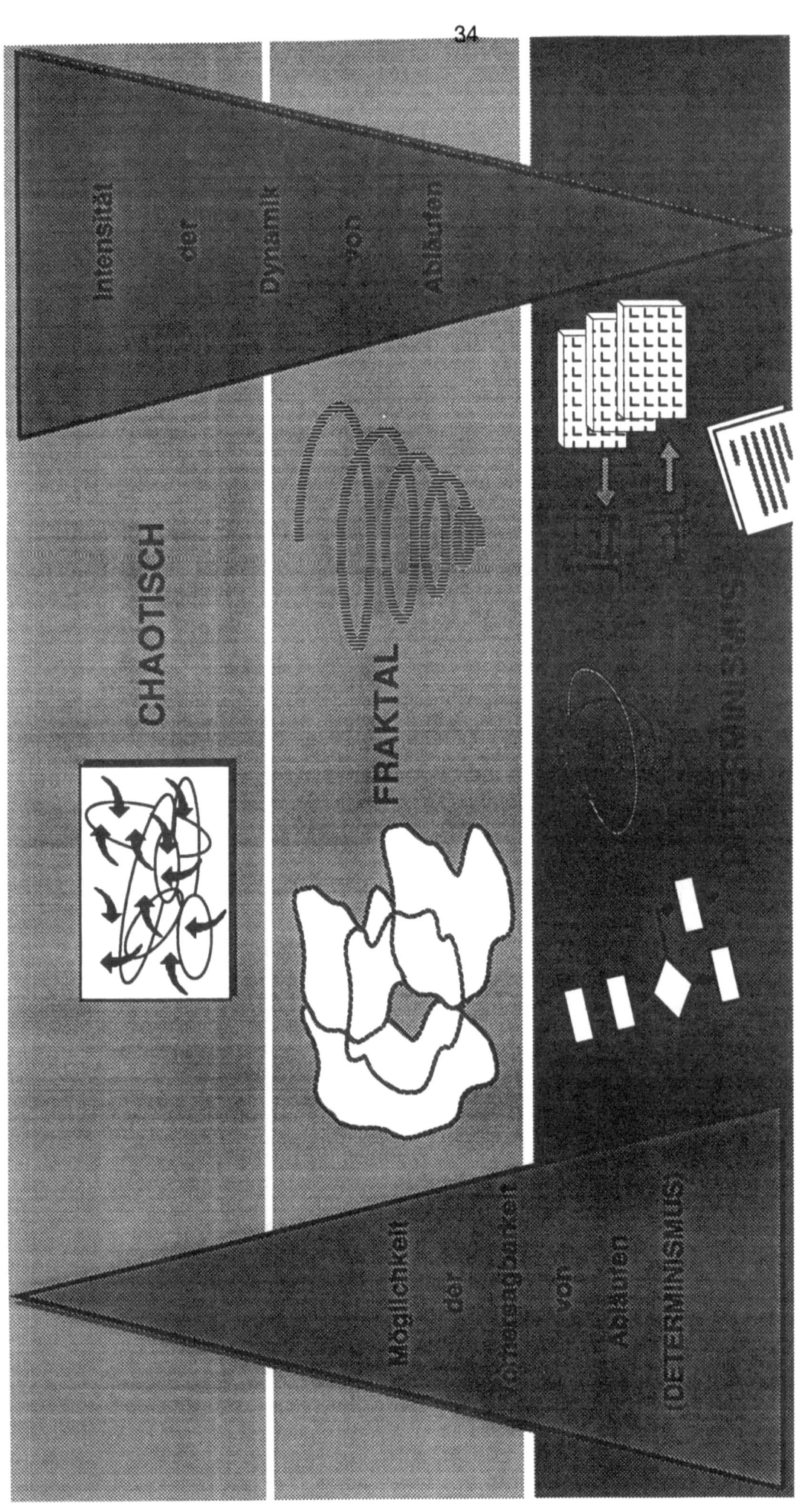

Bild 2: TAUGLICHKEIT VON MODELLVORSTELLUNGEN IN ABHÄNGIGKEIT VON DYNAMIK UND VORHERSAGBARKEIT VON ABLÄUFEN

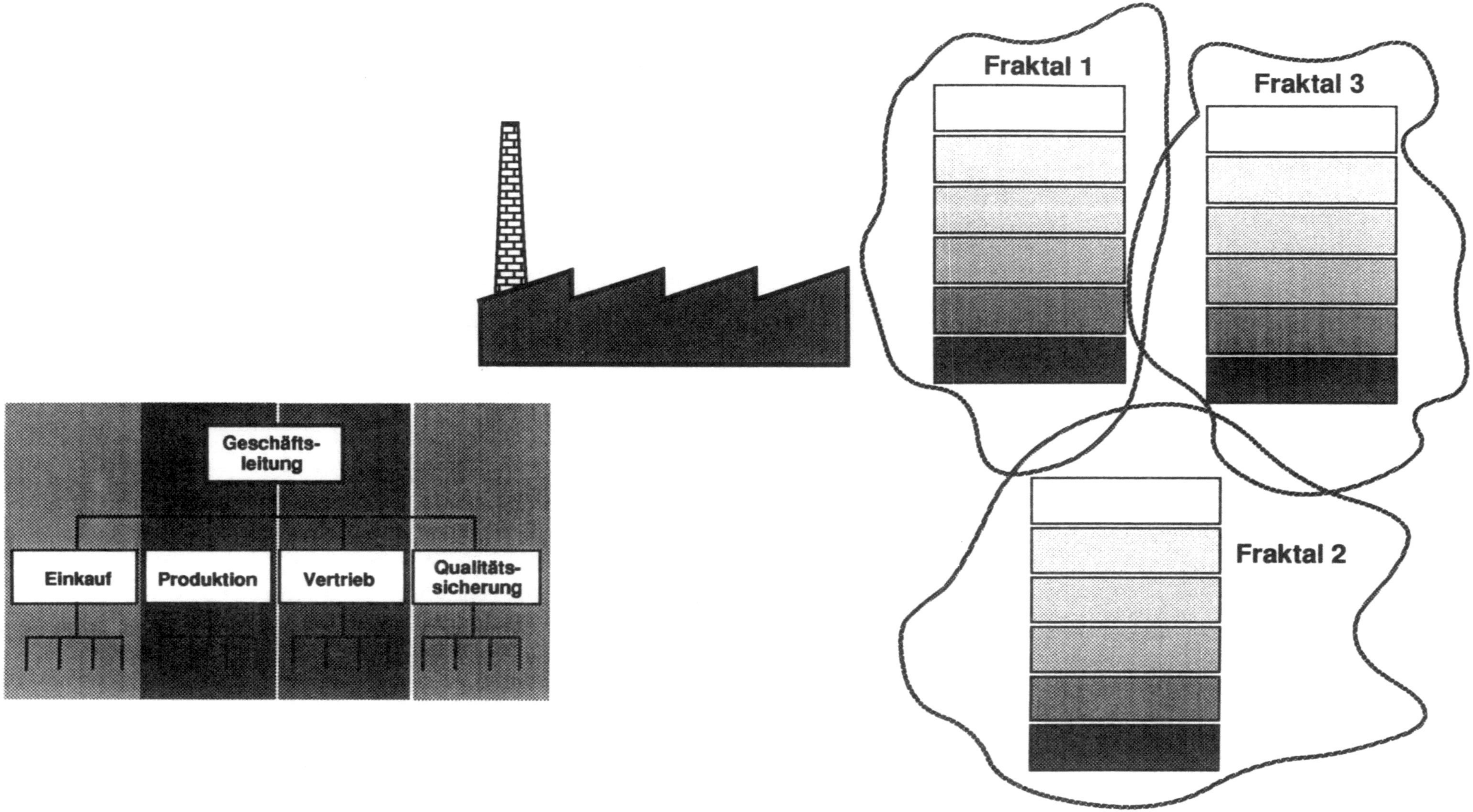

Bild 3: Komplexitätsreduzierung: Tayloristisch versus Fraktal

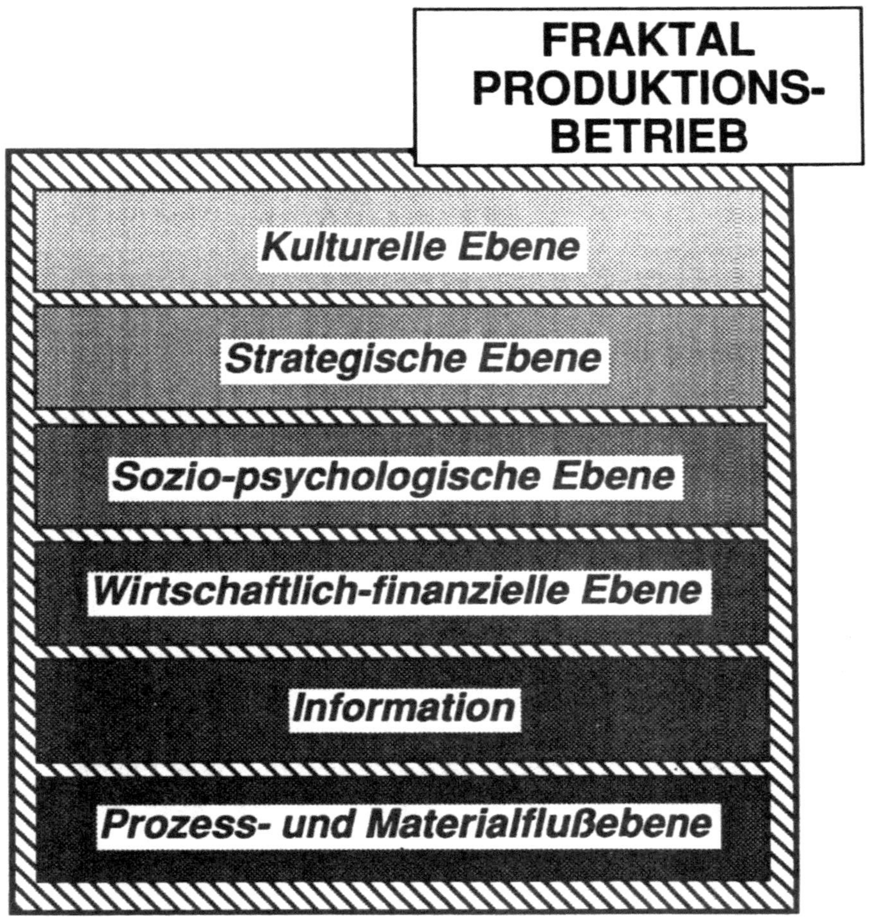

Bild 4: DIE FRAKTALE FABRIK - EBENENZERLEGUNG

FRAKTAL PRODUKTIONSBETRIEB

- Kulturelle Ebene
- Strategische Ebene
- Sozio-psychologische Ebene
- Wirtschaftlich-finanzielle Ebene
- Information
- Prozess- und Materialflußebene

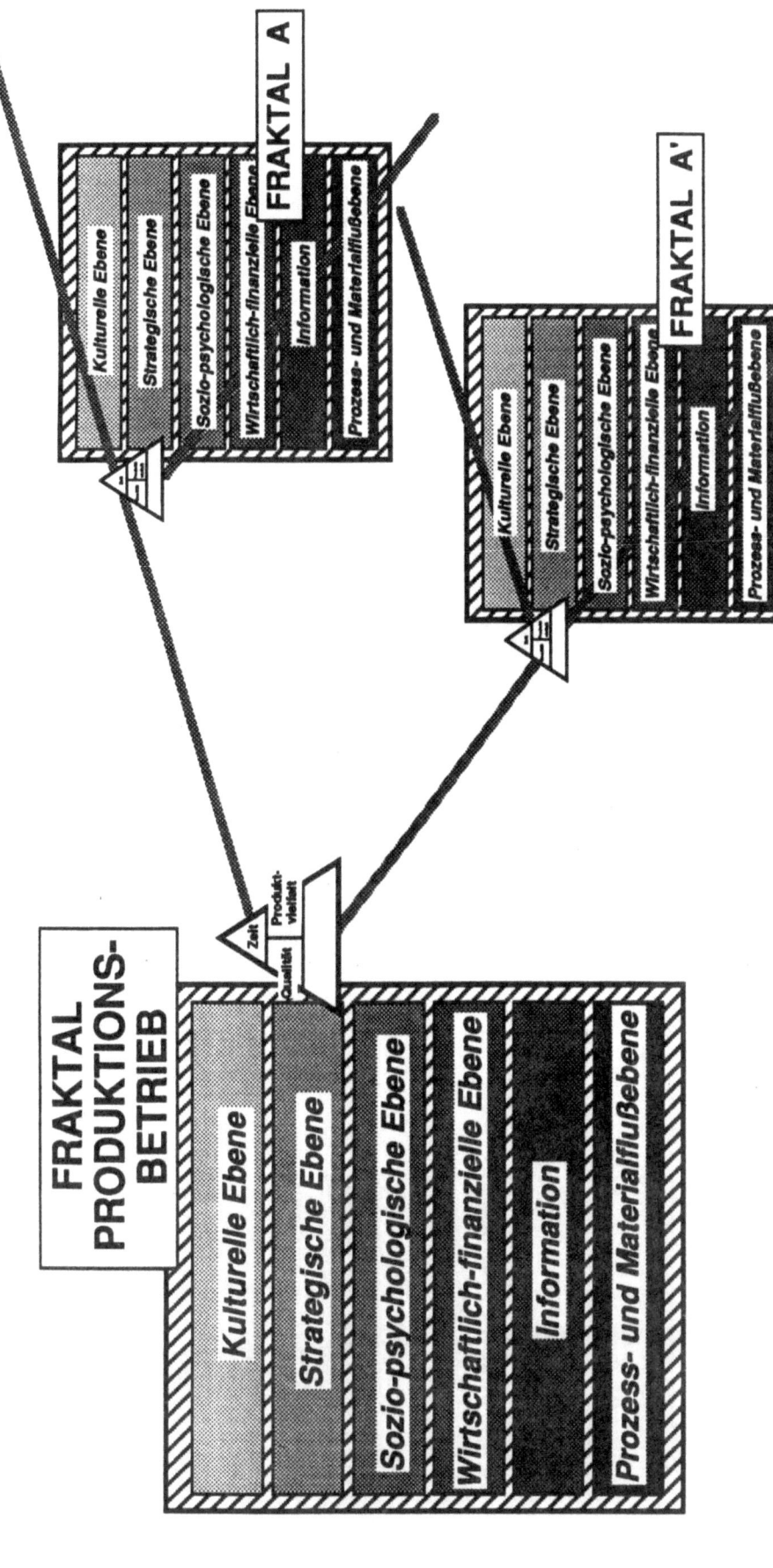

Bild 5: SELBSTÄHNLICHKEIT VON EINHEITEN BEZÜGLICH DER EBENENSICHT
Beispiel: Zielähnlichkeit von FRAKTALEN

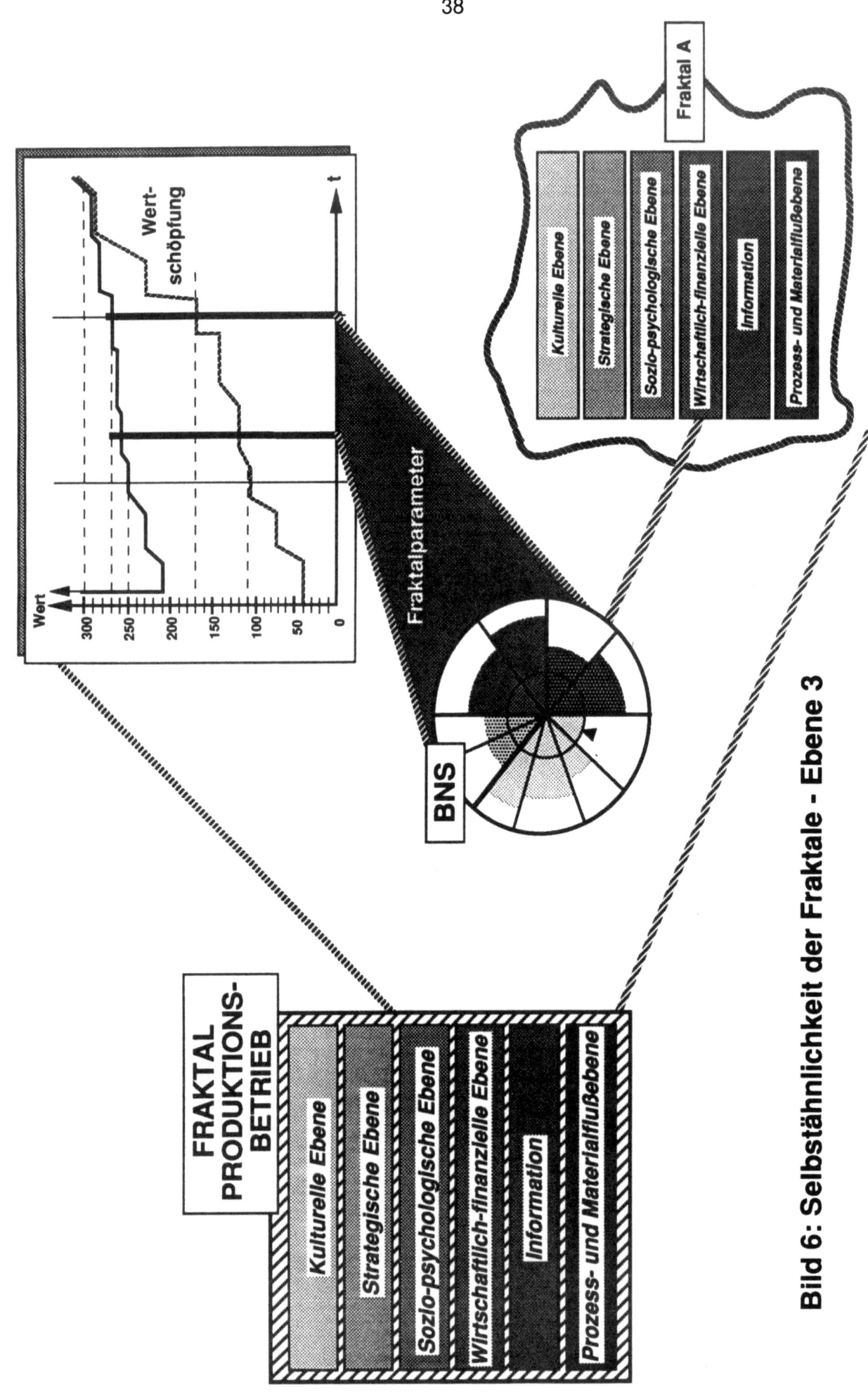

Bild 6: Selbstähnlichkeit der Fraktale - Ebene 3

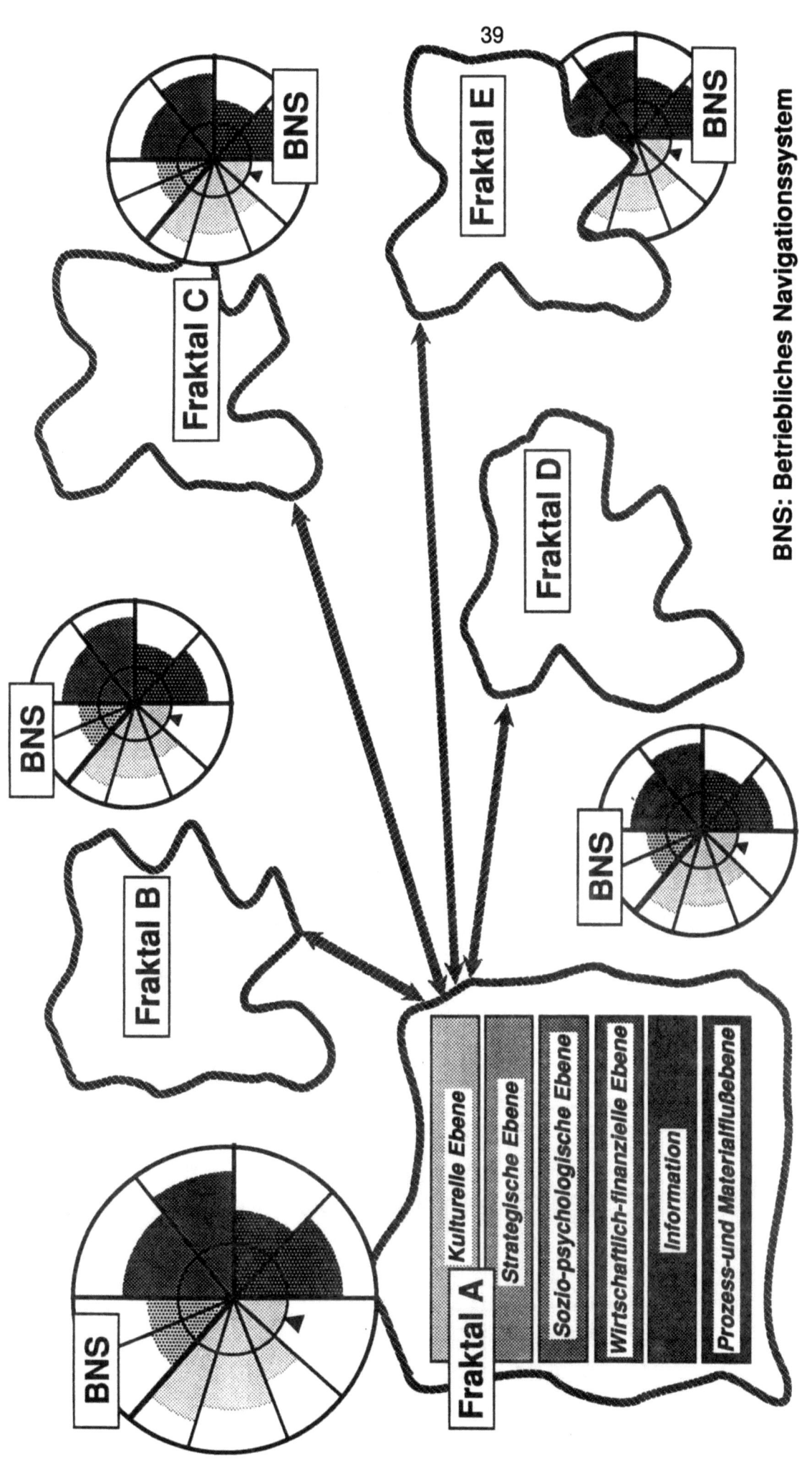

**Bild 7a: KUNDEN - LIEFERANTEN - ASPEKT
FRAKTAL DER FABRIKNETZWERKE - EBENE 3**
Selbststeuerung und Strukturfindung durch Zielzuweisung

BNS: Betriebliches Navigationssystem

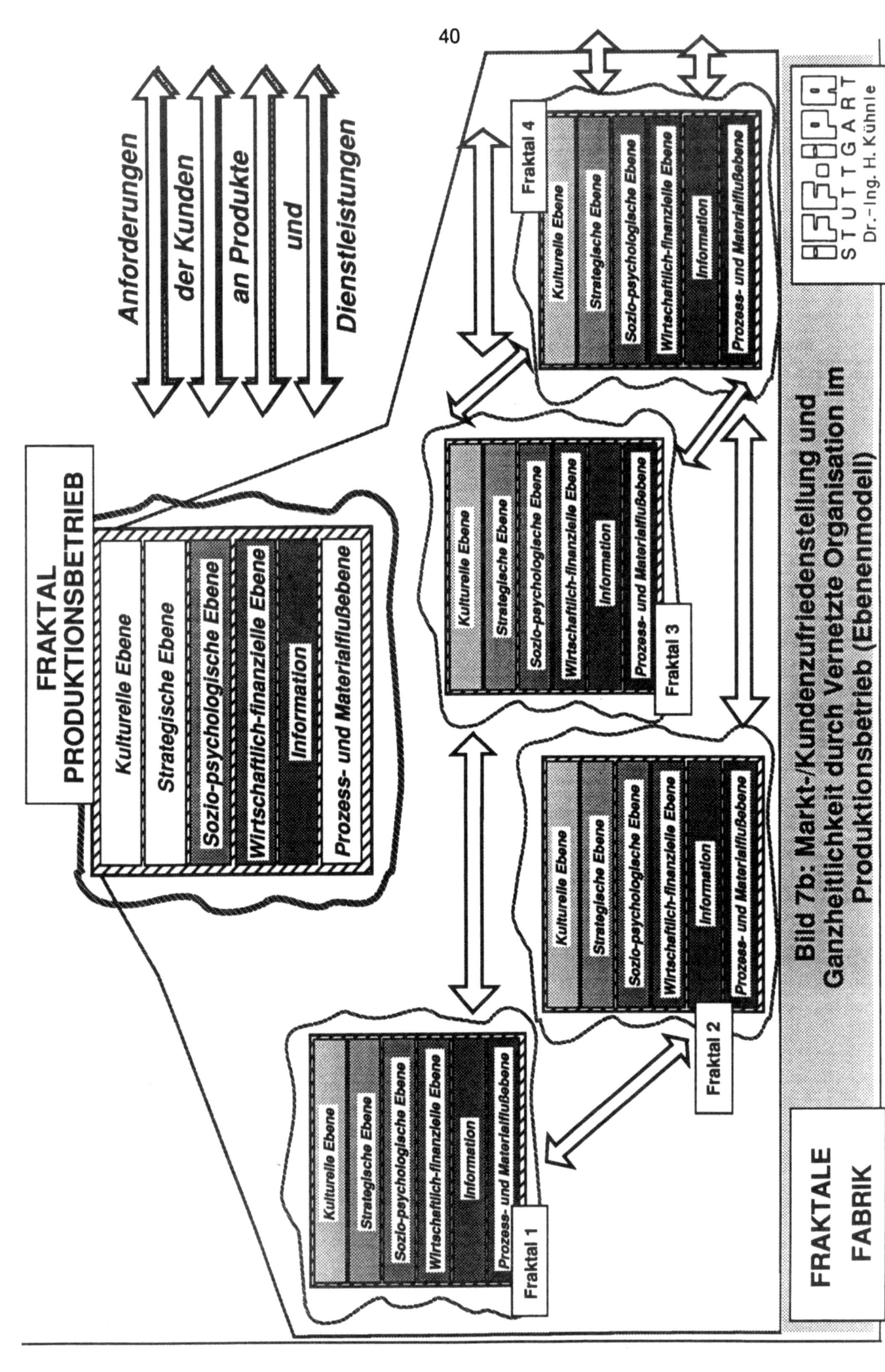

Bild 7b: Markt-/Kundenzufriedenstellung und Ganzheitlichkeit durch Vernetzte Organisation im Produktionsbetrieb (Ebenenmodell)

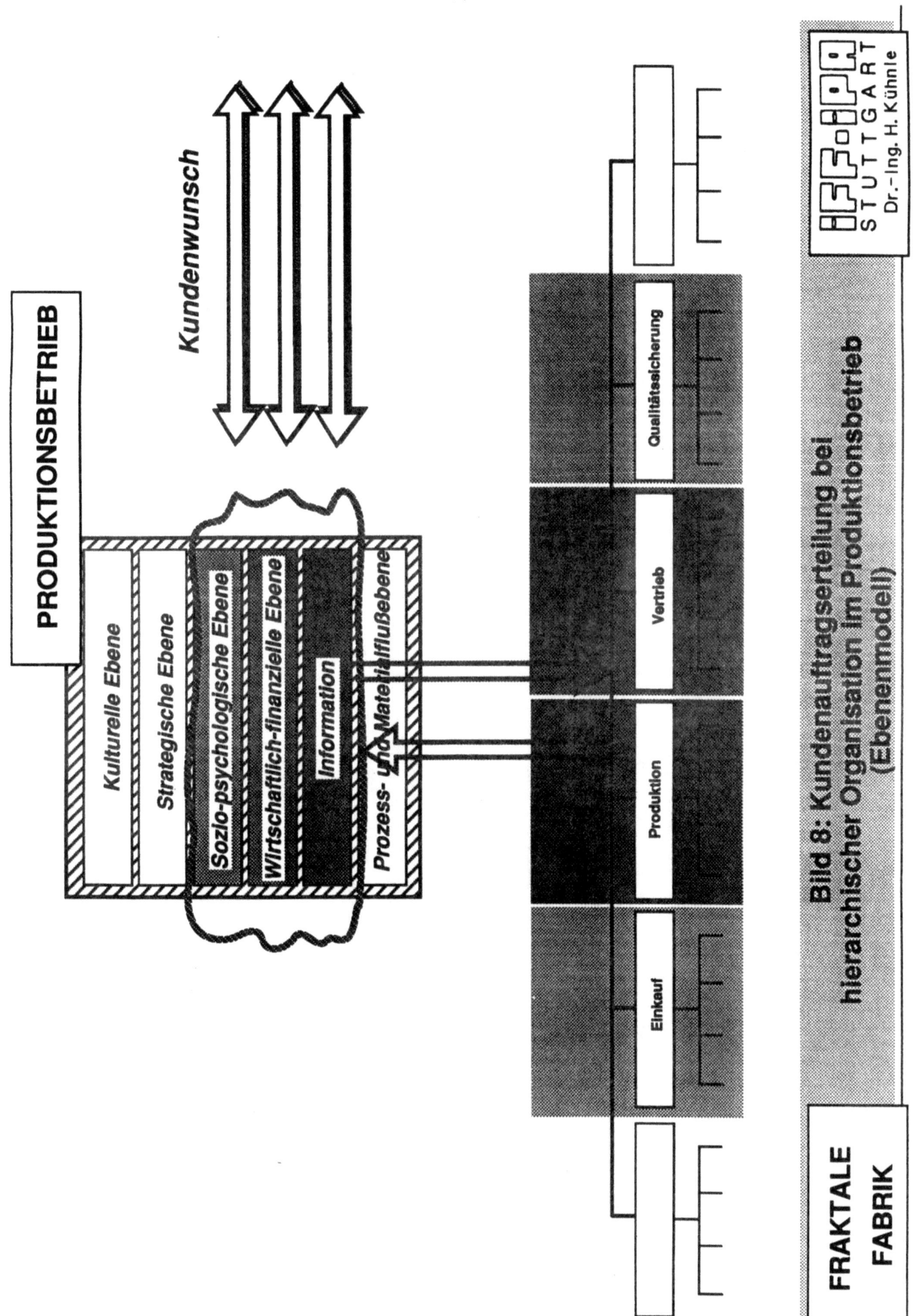

Bild 8: Kundenauftragserteilung bei hierarchischer Organisation im Produktionsbetrieb (Ebenenmodell)

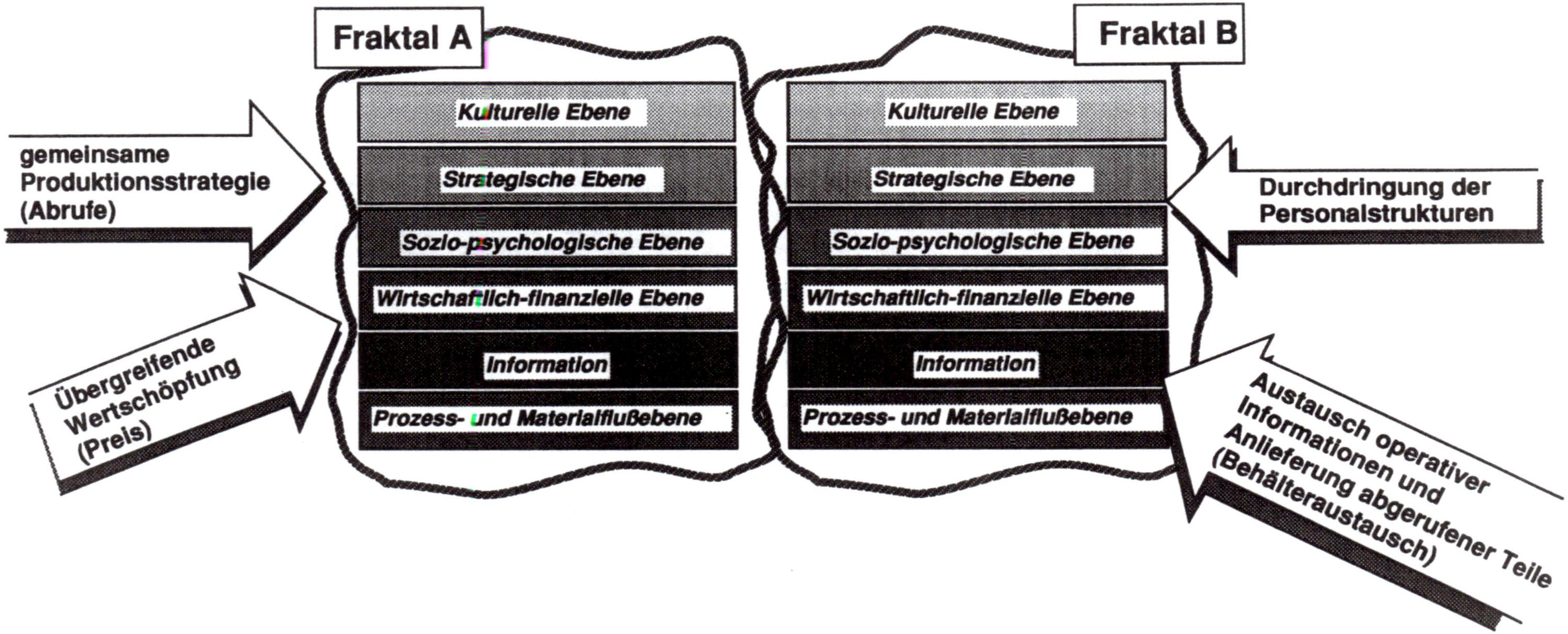

FRAKTALE FABRIK

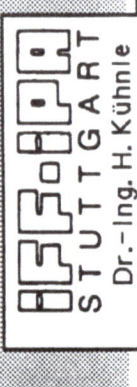

Bild 9: Unschärfen von Grenzen im Ebenenmodell
Beispiel: Vorteile der Logistik

IFF·IPA STUTTGART
Dr.-Ing. H. Kühnle

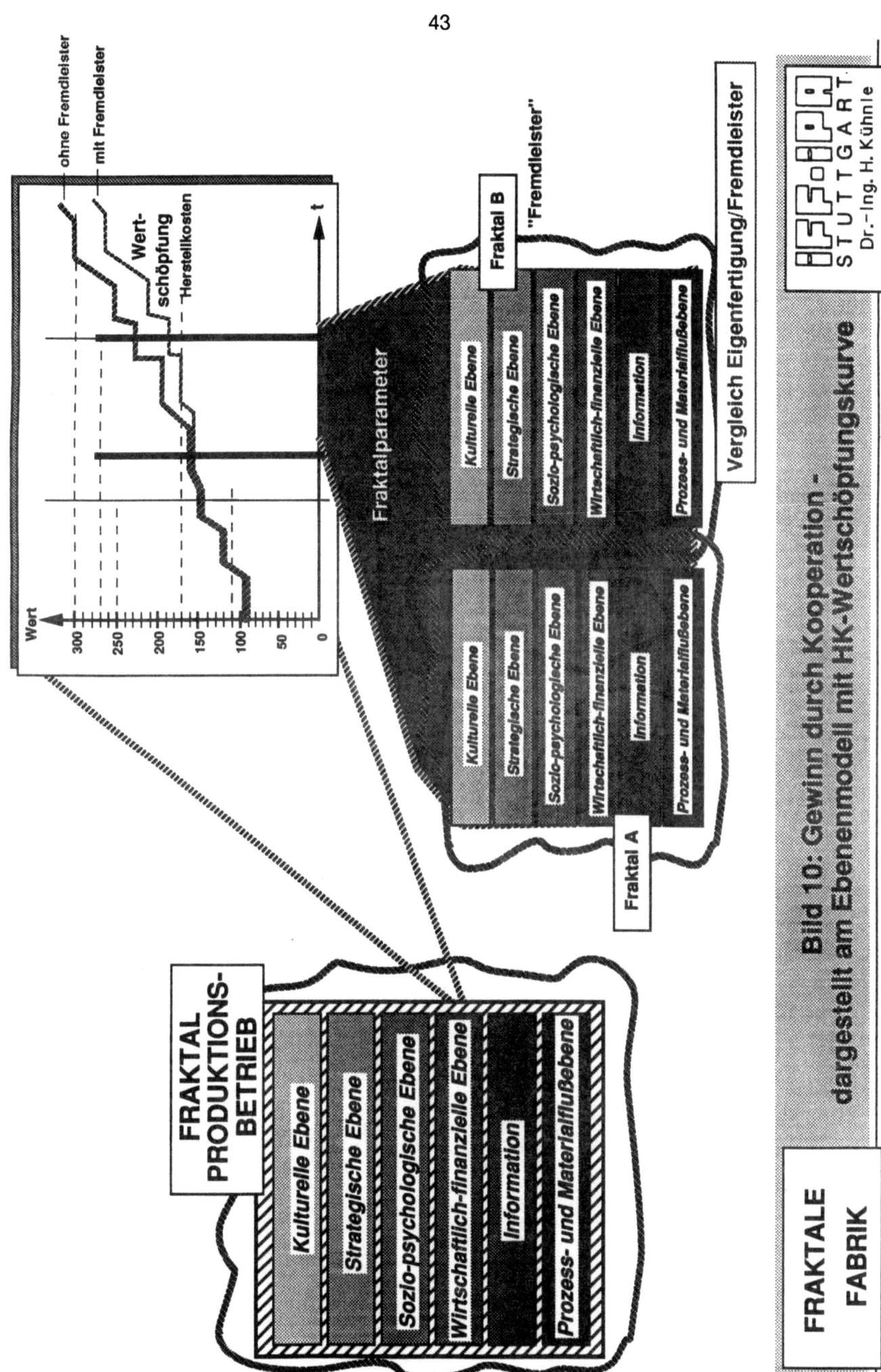

Bild 10: Gewinn durch Kooperation - dargestellt am Ebenenmodell mit HK-Wertschöpfungskurve

Produktionstrategien für das 21. Jahrhundert - Aktuelle Ergebnisse einer Untersuchung des BMFT

B.-D. Becker

Strategien für die Produktion im 21. Jahrhundert

Bericht einer Untersuchung im Auftrag des Bundesministeriums für Forschung und Technologie

Dr.-Ing. M.Sc. B.-D. Becker

Fraunhofer-Institut für Produktionstechnik und Automatisierung

Juni 1994

1. Einleitung

In jüngster Zeit wird das Thema der **Sicherung des deutschen Produktionsstandortes** immer häufiger diskutiert. Indizien scheinen tatsächlich eine Verminderung der Chancen für erfolgreiches Produzieren an deutschen Standorten zu unterstreichen. Organe und Medien zeichnen furchteinflößende Bilder einer "Entindustrialisierung" mit sinkendem Wohlstand, Verlust von Arbeit, des eigenständigen Produktions-know-hows und Fremdbestimmung in Bezug auf das Angebot an Arbeitsplätzen und Waren. Andere weisen jedoch auf die unübersehbaren Leistungen deutscher Produktionsstandorte, eine Historie von fast stetem Aufschwung, eine große Anpassungsfähigkeit der deutschen Industrie, guten Ausbildungsstand der Mitarbeiter und eine in Summe gute Position sowie positive Entwicklungen hin. Unstrittig ist sicher, daß die vorliegende Frage umfangreich und hochkomplex ist. Die enge Vernetzung aller Einflußgrößen und Erfolgsfaktoren, eine wechselvolle Gegenwart und unsichere Zukunft machen es extrem schwierig, der einen oder der anderen Seite allein zuzustimmen. Das Feld der Diskussionen wird von Ansichten beherrscht, die zwar bestritten, oft aber nicht widerlegt werden können.

Sicher ist, daß eine erfolgreiche Standortsicherung nur durch **eigenständige, "offensive" Lösungen** unter optimaler Berücksichtigung bzw. Veränderung lokaler Rahmenbedingungen möglich sein kann. Die **alleinige Orientierung an Lösungswegen von Wettbewerbern anderer Kulturkreise** und auf **Kopieren** basierende Konzepte werden keinesfalls eine Führungsrolle des deutschen Produktionsstandortes erlauben. Lösungsansätze müssen also von heutiger Situation ausgehend nicht nur mittel, sondern ganz besonders auch langfristig wirksam und zukunftsweisend sein. Nicht "Einholen" sondern "Überholen" ist gefragt!

Dies schließt die besondere Aufmerksamkeit der Vorgänge mit ein, die mit den **Umwälzungen in Mittel- und Osteuropa** verbunden sind. Hier wurde in der jüngsten Vergangenheit augenfällig, wie schnell und unerwartet sich Rahmenbedingungen und Handlungsbedarf verändern kann. Die Gesamtsituation, namentlich in den **neuen Bundesländern**, birgt neben unbestreitbaren Schwierigkeiten auch große Chancen, die es in einem zukunftsorientierten Ansatz zu nutzen gilt. Der Umbruch im Osten muß als Anlaß grundlegender und weitreichender Lösungen für den Produktionsstandort Deutschland insgesamt gesehen werden. Die Handlungsmaxime muß das **Agieren mit dem Wandel**, statt der Reaktion auf den Wandel in den Vordergrund stellen.

Die **Attraktivität eines Produktionsstandortes** hängt von vielen, sich gegenseitig beeinflussenden Faktoren ab. Diese bestimmen die Lösungsmöglichkeiten für erfolgreiches Produzieren. Wettbewerbsfähig Produzieren heißt in Zukunft nicht nur Beherrschen von Technologie sondern zunächst treffsicheres und schnelles Erkennen oder Gestalten von Markt- und Kundenbedarf, effizientes Schaffen von neuen qualitativ hochwertigen Gütern und Leistungen für globale Markt und effektives Umsetzen von Technologie, Kreativität, Aufwand und Mut in Innovation. Die Denkrichtung erfolgreicher Unternehmen wird in Zukunft immer mehr bedarfsorientiert sein, beim Markt beginnen und bei der Bereitstellung von Wissen und der notwendigsten Ressourcen enden. Marktgeschehen war und ist immer schon immer Wandel unterworfen und Unternehmen müssen sich folglich mit Wandel auseinandersetzen. Allerdings nimmt die Geschwindigkeit des Wandels in einer heute immer enger durch schnelle Verkehrs- und Kommunikationssysteme vernetzten Welt ständig zu. Nur **das Unsichere wird sicher sein** und Erfolg in der Produktion wird immer weniger planbar. Für ein Unternehmen muß sich die Produktion an einem bestimmten Standort dennoch auf Dauer rechnen. Für den Staat, der das Wohl aller in gleichem Maß zu berücksichtigen hat, gilt es, möglichst vielen Unternehmen in Deutschland eine positivere Rechnung als an anderen Standorten zu ermöglichen.

> **Nur mit dem wirtschaftlichen Erfolg deutscher Produkte auf globalen Märkten können die eigentlichen Ziele, eine möglichst hohe Wertschöpfung, hohes Beschäftigungsniveau, hohe Qualität der Arbeit und langfristige Umwelt- und Ressourcenschonung, erreicht werden.**

Die Differenzierung der wandelbaren Erfolgsparameter eines Produktionsstandortes - ihre Flexibilisierung und schnelle Anpaßbarkeit - **gegenüber den statischen Determinanten,** ihre verläßliche und dauerhafte Ausrichtung entlang strategischer Achsen ist die Kunst unternehmerischer Innovation und optimaler staatlicher Gestaltung von Rahmenbedingungen, einer aktiven Standortverbesserung und der Initiierung einer klaren gemeinschaftlichen Verpflichtung für eine industrielle Spitzenposition im internationalen Wettbewerb zum Wohle aller am Produktionsstandort Deutschland lebenden Menschen.

In diesem Kontext hat der **Bundesminister für Forschung und Technologie** (BMFT) im ersten Halbjahr 1992 einen Beraterkreis ins Leben gerufen. Dieser erörtert unter dem Titel "**Strategien für die Produktion im 21. Jahrhundert**" mögliche zukünftige staatliche **Förderung**, die Beiträge zur Klärung des Sachverhaltes, der Bestimmung von Leitbildern erbringen und durch Forschungs- und Entwicklungsarbeiten Anwendungsvisionen zukünftigen Produzierens entwickeln soll, um letzendlich zur Verbesserung der Position deutscher Standorte im Feld des internationalen Wettbewerbs beizutragen.

Wichtige Ergebnisse einer Voruntersuchung waren /4/

- die Erkenntnis, daß **Wandel** die bedeutendste Herausforderung für die Produktion der Zukunft sein wird und daß für viele Determinanten erfolgreichen Produzierens keine echten Szenarien außer einem sogenannten **Turbulenzszenario**, mit der Maxime "nur das Unsichere ist sicher", zu entwickeln wäre;

- die Schlußfolgerung, daß **Vernetzung** die bestimmende Antwort auf die Herausforderung des Wandels darstellt. Vernetzung ist hier in vielfacher Natur zu verstehen: z. B. als Zusammenarbeit aller produktionsrelevanten Akteure, wie Industrie, Gewerkschaften, Staat, Forschung, als Ganzheitlichkeit des Problembewußtseins und des Lösungsansatzes und als Interdisziplinarität in Forschung und Entwicklung.

Angriffspunkte ergeben sich insbesondere durch Aufgabenkomplexe, die umfassende vernetze Problemkreise untersuchen, durch Interdisziplinarität und Zusammenarbeit bisher divergierender Interessensgruppen, die Zielkonflikte auflösen helfen und neue Ansätze auf technischer und organisatorischer Seite zum Durchbruch bringen.

Parallel zur Voruntersuchung wurde eine Studie unter dem Titel **"Technologien zu Beginn des 21. Jahrhunderts"** vom BMFT gefördert /5/, die eine Liste von 87 Technologien vorlegt, die wichtige Impulse für künftige innovative Produkte und Verfahren erwarten lassen. Unabhängig von der oben gennanten Vorstudie konnten auch dort deutliche **Tendenzen der Vernetzung eines zukünftig erfolgreichen Technologieeinsatzes** in der Praxis berichtet werden /7/: "Die Technologie am Beginn des 21. Jahrhunderts ist nach herkömmlichen Gesichtspunkten **nicht mehr aufteilbar**. So verschieden die einzelnen Entwicklungsrichtungen auch sein mögen, sie wirken letzlich alle zusammen."

Zu beachten ist, daß im Sinne eines umfassenden, übergreifenden Ansatzes relevante europäische Initiativen wie **"Advanced Information Technology"** (AIT) und **"Factory for the Future"** sowie Internationale Vorhaben, wie z. B. die Arbeiten zu **"Intelligent Manufacturing Systems"** (IMS) berücksichtigt werden, um einen relativen Vorteil zu erarbeiten.

2. Die Produktion der Zukunft in einer Welt des Wandels

Der stete Wachstumsprozeß bundesdeutscher Unternehmen der letzten Jahrzehnte und die stete Historie von Erfolgen bahnbrechender technologischer und innovatorischer Leistungen bewirkten eine nachhaltige Veränderung der Erscheinungsformen der industriellen Arbeit und Betriebsführung. Die Entwicklung war gekennzeichnet durch die Entkopplung der industriellen Leistungserstellung von der menschlichen Kraft (Mechanisierung), der menschlichen Ausführung (Automatisierung) und der menschlichen Informationsbindung (Informationalisierung).

Zwei grundlegende Paradigmen prägten diese Entwicklung. Auf der **naturwissenschaftlich/technischen Seite** war es das Newtonsche Axiom, das die Berechenbarkeit aller Zukunftsentwicklungen bei Kenntnis der Anfangsbedingungen und der Gesetzmäßigkeiten des betrachteten Systemes implizierte. Dieses Axiom begründete auch den Glauben an das Prinzip der Kausalität.

Auf der **produktionswirtschaftlichen** Seite waren die Aussagen und Empfehlungen von Frederic W. Taylor prägend, die dieser in seiner Abhandlung zur "wissenschaftlichen Betriebsführung" formuliert hatte /8/. Aufbauend auf diesen "Weltanschauungen" wurde versucht, in minutiöser Planung die Betriebe das ausführen zu lassen, was von der Unternehmensleitung zur Erfüllung der Unternehmensziele, -strategien und erwarteter, quasi berechenbarer Zukunftsentwicklungen als erforderlich eingestuft wurde. Im Vordergrund stand hierbei stets das ökonomische Prinzip der Effizienz, das den Quotienten aus Nutzen und Aufwand zu maximieren vorschreibt.

Seit einigen Jahren sind diese "Weltanschauungen" stark ins wanken geraten. Die in Zeiten von Verkäufermärkten immer weiter erhöhte Leistung produzierender Unternehmen wird heute von Übergang in Käufermärkte, zumindest in Ländern der "ersten Welt", mit stark zunehmenden **Sättigungseffekten** und **Segmentierung in spezialisierte Märkte** begrenzt. Verstärkt werden diese Tendenzen durch eine rasant zunehmende weltweite Vernetzung bei Transport, Verkehr und Kommunikation, die einerseits globale Wettbewerber in unsere Regionen hereinträgt aber auch Chancen eröffnet, unsere Produkte außerhalb der EU, günstiger denn je, weltweit zu produzieren und zu vermarkten. Hierdurch erwächst wiederum neue Anpassungsnotwendigkeit, indem auf den Bedarf anderer Kulturkreise, deren soziale Anforderungen und finanzielle Möglichkeiten eingegangen werden muß. Es eröffnet aber auch Chancen, da eine Neuorientierung auf die neuen wachstumsstarken Märkte der Schwellenländer und die bevölkerungsreichen

Märkte der dritten Welt ermöglicht wird /1/. Alles dies muß wiederum in Bezug zur relativ vorhersagbaren demographischen Entwicklung mit starker Alterungserscheinung der deutschen Bevölkerung und dem Wunsch nach langfristiger ökologischen Stabilität gesehen werden.

Es zeigt sich, daß die hieraus erwachsenden Konsequenzen langsamer als ihre Veränderung von den gültigen technischen und ökonomischen Leitbildern in wirkungsvoller Weise aufgegriffen werden. **Die industrielle Entwicklung hat gewissermaßen mit den Grenzen des Wachtums bei der Anwendung ihrer eigenen Erfolgsrezepte zu kämpfen.** Wie immer zu Zeiten des Umbruchs ändert der Mensch mit seiner nur linearen Anpassungsfähigkeit an exponentielle Entwicklungen /6/, sein Verhalten viel zu langsam und gerät (unnötigerweise) ins Hintertreffen gegenüber benötigter und oft leicht machbarer Veränderung.

Es ist eine vorrangige Aufgabe zukünftiger Forschungarbeit zur Sicherung des Produktionsstandortes Deutschland, **vorhersehbare und nicht vorhersehbare Trends relevanter Entwicklungen** mit ihren **Konsequenzen aufzuzeigen**, Vorschläge für **Lösungsmöglichkeiten zu entwickeln** sowie vor allem **Bewußtsein für schnellere Anpassungen** aller Akteure zu schaffen.

2.1. Visionen der Produktion der Zukunft

Man kann zwei zentrale Paradigmen für die Produktion ermitteln:

- die Erkenntnis, daß **Wandel** die bedeutendste Herausforderung für die Produktion der Zukunft sein wird und daß für viele Determinanten erfolgreichen Produzierens keine Prognosen außer der "**das Unischere ist sicher**" zu entwickeln wären;

- die Schlußfolgerung, daß **Vernetzung** die wichtigste Antwort auf die Herausforderung des Wandels darstellt.

Vernetzung ist in vielfacher Hinsicht zu verstehen: z. B. als Zusammenarbeit aller produktionsrelevanten Akteure, wie Unternehmen, Gewerkschaften, Forschung Staat einschließlich tangierender Bereiche wie Verwaltungen und Dienstleister; als Ganzheitlichkeit des Problembewußtseins und des Lösungsansatzes und als Inter- und Transdisziplinarität /7/ in Forschung und Entwicklung.

Nun sind dies noch sehr pauschale Aussagen, die hier verfeinert und konkretisiert werden müssen, um in einem ersten natürlich immer noch allgemeinen Schritt, Beschreibungen des "**Idealverhaltens einer wettbewerbsfähigen**

Produktion und der Idealsituation am Standort Deutschland" zu erstellen. Diese dienen dann wiederum unter Berücksichtigung oben beschriebener Entwicklungsrichtungen von Rahmenbedingungen zur Ableitung der Probleme und Hemmnisse bei der Umsetzung des Idealverhaltens.

Bei den Arbeiten zur Studie "Factory for the Future" /3/ wurde erfolgreich ein Portfolio eingesetzt, das die einfache Differenzierung von Produktionsunternehmen nach zwei Ordnungsfaktoren:

- **Produkt und Prozeßkomplexität und**
- **Marktunsicherheit,**

erlaubt.

Produkt- und Prozeßkomplexität ist hierbei die Summe aller Forschungs-, Entwicklungs- und Produktionsaufwände. Sie ist z. B. bei einem Flugzeughersteller hoch und bei der Herstellung von Nägeln niedrig.

Marktunsicherheit unterscheidet nach der Vorhersagbarkeit des Bedarfes am Markt.

Die so aufgespannten Felder erlauben eine erstaunlich einfache aber doch umfassende und aussagekräftige Differenzierung unterschiedlicher Problemklassen für die erfolgreiche Produktion.

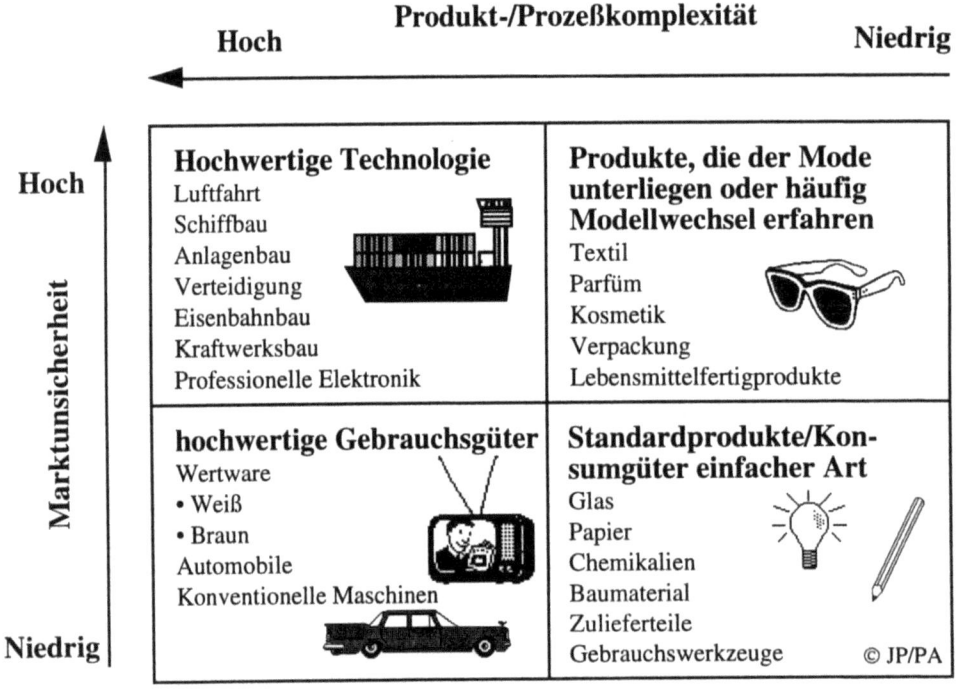

Bild 1: Produktklassifikation (nach /3/)

Die Einordnung einzelner Produktbeispiele soll nicht alle mögliche Varianten einer Produktklasse einschließen sondern vielmehr typische Vertreter kennzeichnen. Ein Sportwagenhersteller ist durchaus an eine andere Position im gezeigten Raster zu plazieren als ein Mittelklassewagenhersteller. Auch sagt der Feldtypus nichts über die Schwierigkeit anstehender Probleme einer Produktion in Deutschland aus. Gerade in den Bereichen der Konsum- und Standardprodukte können, angesichts bestehender umweltpolitischer Rahmenbedingungen oder hohem Lohnanteil der Produkte, Verbesserungen der Wettbewerbsfähigkeit enorme Aufwände mit hohem Forschungs- und Entwicklungsaufwand bedingen. Man erkennt leicht, daß in jedem Quadranten andere Voraussetzungen für erfolgreiches Produzieren gefordert sind.

Heute existierende Produktionsunternehmen beweisen zwar, daß sie in einer bestimmten Position erfolgreich Waren und Leistungen anbieten, die Schwierigkeiten bestehen jedoch darin, bei einem **Wegdriften des Marktsegmentes** - wie dies z. B. die mit manchen Uhren, Foto- und Hifi-Geräten durch eine Bewegung von relativ ruhigen, sicheren zu immer turbulenteren Märkten mit schnellem Modellwechsel, hohen Entwicklungsrisiken und Unsicherheiten war -

- **entweder ihm zu folgen**
- oder bei Beibehaltung der Position auf Basis eigener und evtl. zu ergänzender Kernkompetenzen **neue Märkte mit alten Produkten zu erobern oder alte Märkte mit neuen Produkten und Leistungen zu sichern.**

Eine Komponente idealen Verhaltens produzierender Unternehmen wird somit der **bewußte Kampf um die Beherrschung der immer schnelleren Bewegung von Märkten** und die **eigene optimale Positionierung** darin sein. Dies wird auf globalen Märkten mit globalem Wettbewerb, Internationalisierung der Technikentwicklung und Forschung, kürzeren Produktlebenszyklen, schwankender differenzierter Nachfrage, kurzen Reaktionszeiten, niedrigen Kosten, hoher Qualität und Diversifikation eine immer komplexere Aufgabe werden. **Unternehmer und Staat müssen dies nicht nur akzeptieren, sondern vielmehr den Prozeß beschleunigen helfen.** Der, der Turbulenz von Märkten bestimmen kann, hat entscheidenden Vorrang vor Nachzüglern, die sie nur zu Bewältigen versuchen. "Ideales staatliches Handeln" hat hierzu insbesondere auch den **strategischen Bedarf zur Ausführung mittel- und langfristig wirksamer Maßnahmen** abzudecken, um den Weg für erfolgreiches Produzieren kleiner und mittelständischer Unternehmen (kmU) zu bereiten und einen fruchtbaren Boden für die Gestaltung zukunftsorientierter Produktion zu bereiten.

Entscheidend ist, daß alle Beteiligten sich bewußt werden, daß die zunehmende Dynamik des Marktes die Sicherung des Produktionsstandortes zu einem Prozeß machen, der ständig optimiert werden muß und für den eine Einmalaktion zu kurz greift.

Wie in jeder Prozeßoptimierung, lohnt sich der Einsatz von Mitteln insbesondere an Engpässen. Die Arbeiten zur Standortsicherung müssen sich folglich an **Engpässen** ausrichten, die sich einer **Verbesserung der Standortqualität schon heute entgegenstellen oder morgen vermutlich erschweren werden**. Bei der Suche nach Engpässen, ist im Rahmen staatlicher, forschungsorientierter Handlungsbedarfe insbesondere die Beseitigung mittel- und langfristiger Wissensdefizite zu verfolgen.

Die Wandelbarkeit elementarer Wettbewerbsparameter der Zukunft und die prozeßhafte Optimierung der Standortqualität stellen mit Abstand die wichtigste Erkenntnis dar, die sich zu dem in der Voruntersuchung beschriebenen Turbulenzszenario verdichten /4/. Deshalb ist nicht nur heute, sondern zu jedem Zeitpunkt der Zukunft eine Beschreibung wichtiger Parameter, deren Entwicklungsrichtungen zu finden und eine strategische Ableitung zu versuchen. Einige Trends sind bekannt und in ihrer generellen Richtung unbestritten. Das **Idealverhalten** von Unternehmen, Forschung und Staat muß sich an diesen Achsen spiegeln lassen:

2.1.1. Märkte der Zukunft

Die "**neuen turbulenten Märkte der Zukunft**" bestimmen den wirtschaftlichen Erfolg von Unternehmen und einer Volkswirtschaft. Alle Aktivitäten eines Unternehmens müssen folglich äußerst marktorientiert ausgerichtet sein und dabei stärker als heute unkonventionelle Marktchancen nutzen. Hierbei werden die wechselhaften und segmentierten Märkte der Zukunft durch intelligente Konzepte, die

- durch besondere **kreative Leistungen neue Produkte** mit modularer Bauweise, hoher Flexibilität, geringeren Entwicklungs- und Lagerkosten und völliger für den Kunden unvermuteter Verwandlungfähigkeit hervorbringen;
- dabei den Kunden bei der Erfassung des Marktbedarfs, der Produktdefinition und der Erstellung sowie dem **Recycling des Produktes** stärker einbeziehen;
- durch **Integration von Diensten** neue Marktbedürfnisse befriedigen;
- **globale Differenzierung der Produkte** ermöglichen;

- **logisitische Leistungen maximieren** aber **Aufwände minimieren;**
- **effiziente verteilte Entwicklung, Konstruktion und Produktion** erlauben und
- **umwelt-, menschen-, tierfreundliche Herstellungs-, Einsatz- und Wiederverwertungsmethoden** einschließen.

Dabei wird zunehmend das "humane" oder realistischer "menschorientierte" Unternehmen Vorsprung gewinnen, das mehr als nur "tote Technik", nämlich wertorientierte Konzepte bietet, wie z. B. "Vernunft und Mitmachen" (s. IKEA); verbesserte "Kundenwirtschaftlichkeit" durch Konfigurierbarkeit, Auf- und Umrüsten verspricht (s. JUNGHEINRICH, LINN); allumfassende "Erlebnisprodukte" von der Hardware bis zur Software (s. SONY) verkauft; das Produkte vertreibt, die nicht nur dem Käufer nutzen sondern gleichzeitig den Wohlstand ärmerer Länder des Südens hebt, der Vernichtung von natürlichen Ressourcen vorbeugen, Ausbildung, Nahrung und Gesundheit schaffen (s. Dritte Welt Läden) oder das gesunde, natürliche Produkt (s. Yves Rocher, Stadtautos verschiedener Hersteller) anpreist. Viele weitere Beispiele werden dies bestätigen.

Marketing- und Technikpartnerschaften entstehen, die Beherrschung des Marktes wird durch **gesamtheitlicheres menschbezogeneres Denken, optimale Kommunikation** zu Kunden, Designern, Lieferanten, Forschung und Wettbewerbern, **vorausschauende Planung** und Training und **schnellstes trägheitsfreies Reagieren** ermöglicht. In allen Fällen ist eine **Erweiterung des Produkt- durch das Systemgeschäft**, die **Integration komplexer Zusammenhänge** und die **Dynamisierung von Strukturen** zu erkennen. Das Unternehmen, das für den **Wandel geschaffen** ist, **vernetzt denkt** und **handelt**, das mit Partnern **gleichzeitig Kooperieren und Konkurrieren** kann und kurzfristige **Nachteile internalisiert, um weitsichtigen und längerfristigen Nutzen mit den Kunden und Partnern zu teilen**, kommt dem Idealverhalten der Zukunft nahe.

Das marktorientierte Bewußtsein wird sich mittelfristig in ungewohntem Maße auch bei **Forschungsarbeiten** und **staatlichem Handeln** durchsetzen. Eine **markt-** und damit **umsetzungs-** und **industrieorientierte Sicht** wir sich auf breiter Front durchsetzen. Dies bedeutet jedoch nicht ein Versiegen grundlagenorientierter Forschung, sondern eher ein engeres Zusammenrücken mit angewandter Forschung und marktnaher Entwicklung der Unternehmen, um einen Effekt des

"simultanen Forschens, Entwickelns und Vermarktens"

mit **deutlicher Verkürzung der Umsetzungsdauer von Forschungsergebnissen** durch Parallelisierung von Grundlagenarbeiten, angewandter Forschung und Umsetzung zu erzielen.

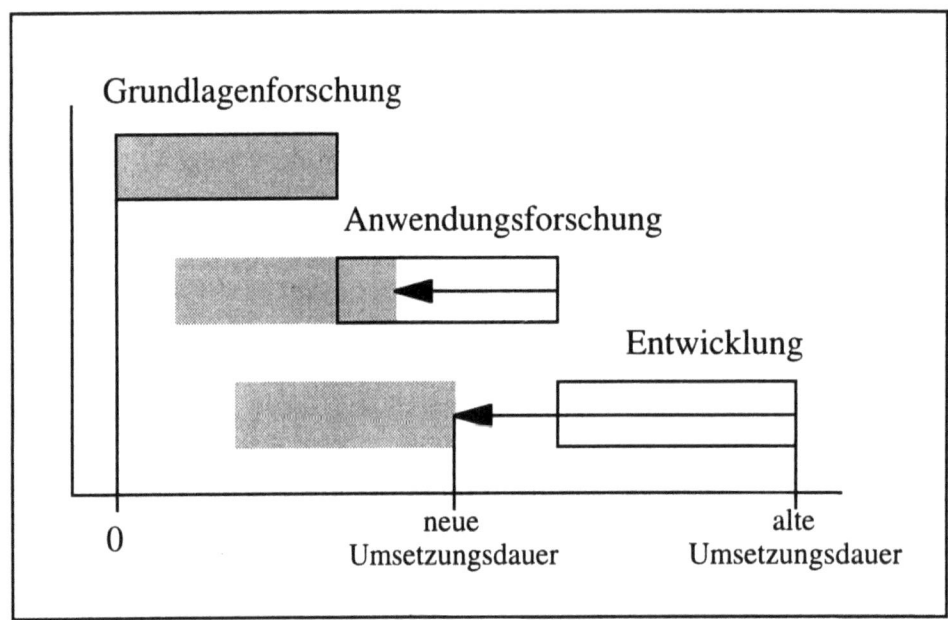

Bild 2: Reduzierung der Umsetzungsdauer von Forschungsergebnissen durch Parallelisierung

Staatliche Maßnahmen werden in verstärktem Maße übergreifendes Interesse von Unternehmen insbesondere der kmU wahrnehmen, die bisher nicht ausreichend genutzt oder meist nur durch größere Unternehmen betrieben werden konnten. Ein wichtiges Beispiel ist hier die Entwicklung **standardisierter Systemkomponenten,** die durch die Gesetze ökonomischer Skalenerträge bei neuen Produkten der Systemintegration, wie z. B. auf dem Wachstumsmarkt der Hard- und Softwareanwendungen, enorme wirtschaftliche Erfolge erwarten lassen. Der Staat wird hierbei, eingebettet in ein industriepolitisches Konzept, die Rolle der Anschub- und Beschleunigungsfinanzierung der Entwicklung zukunftswichtiger Standards übernehmen.

2.1.2. Visionen der Globalisierung von Markt, Forschung und staatlicher Industriepolitik

Ein zweiter, auf obiger Marktbetrachtung aufbauender Aspekt ist die konsequente **Globalisierung der Wertschöpfungskette**. Dies schließt alles unternehmerische Handeln vom Marketing über die Produktion, die Konstruktion, Entwicklung bis zur Forschung ein. Märkte werden in Zukunft wesentlich stärker in den ehemaligen Schwellenländern, Osteuropa aber auch der dritten Welt entstehen. Es gilt hier, ganz andere Bedürfnisse zu befriedigen als in den "reichen Ländern", die sich ein immer "schöner, kleiner, schneller und weiter" leisten können. Für die erfolgreiche Lieferung insbesondere ganzheitlicher Produktkonzepte in viele ärmere Länder wird der kulturelle Hintergrund und die sozialen Rahmenbedingungen zu berücksichtigen sein. **Wohlstandsbildung, Marktaufbereitung und -bedienung erfordern eine Beteiligung der Menschen in den Märkten weniger wohlhabender Länder an der Wertschöpfung.** Es ist politisch kurzsichtig, menschlich falsch, unrealistisch und letztlich aus Gründen der Sicherheit und Ökonomie unvernünftig, den Produktionsstandort Deutschland als autarke Festung gegen globalen Wettbewerb auf sozialer, innovativer und technologischer Ebene zu verteidigen. Deutschland darf keine Insel des alleinigen wirtschaftlichen Erfolgs sein und hat daher eher die Chance im Zentrum Europas als offenes und zukunftsweisendes Modell, mit erstrebenswertem Wohlstand für Viele und dem Bemühen, trotz Industrialisierung langfristig eine natürliche Lebensgrundlage zu sichern, zu wirken. Folglich wird man in der Produktion der Zukunft **Vernetzung** und **Verringerung der Fertigungstiefe des Standortes Deutschland** zugunsten internationaler Produktionsverbünde betreiben müssen. "Made in Germany" weicht heute schon einem "Made by company x" und wird morgen "Made by consortium y" lauten. Betrachtet man das schnelle wirtschaftliche Wachstum in Ländern außerhalb der OECD, so ist in Zukunft vielmehr mit einem Wettbewerb um deren Märkte und Beteiligung leistungsfähiger Gesellschaftsteile zu rechnen, als in den wachstumsschwachen ausgereizten Regionen der OECD, die heute noch umkämpft werden. Allerdings ist diese positive Entwicklung in ärmeren Ländern durch weltweite wirtschaftliche Schwächen, religöse Rückbesinnung und der Verstärkung sozialer und politischer Instabilitäten von Gefahren und Widerständen begleitet, die es heute schon, aktiv durch Industrie und Forschung zu bekämpfen gilt.

Entscheidend für die Sicherung des deutschen Produktionsstandortes ist, bei genannter Zielsystematik und beim weltweiten Kampf um Wohlstand und Arbeit, nicht Abschottung sondern auch hier die gleichzeitige **Kooperation und Konkurrenz** mit den sich schneller entwickelnden Produktionskapaziäten und -qualitäten anderer Länder:

- **Kooperation** ist dabei durch konkretes unternehmerisches Handeln mit dem Ziel:
  des Exports von Denkweisen, von Wissen und Know-how, der Integration lokaler Kreativität, lokaler Anforderungen an Produkte und Leistungen, der Nutzung ökonomischer Vorteile sowie dem Aufbau von Wohlstand, sozialer Sicherheit, Frieden und der langfristigen Schonung von Ressourcen und Umwelt.

- **Konkurrenz** wird der Antrieb zur weiteren Effizienzsteigerung der Produktion, Senkung der Stückkosten und der Konzentration auf bestehende und neue Stärken deutscher Produktion sein. Insofern sind sie der Schlüssel für die Entwicklung eigenständiger Produkte, Produktionsprozesse und Technologien, die wiederum als "**kreative Systemkopfleistungen**" zurecht einen hohen "Wiederverkaufswert" und damit Rechtfertigung für wirtschafliche Erfolge sowie hohen Lebensstandard in Deutschland sein werden.

Staat und Forschung werden bei dieser Entwicklung wegbereitend sein. Einerseits wird internationale vorwettbewerbliche Kooperation, nicht nur in Europa, sondern weltweit gefördert werden. Allen Kooperationsbemühungen voran wird die Forschung sich am stärksten internationalisieren. In Technik und Naturwissenschaften macht es bereits heute keinen wesentlichen Unterschied mehr, ob man z. B. in einem Labor in Californien, Tokyo oder in Stuttgart Festkörperforschung betreibt. Arbeit dieser Art lebt heute schon von weltweiter Kooperation und Konkurrenz. Es wird in Zukunft beim Vorsprung bestimmter Forschungsstandorte weniger um Hautfarbe, Sprache oder Religion gehen, sondern vielmehr um seine Ausstattung, internationale Verbindungen, Konzentration einer kritischen Masse an Kompetenz und damit um die Lebensumstände der Forscher, Offenheit der Gesellschaft und Ethik und Ziele, die mit der Forschungsarbeit verbunden werden. Dem Beispiel der Forschung werden Unternehmen rasch folgen und immer stärker offen Beziehungen zu allen Märkten der Welt aufnehmen.

Staatliches Handeln wird in Zukunft, wie in der Forschung, **komplexere globale Vernetzung produzierender Unternehmen motivieren**, in denen es schwer sein wird, **kurzfristigen Nutzen** zu erkennen und Bedenken hinsichtlich **Risiken** für die eigentliche Sicherung des Standortes Deutschland mitschwingen. Der Staat wird in Zukunft aber auch industriepolitisch deutlich stärker intervenieren, um lokale Standortnachteile zu bereinigen oder **international vergleichbare Rahmenbedingungen für soziale und ökologische Standards** zu erlangen.

2.1.3. Mitarbeiter und die wandelbare Unternehmensorganisation der Zukunft

Unternehmen der Zukunft müssen in der Lage sein, in der Turbulenz zu agieren anstatt auf den Wandel zu reagieren. Hierfür soll vor allem der Mitarbeiter seine ganze Motivation, Intelligenz und Leistung in neuen Organisatorischen Strukturen des Unternehmens einbringen können.

Für eine erfolgreiche Unternehmensorganisation bieten sich hierzu zwei prinzipielle Stoßrichtungen an:

- **Reduzierung der Auswirkungen von Turbulenzeinflüssen**
- **Steigerung der Reaktions- und Anpassungsfähigkeit der Unternehmen**

Die Wirkung von "oben verordneter" Handlungsanweisungen sind immer weniger vorhersehbar und sind immer weniger entscheidend für den Erfolg oder Mißerfolg einer Produktion. Unternehmenstrategien für Wettbewerbsvorteile können daher zur langfristigen Standortsicherung nur mit dynamisch wandelbaren Kriterien in einem steten Prozeß der Anpassung und Verbesserung immer weiterentwickelt werden.

So muß z. B. für Unternehmen mit sehr hohen Anforderungen an stabile, lang laufende Prozesse (z. B. Chemie, Bildröhrenfertigung) nach Möglichkeiten gesucht werden, die Auswirkungen von Turbulenzeinflüssen für die Produktion (z. B. durch antisaisonale Produkte, turbulenzminimierende Vertriebs- oder Marketingkonzepte, etc.) zu reduzieren.

Unternehmen müssen in der Lage sein, äußere langfristige Entwicklungen frühzeitig zu erkennen - gewissermaßen vorauszubestimmen, um rechtzeitig intern auf diese reagieren zu können. Unternehmensintern muß dem steten Wandel durch **neue Organsiationskonzepte** begegnet werden, die eine **nachhaltige Steigerung der Reaktions- und Anpassungsfähigkeit** von Unternehmen in einem turbulenten Umfeld ermöglichen. Planungshilfsmittel wie Frühwarnsysteme können helfen, die Vorhersagezeit, in der Unternehmen auf Veränderungen reagieren können, zu erhöhen. Sie werden sich jedoch immer nur auf Trends und Grundströmungen stützen und (zumindest nach heutiger Erkenntnis) nicht in der Lage sein, Zukunftsentwicklungen quantitativ vorherzusagen. In solch komplexen Zusammenhängen, in denen Ereignisse vielfach auf subjektiven Entscheidungen beruhen, werden Unternehmen nicht umhin können, ihr Umfeld als prinzipiell **nicht vorausberechenbar** anzuerkennen. Deshalb wird es unerläßlich und in Zukunft überlebenswichtig sein, in dem jeweils erforderlichen Maße und der zur Verfügung stehenden kurzen Zeit auf Veränderungen zu reagieren und sich anzupassen zu können.

Ein neues erfolgversprechendes Organisationsprinzip ist die "**Fraktale Fabrik**" /9/. Durch selbststeuernde Regelkreise, teilautonome selbstorganisierende Einheiten und einer Dezentralisierung von Verantwortung und Kompetenz soll eine **ständige und hochdynamische Anpassung an die jeweiligen Erfordernisse** ermöglicht und die Innovationsfähigkeit und Kreativität sichergestellt werden. Hierzu müssen einerseits Kommunikations- und

Steuerungswerkzeuge zur transparenten und schnellen Navigation der einzelnen Organisationseinheiten als auch Motivations- und Anreizmodelle für die Mitarbeiter in zunehmend weniger hierarchischen und sich wandelnden Strukturen geschaffen bzw. deren Einführung und Umsetzung vorangetrieben werden. Neben der schnelleren Umsetzung von Innovationen werden auch Methoden und Werkzeuge zur Selektion umsetzungswürdiger Innovationen/Ideen benötigt. Hierbei sollte bereits in einem sehr frühen Stadium sowohl die "Marktreife bzw. das Marktpotential" einer Produktidee als auch das Verbesserungspotential unternehmensinterner Prozeß- und Technologieideen validiert werden können.

2.1.4. Ressourcenschonendes Wirtschaften der Zukunft

Wirtschaften in Kreisläufen wird in der Regel nicht nur durch Technik, sondern auch durch ökonomische, ökologische, soziale und politische Randbedingungen begrenzt. Das zunehmend turbulenter werdende Umfeld, beispielsweise die sprunghafte Veränderung von Marktnachfrage, erfordert vom einzelnen Unternehmen die Fähigkeit einer flexiblen und raschen Anpassung; **Kreislaufsysteme sind hier zunächst reaktionsträge**, daher ist eine Auflösung dieses Zielkonflikts unabdingbar.

Grenzüberschreitende Stofftransporte in Form von Produkten, Halbzeugen und Grundstoffen konterkarieren eine national ausgeprägte Kreislaufwirtschaft. Sie stellt neue organisatorische, logistische und technologische Anforderungen, die international eingebettet werden müssen.

Wichtige technologische Elemente einer Kreislaufwirtschaft sind die Minimierung der Summe der Umweltbelastungen

- der Produktion,
- der Nutzung,
- dem Recycling und
- der Entsorgung

beispielsweise durch

- recyclingfähige Werkstoffe, Werkstoffverbunde und Bauteile,
- recyclingfähige Produktkonstruktion,
- angepaßte Produktionstechnologien,
- geeignete Verwertungstechnologien für Rezyklate und deren Verwendung.

Strategien müssen den Zeithorizont des Problems berücksichtigen: ein langfristig für sinnvoll gehaltenes und wahrscheinlich auch global anerkanntes Ziel soll angesteuert werden, wobei kurzfristig auftretende Nachteile vermieden bzw. möglichst kompensiert werden.

Elemente dieser Strategie sind:

- einen **gesellschaftlichen Konsens über die Zielsetzung** der nachhaltigen Wirtschaft zu finden;
- die nationale Zielsetzung möglichst rasch **zur Zielsetzung des europäischen und internationalen Wirtschaftsraums** zu machen;
- akute **Wettbewerbsnachteile für einheimische Unternehmen erkennen** und gegensteuern;
- **Innovationen**, die dem Leitbild dienen, fördern, **Risiken** gesamtgesellschaftlich tragen;
- Bedingungen schaffen, unter denen das Leitbild Kreislaufwirtschaft angesteuert werden kann, **ohne daß der Produktionsstandort Deutschland an internationaler Wettbewerbsfähigkeit einbüßt**;
- die **Technologieführerschaft** in der Kreislaufwirtschaft ansteuern;
- die Kreislaufwirtschaft in einem turbulenten Umfeld ermöglichen und die **rasche Reaktionsfähigkeit** der Unternehmen fördern.

2.1.5. Visionen zukünftiger Produktentwicklung, der marktorientierten Technikentwicklung und innovativer Produktionsverfahren

Zur Erfüllung der genannten systemischen Anforderungen zukünftiger Märkte hat der deutsche Produktionsstandort trotz bekannter **Hemmnisse** und erkennbarer **technologischer Rückstände** prinzipiell beste Erfolgschancen, wie folgende Darstellung zeigt.

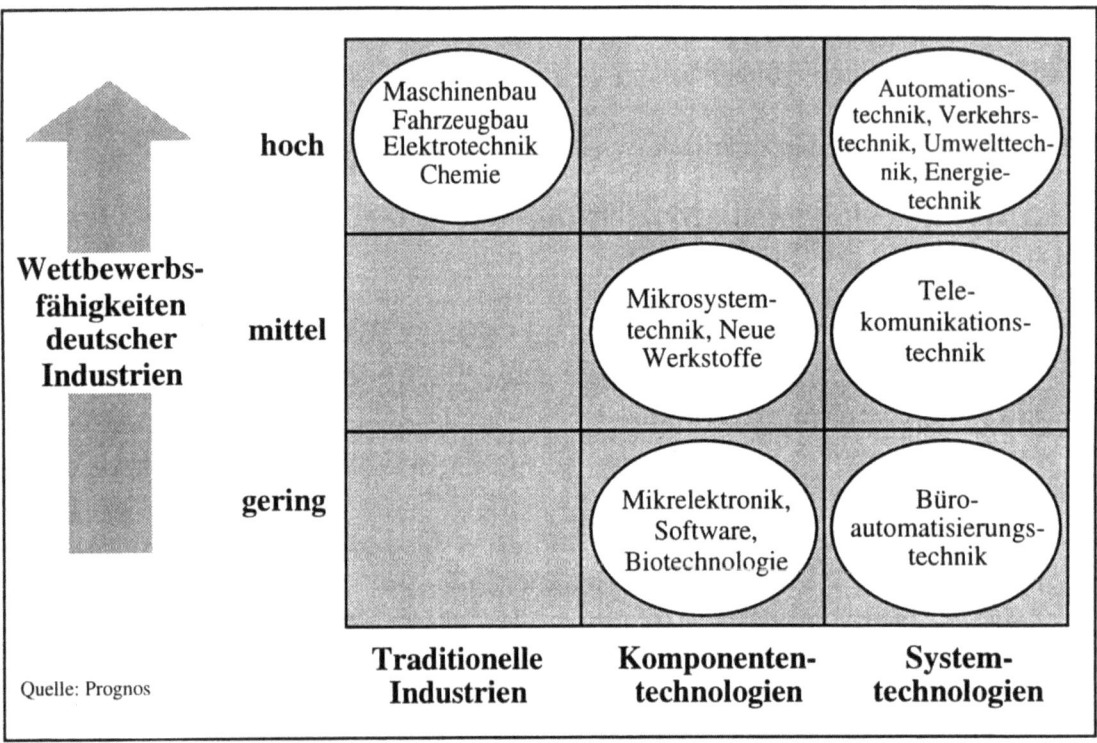

Bild 3: Ausgangsposition Deutscher Systemtechnologien

Obwohl der Anschluß an manche neue Spitzentechnologie verloren erscheint, könnten Nachteile kompensiert werden, da in Zukunft viel mehr die Verbindung ganzheitlicher Aspekte im Vordergrund stehen wird. Natürlich ist eine gute Position bei der Entwicklung neuer Technik unabdingbar und hier müssen schnelllstens wieder Spitzenpositionen erreicht werden! Aber die alleinige Fokussierung auf einzelne Rückstände läßt den Betrachter weitreichendere Chancen der globalen Technik- Produkt- und Marktentwicklung durch ihre konsequentere Umsetzung und der Bildung neuer Partnerschaften vergessen. Dies soll an vier strategischen Entwicklungspotentialen für die erfolgreiche Produktion an unserem Standort gezeigt werden:

1) Anreicherung und Verbindung beherrschter Techniken zur Entwicklung neuer innovativer Produkte

Statt scheinbar verpaßten Technologiechancen "hinterherzuweinen", gilt es, sich auf die wesentlichen Hebelwirkungen zu konzentrieren, durch neue Denkweisen **eigene Stärken auszubauen, bekannte Techniken mit neuen anzureichern, neue Technologien deutlich schneller in neue Nutzenpotentiale zu verwandeln** und so neue Produkte mit beherrschten Techniken durch neue Verbünde und Werte zu entwickeln. Wie später vorgeschlagen wird läßt sich dies besonders einleuchtend am Beispiel von **Servicesystemen**, namentlich Servicerrobotern, zeigen. Auf diesem Feld kann die jahrhundertelang aufgebaute Stärke Mitteleuropas im Bereich **mechanischer Techniken** durch für diese Zwecke ausgezeichnet beherrschte neuere Techniken wie Elektronik, Mikrosystemtechnik, Sensorik, Rechnertechnik und Software angereichert werden. Eine Vielzahl von Produkten wäre hier denkbar, die in einer immer teureren Welt von Dienstleistungen sehr wirtschaftlich arbeiten können. Anwendungen gehen von automatischen Reinigungssystemen für Industrie, Handel, Krankenhäuser, Bahnen, Abwasser- und Röhrensysteme usw. über Unterstützung für den Single-Haushalt, automatische Lagersysteme und Betankung bis zu Hauspostboten, Pflege- und Krankenhaushilfen.

2) Kostenminimale aber hochflexible Herstellung einfacher Massenprodukte für den Weltmarkt durch intelligente Produkt- und Prozessentwicklung

Viel zu oft wird bei der Frage der Produktion der Zukunft immer nur der inzwischen wachstumsschwache Markt der OECD-Länder gesehen. Klar ist jedoch, daß einerseits **Schwellenländer zu wachstums- und kaufkraftstarken Regionen** geworden sind und andererseits die Länder der dritten Welt mit ihrem **riesigen Bevölkerungsmassen** ein in absoluten Werten gemessen **steigendes Marktvolumen** bieten. Der Produktionsstandort Deutschland muß in der Lage sein, interessante aber erschwingliche Produkte für den weltweiten Bedarf insbesondere der Länder außerhalb der OECD herzustellen. Hierzu sind mehrere Ziele gleichzeitig zu verfolgen:

- Vermeidung des massiven Abwanderns der Produktion einfacher Massenware in Niedriglohnländer
- Höchste Diversifikation und kürzere Entwicklungs- und Lieferzeiten, um den Markt schnell mit sehr aktuellen Produkten beliefern zu können
- Kostenminimale Gestaltung, Organisation und technische Optimierung der Produktion, um ihre Wirtschaftlichkeit bei gutem Lohnniveau zu sichern.

Typische Beispiele für umfassend neue Produkt- und Produktionskonzepte ist die Entwicklung der **SWATCH** und die Umgestaltung der Firma **Seppelfricke** zu einer Fraktalen Fabrik. Im ersten Fall konnte durch Modulkonzept und ideale Abstimmung der Konstruktion und Produktion eine extrem hohe Diversifikation bei gleichzeitiger kostengünstiger weitgehend automatischer Montage erzielt werden. Im zweiten Fall konnte man am Standort Deutschland trotz ungünsitger Lohnsituation die Flexibilität und Effizienz der Herstellung von einfachen Gasherden durch geänderte Unternehmensorganisation und Selbststeuerung der Mitarbeiter enorm steigern und das Produkt vor Konkurrenz aus Niedriglohnländern schützen.

3) Herstellung hochtechnologischer aber niedrigpreisiger Produkte

Auch hier gilt es wie in 2) **den ganzen Weltmarkt mit erschwinglichen Produkten** zu beliefern. Allerdings bestehen für unseren Produktionsstandort in diesem Fall sogar deutlich bessere Chancen als in 2) da es hier wie z. B. in der Halbleitertechnik gilt, auf Basis hochtechnolgischer Produkte, die ein großes Knowhow, spezialisierte Ausbildung, große Anlageninvestitionen und eine gute Infrastruktur benötigen, niedrigpreisige am Weltmarkt erschwingliche Produkte herzustellen. Produktbeispiele sind medizintechnische Geräte, Pharmazeutika, Ernährungsprodukte, landwirtschaftliche Produkte, Elektronik für Spiel, Unterhaltung und Kommunikation, Verkehrs- und Transportmittel, Serviceautomaten.

Entscheidend für den Erfolg am Weltmarkt wird hier

- der kreative, technologische sowie produktionstechnische Vorsprung gegenüber anderen Industrieregionen sein;
- die Einbindung dieser Produkte in Mechanik und Systemlösungen zur aufwandsminimalen und logistikkostengerechten Endproduktion an zentralen Punkten des Zielmarktes sein;
- die Vertriebsorgansiation sein, die lokale Strategien verfolgt und die Produkte auf den lokalen Bedarf anpaßt.

Ein Beispiel für die kostenminimale zentrale Produktion eines hochwertigen Produktes zeigt eine **Vision von NISSAN**. Sie sieht das kostengünstigste Automobil als die gültige Zukunftsstrategie an. Hierbei wird Forschung, Entwicklung und Design in Industrieregionen, wie Japan, USA und Europa vollzogen und die Automobile in wenigen weltweit verteilten, großen zentralen Produktionsstätten hocheffizient produziert.

4) Systemkopfaktivitäten, Kundenintegration, vernetzte Technik- und Produktentwicklung und Produktion in neuen weltweiten Wertschöpfungsverbünden

Im Gegensatz zu den beiden letzten stark kostenfokussierten Strategien steht dieser Punkt, der eine völlige Verflechtung des Kunden und Marktes mit der Produktentwicklung, -herstellung und Produktlebenszyklusbetreuung vorsieht.

Technikeinsatz wird durch Märkte gesteuert. Kreativität spiegelt sich am Bedarf. Vernetzung ist die Antwort auf Wandel. Deutschland hat in seinem Portfolio Stärken, wie

- gute Infrastruktur, guter Ausbildungsstand, günstige räumliche Lage,
- kreative Potentiale,
- systemintegrierende Fähigkeiten.

Diese gilt es beim generell weltweit ablaufenden Wandel zu Käufermärkten zu stärken, da der **Bedarf für kreative kundenorientierte Systemlösungen wächst** und die **Integration weltweiter Kunden und Märkte in die Lösungsfindung und -erstellung** entscheidende Vorteile im Wettbewerb bieten wird. Eine **explosionshafte Kreativitätsteigerung** und **Diversifikation** von Produkten ist durch die Bildung **neuer Partnerschaften von Kunde, Marketing und Produktentwicklung** und die Unterstützung informationstechnischer Instrumente möglich. Einer **weltweiten Zusammenarbeit** steht durch Datenautobahnen und Weiterentwicklung von kooperativen Systemen (computer supported cooperative work (CSCW)) nichts im Wege. Gelingt es, rechtliche, kulturelle und vor allem Vorstellungsschranken zu überwinden, so kann in Deutschland ein enormer zusätzlicher Beschäftigungsschub durch großen Bedarf an neuer **intelligenter, kreativer Arbeit** wie

- Erfinden, Entwickeln Konstruieren, Design,
- Logistik, Global Sourcing,
- Projektmanagement,
- Pre- und After-sales Service

entstehen /1/.

Ein intensiver Einsatz von Informationstechnik ist hier notwendig, um vernetzte Kommunikation, Kooperation und Verarbeitung großer Datenmengen zu unterstützen.

- **Lebenslange Kunden und Produktbetreuung.** Kundenbetreuung, -service und Produktwiederverwertung binden über den Lebenszyklus des Produktes den Kunden, Lieferanten und Hersteller in eine enge "Schicksalsgemeinschaft" ein. Diese gilt es, als Partnerschaft zu begreifen und durch ganzheitliche Leitbilder wie z. B. beim "Wirtschaften in Kreisläufen" geschehen, zu unternmauern.

Bei diesem letzten Beispiel wird deutlich, wie in einer offenen vernetzten Produktionssystematik alle in diesem Kapitel angesprochenen Entwicklungspfade zu einem Gesamtkonzept zusammenfließen, dies gilt insbesondere für die Einbindung der querlaufender Fragen, wie die

- der **Innovation und interdisziplinärer Wissensaufbau**
- der **Kreislaufwirtschaft**
- der **Logistik**
- der **turbulenten Umwelt der Produktion**
- etc.

Ein Beispiel das in diese Richtung einer offenen global orientierten Produktionsstruktur tendiert ist eine **Vision von TOYOTA**, die besagt, daß im Jahr 2000 in jeder größeren Stadt der Welt eine kleine TOYOTA-Endmontage sein wird, die extrem schnell, kundennah, logistikkostenoptimal und mit hoher Diversifikation Fahrzeuge lackiert und endmontiert. Hiermit läßt sich der Bezug zum Kunden, seine Integration, die Diversifikation des Produktes und gleichzeitig durch die hier notwendigen neuen Produktstrukturen die Reparatur das Upgrading und die Demontage in Kreislaufsystemen bedeutend verbessern.

3. Identifizierte Forschungsfelder

Als Handlungsbedarf für das BMFT konnten folgende Forschungsfelder identifiziert werden. Bei der Auflistung handelt sich um übergeordnete Themen, die durch Forschungsaufgaben in einem Versuch zur ganzheitlichen Betrachtung weitergehend erschlossen werden. Darüber hinaus ist die Liste als offene Fassung zu verstehen, die im Zuge eines erfolgsorientierten Prozesses der Standortsicherung der ständigen Aktualisierung unterworfen werden soll.

FF 1: Standortsicherung als Prozeß
  FSP 1.1: Klärung zukünftiger gesellschaftlicher Umfeldbedingungen erfolgreicher industrieller Produktion
  FSP 1.2.: Schnelle Entwicklung produkt- und produktionsspezifischer Einzeltechnologien
  FSP 1.3.: Entwicklungsbegleitende Normung

FF 2: Innovation
  FSP 2.1.: Kooperationen zur inner- und überbetrieblichen Kopplung verteilter Know-how-Bestände im Innovationsprozeß
  FSP 2.2.: Abstimmung von Technik-, Organisations- und Personalentwicklung zur Bewältigung von Strukturinnovationen

FF 3: Vernetzung durch Kooperation und Logistik
  FSP 3.1: Kommunikations- und informationstechnische Unterstützung von Kooperationen
  FSP 3.2: Integrierte Produkt- und Prozeßmodellierung, -simulation und -optimierung

FF 4: Produkte und Prozesse
  FSP 4.1: Integrierte Produkt- und Prozeßentwicklung im turbulenten Umfeld
  FSP 4.2: Simultane Entwicklung von Produktionsmaschinen im turbulenten Umfeld

FF 5: Kreislaufwirtschaft
  FSP 5.1: Kreislauffähige Werkstoffentwicklung, Produktkonstruktion und Prozeßgestaltung
  FSP 5.2: Intelligentes Stoffstrommanagement im turbulenten Umfeld
  FSP 5.3: Innovative Verwertungstechniken

FF 6: Produzieren in turbulentem Umfeld
  FSP 6.1: Offene, lernfähige Organisation
  FSP 6.2: Gestaltung und Betrieb wandlungsfähiger Produktionssysteme

4. Literatur

/1/ Berger, Roland: Märkte der Zukunft - Märkte für Deutschland?!? In: Kuhnert, W. (Hrsg.): Menschen Maschinen Märkte; Springer Verlag, Berlin, Heidelberg, 1994

/2/ Berliner Kreis für industrielle Produktentwicklung (Hrsg.): Denkschrift zur Förderung von Produktinnovationen; 21.3.1994

/3/ Fraunhofer-Institut für Produktionstechnik und Automatisierung: Basic Terms for the Factory for the Future Programme. Unveröffentlichter Bericht im Projekt "Factory for the Future", Februar 1994

/4/ Fraunhofer-Institut für Produktionstechnik und Automatisierung: Strategien für die Produktion im 21. Jahrhundert. Voruntersuchung, Stuttgart, 8.4.1993

/5/ Grupp, H. (Hrsg.): Technologie am Beginn des 21. Jahrhunderts. Schriftum des FhG-ISI; Physica, Heidelberg, 1993

/6/ Kernig, Klaus: Welttrend 2000. Zur Struktur und Eigendynamik moderner Gesellschaftssysteme; Gas Erdgas GWF 2/1993

/7/ Meyer-Krahmer, Frieder: Das Innovationssystem in Deutschland. Anforderungen am Beginn des 21. Jahrhunderts. In: Kuhnert, W. (Hrsg.): Menschen Maschinen Märkte; Springer Verlag, Berlin, Heidelberg, 1994

/8/ Taylor, Frederich W.: Die Grundzüge wissenschaftlicher Betriebsführung. Nachdruck der Orginalausgabe von 1919; Raben Verlag, München, 2. Auflage, 1983

/9/ Warnecke, Hans-Jürgen: Revolution der Unternehmenskultur. Das Fraktale Unternehmen; Springer Verlag, Berlin, Heidelberg, 2. Auflage, 1993

/10/ Wissenschaftliche Gesellschaft für Produktionstechnik (Hrsg.): Mittel- und langfristige Forschungsthemen; Ergebnisse des WGP-Strategieausschusses vom 20.11.1992

Innovative Struktur- und Arbeitsorganisation - Herausforderungen an die Personalpolitik

P. Wagener

Innovative Struktur- und Arbeitsorganisation Herausforderungen an die Personalpolitik

**Peter Wagener, Geschäftsführer 'Personal',
Firma Andreas Stihl, Waiblingen**

INHALT

1 Kurzvorstellung des Unternehmens

2 Veränderungstendenzen und neue Anforderungen

3 Probleme und Konsequenzen für Unternehmen und Mitarbeiter

4 Unternehmenskultur und Organisationsentwicklung Maßnahmen bei STIHL:
   - Führungslaufbahnkonzepte
   - Erweiterung von Befugnissen/Kompetenzen
   - Gruppenarbeit in der Fertigung
   - Neuorientierung des Arbeitszeitmanagements
   - Betriebliches Vorschlagswesen als Motivationsinstrument
   - Schulungsprogramm

5 Langfristige Personalpolitik kontra rechenbarer Wertschöpfungsbeitrag

1 Kurzvorstellung des Unternehmens

Unternehmensstruktur der STIHL-Gruppe

Inland

- Stammhaus Waiblingen mit 7 Werken in

    * Waiblingen
    * Ludwigsburg
    * Wiechs am Randen
    * Prüm

- Vertriebsgesellschaft Dieburg

Ausland

- 4 Produktionsstätten

    * Brasilien
    * USA
    * Schweiz
    * Australien

- 15 Vertriebsgesellschaften

- Viking, Kufstein

Produkte der STIHL-Gruppe

Produkte STIHL

* Motorsägen
* Motorsensen
* Trennschleifer
* Heckenscheren
* Erdbohrgeräte
* Sprühgeräte
* Blasgeräte
* Reinigungsgeräte

Produkte Viking

* Rasenmäher
* Häcksler
* Motorhacken
* Kehrmaschinen
* Sonstige Motor-Gartengeräte

Daten STIHL-Gruppe

Jahresumsatz

STIHL-Gruppe	ca. 1,45 Mrd.
Auslandsumsatz	ca. 80 %

Mitarbeiterzahlen

STIHL-Gruppe	ca. 5.350 MA
Stammhaus Waiblingen	ca. 3.000 MA

Mitarbeiterstruktur Stammhaus

Angestellte	ca. 1.158 MA
gew. Arbeitnehmer	ca. 1.817 MA
deutsche Mitarbeiter	76 %
ausländische Mitarbeiter	24 %

2 Veränderungstendenzen und neue Anforderungen

Die zeitgemäße Weiterentwicklung der Struktur- und Arbeitsorganisation bewirkt zum Teil erhebliche Veränderungen im Aufgabenbereich des einzelnen Mitarbeiters. Hierdurch ergeben sich neue Anforderungen an Vorgesetzte und Mitarbeiter, vor allem im methodischen und verhaltensorientierten Bereich. Diese Veränderungsprozesse frühzeitig zu erkennen, zu begleiten, zu fördern und mitzugestalten, ist Aufgabe einer zukunftsgerichteten Organisations- und Personalentwicklung.

```
                    ┌─────────────────────────┐
                    │  Veränderungstendenzen  │
                    └─────────────────────────┘
                         ↓              ↑
```

streng arbeitsteilige Organisationsform (Taylorismus, Fordismus)	Arbeitsanreicherung
organisatorische Schnittstellen	Prozeßorientierung
Zentralisation von Aufgaben	Dezentralisierung, Verlagerung vor- und nachgeschalteter Aufgaben
Monotonie der Arbeit	Arbeitsvielfalt, Delegation von Aufgaben, Kompetenz, Verantwortung
Fremdkontrolle	Selbstprüfung
Kontrolle	Vertrauen
Einzelarbeit	Teamarbeit, Projektarbeit, Gruppenarbeit
	Beteiligung, Mitwirkung der Mitarbeiter, Nutzung des Ideenpotentials
Bereichsdenken, Abteilungsegoismus, Individualismus	ganzheitliches, vernetztes Denken, Kundenorientierung
Innovation	KAIZEN/KVP (KAI = Verändern, ZEN = zum Besseren) in kleinen Schritten, ständig
aufgeblähte Organisation	schlanke Organisation, kurze Wege, einfache, wirtschaftliche Abläufe, flache Hierarchie, größere Führungsspanne (vertikale/horizontale Konzentration)

"Neue" Anforderungen an Vorgesetzte

- Verantwortung für Unternehmens(gesamt)erfolg
- Orientierung an Zielen
- Vorbild, persönliche Autorität
- mehr Führungs-, Sozial- und Methodenkompetenz
- Moderator, Koordinator, Motivator, Multiplikator
- Konfliktmanager
- Delegationsverständnis und -fähigkeit
- Kostenmanager
- Personalentwickler, Coach, Berater
- positive Einstellung zum Mitarbeiter

"Neue" Anforderungen an Mitarbeiter

- fachliche Qualifikation, Zuverlässigkeit, selbständiges Arbeiten
- unternehmerisches, ganzheitliches Denken, Denken in Zusammenhängen
- Bereitschaft zur Übernahme von Verantwortung
- Kundenorientierung/Qualitätsbewußtsein
- Teamgeist
  * Bereitschaft zur Zusammenarbeit
  * Bereitschaft zur Information und Kommunikation
  * Hilfsbereitschaft
  * Konsensfähigkeit
  * Wir-Gefühl
  * Zurückstellen von Eigeninteressen
- Flexibilität und Mobilität
- Kostenbewußtsein
- Kreativität
- Lernbereitschaft
- positive Einstellung zum Unternehmen

3 Probleme und Konsequenzen für Unternehmen und Mitarbeiter

- personelle Auswirkungen
    * Karriereerwartungen
    * Motivationseinbußen
    * Konsequenzen für die Personalentwicklung

- Informations-/Schulungsbedarf
    * Unternehmenskultur/Geisteshaltung
    * Qualifikationspotential/-bereitschaft
    * Kosten-/Nutzen-Analyse

- Neues Rollenverständnis für Vorgesetzte und Mitarbeiter
    * konventionelle Strukturen
    * Abbau des hierarchischen Denkens
    * Vorgesetzter als Coach

4 Unternehmenskultur und Organisationsentwicklung Maßnahmen bei STIHL:

4.1 Führungslaufbahnkonzepte

Um den Erwartungen der Mitarbeiter in ein leistungsgerechtes berufliches Weiterkommen besser gerecht zu werden, ohne dabei die Aufbauorganisation unnötig zu belasten und die Entscheidungswege zu verlängern, wurde neben der Linienlaufbahn eine Fachlaufbahn geschaffen.

Dabei stellt die Zuordnung einzelner Mitarbeiter zu einer der beiden Laufbahnen keine unterschiedliche Wertigkeit dar. Sie richtet sich vielmehr an den verschiedenen Neigungen der Mitarbeiter aus. Während Mitarbeiter mit Personalführungseigenschaften soweit möglich im Rahmen der Linienlaufbahn gefördert werden sollen, steht die Fachlaufbahn für Mitarbeiter zur Verfügung, deren Schwerpunkte stärker im fachlichen Bereich liegen.

Definition und Abgrenzung

Bei einer Stelle in der Linienorganisation handelt es sich um eine eigenständige betriebliche Grundfunktion mit dem Schwerpunkt auf Führungs- und Leitungsaufgaben.

Dies ist gegeben, wenn die Stelle

- ein breites Fachwissen erfordert und
- vom Aufgabenumfang her Mitarbeiter erfordert und damit entsprechende Personalverantwortung einschließt.

Bei einer Stelle in der Fachlaufbahn handelt es sich um eine eigenständige betriebliche Grundfunktion mit dem Schwerpunkt auf fachlich hochwertige Aufgaben.

Dies ist gegeben, wenn die Stelle

- ein hohes Maß an Spezialwissen erfordert und/oder
- ein hohes Maß an Planungs- und/oder Koordinationsaufgaben umfaßt und
- in der Regel von einem Mitarbeiter bewältigt werden kann.

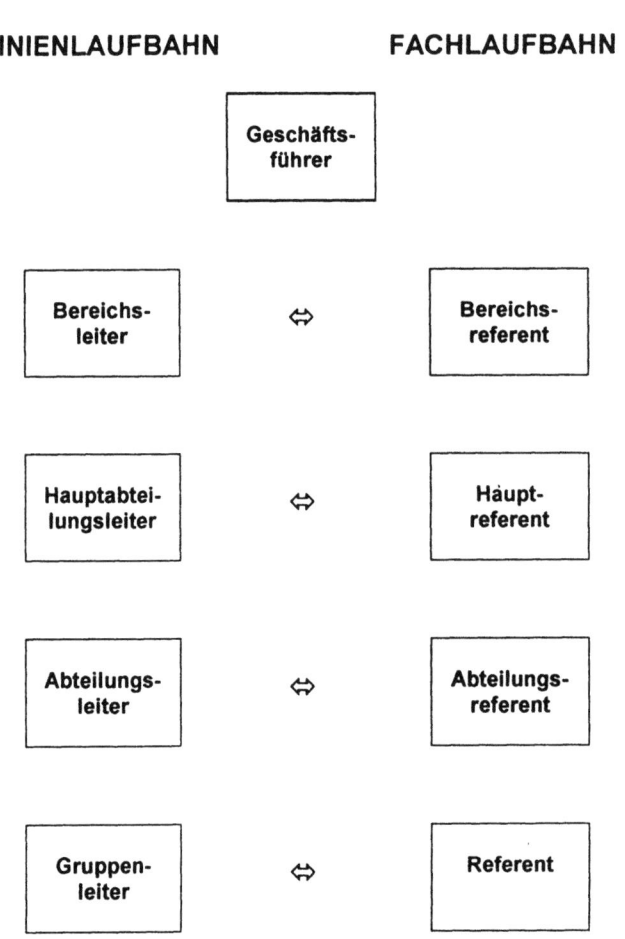

Aufgabenschwerpunkte der Führungskraft

Linienlaufbahn

- Ziele gemeinsam entwickeln und Erfüllung überwachen
- Prozesse strukturieren, moderieren und steuern
- Visionen und Strategien entwickeln
- bereichsübergreifende Zusammenarbeit und Teamgeist fördern
- Bereich und Aufgaben weiterentwickeln
- Mitarbeiter qualifizieren und fördern
- Personalplanung und Personalauswahl
- Mitarbeitermotivation
- Gehaltsfindung
- Arbeitszeitmanagement
- Informationsfluß und Berichtswesen steuern
- Mitarbeiter und Arbeitsergebnisse beurteilen

Fachlaufbahn

- Sachprobleme analysieren und lösen
- Fachentscheidungen treffen
- anderen Entscheidungsträgern direkt berichten
- beraten
- eigene Arbeit organisieren
- Fachgebiet initiativ weiterentwickeln
- Projekte initiieren
- in Projektteams mitwirken
- bereichsübergreifend zusammenarbeiten
- direkt kommunizieren
- Innovationen und Konzepte entwickeln
- Arbeitsergebnisse einbringen und vertreten
- Wissen weitervermitteln
- präsentieren

Aufwertung der Fachlaufbahn

- Aufstiegsmöglichkeit bis zum Bereichsreferent
- Zuordnung von bis zu 2 Mitarbeitern möglich
- Linienvorgesetzter ist Disziplinarvorgesetzter
aber
- Delegation von Führungsaufgaben je nach Qualifikation möglich
- selbständiges Aufgabengebiet
- Erweiterung der Kompetenzen aufgabenbezogen
- Bildungsbausteine
- vertragliche Gleichstellung mit Linienaufgaben
- Höherstufung/Gehaltsanhebung bei Ernennung

Neben der im Organisationsplan festgelegten Unternehmensstruktur gibt es immer mehr Aufgabenstellungen, die ständig oder für eine beschränkte Zeit im Rahmen einer fachbereichsübergreifenden Projektorganisation gelöst werden müssen. Von ganz besonderer Bedeutung ist heute das "Simultaneous Engineering". Eine wichtige Voraussetzung dafür ist, daß die beteiligten Fachbereiche unter dem Dach eines kompetenten Projektmanagements die Abläufe konsequent unterstützen. In der Vergangenheit hatte der Projektleiter i. d. R. nur eine koordinierende Funktion. Eine optimale Organisation z.B. im Hinblick auf die Verkürzung von Entwicklungszeiten wird dem zukünftigen Projektmanagement eine wesentlich höhere Eigenständigkeit mit entsprechenden Kompetenzen einräumen müssen.

Neben der traditionellen Linienlaufbahn und der Fachlaufbahn wird daher in einigen Firmen heute sogar schon eine sogenannte Projektleiterlaufbahn konstituiert. Um die Rechte des Projektmanagements bei wichtigen A-Projekten entscheidend zu verbessern, gilt bei uns - zunächst pilotmäßig - der Grundsatz: **Projektarbeit geht vor Linienarbeit.**

4.2 Erweiterung von Befugnissen/Kompetenzen

Die Abflachung der Hierarchie und der Abbau von Schnittstellen muß einhergehen mit einer Erweiterung der Befugnisse und Kompetenzen. Traditionell ist beides meistens auf den obersten Führungsebenen konzentriert. Ziel muß jetzt sein, Aufgaben und Verantwortung soweit wie möglich auf die unteren Ebenen zu verlagern und die Mitarbeiter wesentlich stärker als bisher an Entscheidungsprozessen zu beteiligen. So sollten daraufhin alle Richtlinien, Befugniskataloge und Arbeitsprozesse überprüft und entsprechend weiterentwickelt werden. Auch das gesamte Kommunikationssystem und Informationswesen muß bewußter, effizienter und anforderungsgerechter optimiert werden. Ziel muß hierbei letztendlich die wesentliche Senkung der hierarchiebedingten Kosten, die Steigerung der Produktivität und Effizienz, aber auch eine bessere Einbeziehung und Motivationsförderung aller Mitarbeiter des Unternehmens sein.

4.3 Gruppenarbeit in der Fertigung

Zielsetzungen

Durch den Abbau organisatorischer Schnittstellen mit dem Ziel einer Prozeßorientierung soll die streng arbeitsteilige traditionelle Organisationsform aufgehoben werden. Logisch zusammenhängende Aufgabenbereiche werden soweit sinnvoll und möglich auf eine Personengruppe übertragen.

Die Gruppenorganisation soll die Arbeitszufriedenheit und Wettbewerbsfähigkeit stetig

- durch Steigerung der Motivation, Eigenverantwortung, Identifikation, Integration ....

- durch Steigerung der Qualität, Produktivität, Quantität, Anlagenverfügbarkeit ....

verbessern.

Ziele der Gruppenarbeit

Unternehmensinteressen	Mitarbeiterinteressen
* Verbesserung der Struktur- und Ablauforganisation	* Mitgestaltung der Arbeitsorganisation
* Erhöhung der Maschinen/Anlagenverfügbarkeit	* Erweiterte Arbeitsinhalte
* Qualitätsverbesserung und Ausschuß-reduzierung	* Größere Handlungsspielräume
* Reduzierung der Mehr- und Verlustzeiten	* Qualifikationsgerechter Einsatz
* Erhöhung der Stückzahl und Personalflexibilität	* Steigerung der Arbeitszufriedenheit
↓	↓
Verbesserung der Kostensituation und somit der Wettbewerbsfähigket	Persönliche und berufliche Weiterentwicklung

Gruppenaroeit verbindet in beispielhafter Weise
Unternehmens- und Mitarbeiterinteressen

KVP

Zum Erhalt der Konkurrenzfähigkeit werden künftig nicht nur Innovationen, sondern auch - und vor allem - eine ständige Verbesserung aller betrieblichen Abläufe notwendig sein. Es gilt, Sinnvolles von Sinnlosem zu unterscheiden, einfache, wirtschaftliche Abläufe zu gestalten, um so eine schlanke und effiziente Organisation aufzubauen.

In der Vergangenheit wurde das mit konkreten Aufgabenstellungen, mit sog. Mitarbeiterzirkeln, gezielt verfolgt. Jetzt soll dies als Daueraufgabe der breiten Belegschaft übertragen werden.

Was heißt KVP in der STIHL-Fertigung?

- in moderierter Kleingruppenarbeit werden Abläufe gesamtheitlich betrachtet und in kleinen, sofort umsetzbaren Schritten verbessert
- KVP ist nicht nur auf kurzfristige Ergebnisse ausgelegt
- nicht sofort umsetzbare Ideen werden von der Gruppe dokumentiert und weitergeleitet.

Visualisierung

Ein wichtiger Baustein für die Selbstregulation und Intensivierung der Gruppenarbeit ist die Darstellung der Arbeitsorganisation, der Arbeitsergebnisse und der Störgrößen/Abhilfemaßnahmen.

Mit diesen Informationen werden die Mitarbeiter der Gruppe in den gesamten Arbeitsprozeß optimal integriert.

Visualisierung bei Gruppenarbeit
- ARBEITSTAFELN -

INFORMATIONEN	ARBEITSERGEBNISSE	KVP KVP KVP

- Vorstellung der Gruppe (Fotos)
- Schichtplanung
- Urlaubsplanung
- Freischichtenplanung
- Gruppenbesprechungen
  * Termine, Ort
  * Besprechungsleitung, Protokollführung
  * Themensammlung/-wahl
- Schriftverkehr (intern/extern)
- Rufbereitschaftsplan
	- aktuelle Fertigungssituation
	  * Ablieferleistung/Tag/Woche
	  * Stückzahlentwicklung je Monat
	  * Fertigungsqualität (Ziffer, Trends, Ziele)
	  * Kapazitätsübersicht
	- Sachkosten/Monat (BAB-Auszug)
	- Hilfs-/Betriebsstoffe (Kostenauszüge)
	- Kostenübersicht (Verschleißteile, Ersatzteile, Werkzeuge etc.)
		Aktuelle Störungen, Probleme und Abhilfemaßnahmen
		
		Pinnwand
		
		- Störungen/Probleme
		- eingeleitete Realisierung
		  * Ursachentransparenz
		  * Maßnahmen
		  * Zuständigkeit/Verantwortung
		  * Zeitpunkt der Zielerreichung
		  * Ergebniskontrolle

4.4 Neuorientierung des Arbeitszeitmanagements

Wenn trotz höherer betrieblicher Anforderungen eine weitere Arbeitszeitverkürzung auf 35 Stunden/Woche im nächsten Jahr weitestgehend ohne Personalaufstockung kompensiert werden soll, ist die Ausschöpfung aller Rationalisierungsmöglichkeiten und Personalreserven in Verwaltung und Betrieb eine zwingende Voraussetzung. Hierfür müssen neben einer effizienten Organisation alle Optionen der Arbeitsdifferenzierung und -flexibilisierung ergriffen werden. Darüber hinaus ist eine Neuorientierung des Arbeitszeitmanagements bei Vorgesetzten und Mitarbeitern eine notwendige Voraussetzung. Bei STIHL wurden dafür die folgenden Leitsätze entwickelt:

Arbeitszeitmanagement

ist eine wichtige Führungsaufgabe

Was bedeutet das für Sie als Vorgesetzter?

- stärkere Berücksichtigung der betrieblichen Belange in der Zukunft
- Führen von schwierigen Gesprächen hinsichtlich AZ-Verhalten
- Abstimmung VG/MA herbeiführen, um Ansprechbarkeit der Abteilung sicherzustellen
- AZ-Verhalten der Mitarbeitern nicht einfach hinnehmen, sondern bewußt steuern
- Vorbildfunktion des Vorgesetzten

Arbeitszeitmanagement

ist ein gegenseitiges

"GEBEN" und "NEHMEN"

Was bedeutet das für Sie als Vorgesetzter?

- Vertrauensvorschuß gegenüber Mitarbeiter leisten
- adäquaten Ausgleich zwischen betrieblichen und persönlichen Interessen erreichen
- einheitliche Genehmigung von Gleitmöglichkeiten
- keine falsche Prinzipientreue entwickeln (z.B. Gleiten nur bei positivem Saldo!?)
- bei verändertem Aufgabenvolumen "berechtigte" Minusstunden akzeptieren und ansteuern

Arbeitszeitmanagement

ist Steigerung der Arbeitsproduktivität und Effizienz der Abteilung

Was bedeutet das für Sie als Vorgesetzter?

- Führung durch Ziel- und Aufgabenvereinbarung Aufgabenbearbeitung höher bewerten als "Anwesenheitszeit"
- durch optimale Nutzung der Gleitzeitregelungen verbesserte Auslastung der Kapazitäten
- ausgeglichener Gleitzeitsaldo als Zielrichtung für flexible Reaktion auf betriebliche Zwänge
- Ausschöpfen des großen Flexibilitätsspielraums durch offene Obergrenze bei Kapazitätsspitzen (keine Mehrarbeit)
- konkretes Management der Gleitzeitsalden (sich informieren, besprechen und steuern)

4.5 Betriebliches Vorschlagswesen als Motivationsinstrument

Der Erfolg einer innovativen Struktur- und Arbeitsorganisation ist entscheidend auch von der Bereitschaft aller abhängig, noch stärker als bisher eigenverantwortlich mitzudenken und für das Unternehmen alle Verbesserungsmöglichkeiten aufzuspüren und umzusetzen. Dies ist vor allem auch das Ziel aller KVP-Aktivitäten. Wir sind der Auffassung, daß dieses zusätzliche Engagement - gerade auch bei neuen Arbeitsformen in der Fertigung - nicht immer mit der konkreten Aufgabenstellung verbunden und der normalen Vergütung abgegolten ist. Entsprechend wurde unser Betriebliches Vorschlagswesen weiterentwickelt.

BVW-Ausgangssituation

- Keine Prämierung von MAZ- und KVP-Vorschlägen
- zu lange Bearbeitungszeiten
- zu hoher Verwaltungsaufwand
- reservierte Einstellung der Vorgesetzten
- defensive Einstellung der Gutachter
- Abschläge bei Prämierung

⬇   ⬇

= unzufriedene Mitarbeiter + unbefriedigende Beteiligung

BVW-Ziele

- Schaffung unternehmensweiter Akzeptanz
- Mobilisierung des Ideenpotentials
- Steigerung der Motivation und Identifikation
- Förderung der Eigeninitiative
- Verbesserung der Kommunikation
- Prämierung von Gruppenvorschlägen
- Prämierung von anerkennenswerten Ideen
- Abbau bürokratischer Regelungen
- Vereinfachung der Bewertungsverfahren
- Verkürzung der Bearbeitungszeiten

BVW-Maßnahmen

- Einbindung der Vorgesetzten (sogenanntes Vorgesetztenmodell")
- Öffnung für KVP-Vorschläge
- Soforthonorierung (Wertpunkt) für
    * Einreicher
    * Gutachter
- neues Prämierungssystem
- Vorgesetztenwettbewerb
- Motivationsveranstaltung für
    * Einreicher
    * Gutachter
    * Vorgesetzte

4.6 Schulungsprogramm

- Arbeitszeitmanagement als Führungsaufgabe
- Fachlaufbahn als Instrument der Personalentwicklung
- Das neue BVW - "Idee 2.000"

Zur Unterstützung der Umsetzung aller Maßnahmen wurden spezielle Seminare mit Fallstudien entwickelt. Hierbei steht neben der Darstellung der neue Regelungen vor allem die Prägung der Geisteshaltung, die Neuorientierung und die Diskussion im Vordergrund. Es ist unnötig zu erwähnen, daß der Erfolg aller Veränderungen entscheidend von einer positiven Einstellung und dem Engagement aller Vorgesetzten abhängig ist. Daneben wurden die wesentlichen Inhalte und Zielsetzungen dieser Aktivitäten in der Werkszeitschrift dargestellt.

- Qualifizierungskonzept Gruppenarbeit

    Bei der fachlichen Höherqualifizierung steht neben den üblichen technischen Themen (Hydraulik, Pneumatik, SPS, CNC, RCM, Qualitätssicherung) vor allem die Vermittlung betriebswirtschaftlicher Grundkenntnisse im Vordergrund (Unternehmensplanspiel, Kostenrechnung, Arbeitsrecht). Der absolute Schwerpunkt liegt jedoch bei der sogenannten außerfachlichen Höherqualifizierung. So wird als Starthilfe für die Gruppenarbeit das folgende Bausteinprogramm zur Förderung der Sozial- und Methodenkompetenz durchgeführt:

Qualifizierungskonzept Gruppenarbeit

	Fertigungsgruppen		**Angestellte**
1.	Kommunikation und Kooperation (2 Tage)	1.	Infoveranstaltung (1 Tag)
2.	Arbeitsorganisations-planspiel (2 Tage)	2.*	LM - Neue Herausforderung für Angestellte (3 Tage)
3.	Besprechungstechnik (1 Tag)	3.*	Workshop "Neues Selbstverständnis der Führungskraft in der Fertigung" (1 Tag)
4.	Moderatorentraining (2 Tage, nur bestimmte Mitarbeiter)	4.*	Kommunikation und Kooperation (2 Tage)
5.	Systematische Fehlersuche (3 Tage)	5.*	Planspiel "Teamfähigkeit" (2 Tage)

Darüber hinaus wurden in 1993 mehrere Workshops zur gemeinsamen Erarbeitung konkreter Ziele in der 'Produktion' durchgeführt.

* Diese Schulungsmaßnahmen werden derzeit vorbereitet bzw. sind geplant.

- Infoveranstaltungen, Workshops, Coachings

  Alle gezielten Seminarprogramme müssen ggf. bedarfsorientiert von kürzeren Informationsveranstaltungen, Workshops oder speziellen Coachings begleitet werden.

  Die Problemstellungen von Fachbereichen, Mitarbeitergruppen und einzelnen Mitarbeitern sind derart vielschichtig, daß Seminare allein den notwendigen Wandlungsprozeß nicht ausreichend unterstützen können. Mehr und mehr werden Hilfestellungen und Beratungsleistungen notwendig, die auf spezifische Anforderungen ausgerichtet sind wie z.B.

  * Coaching der Moderatoren von KVP-Gruppen
  * Beratung von Mitarbeitern und Vorgesetzten in Gruppenarbeitsstrukturen
  * Moderation von Workshops
  * Sicherung des Lerntransfers

5 Langfristige Personalpolitik kontra rechenbarer Wertschöpfungsbeitrag

Seit Jahren machen sich viele Fachleute Gedanken über optimale Personalarbeit. Verstärkt gibt es den Konflikt, daß man den Mitarbeiter einerseits in jeder internen und externen Bekundung als "Erfolgsfaktor Nummer 1" apostrophiert, er aber andererseits in der betriebswirtschaftlichen Betrachtung oft als "Kostenfaktor Nummer 1" gilt. Diese Ambivalenz führt in allen Unternehmen immer wieder zu harten Diskussionen und schwierigen Entscheidungen.

In diesem Spannungsfeld die richtige "Gratwanderung" zu finden, ist bei der Umsetzung innovativer Struktur- und Arbeitsorganisationen sicherlich die größte personalpolitische Herausforderung. Die Hauptforderungen sind heute Kundenorientierung und Beitrag zum Erfolg in der Wertschöpfungskette. Wird damit das Personalwesen zur reinen Dienstleistungsfunktion? Kann es noch gestalten und unternehmerische Akzente setzen? Kurzfristige, rechenbare Ergebnisse gehen oft zu Lasten einer langfristigen strategischen Personalpolitik. Personalarbeit ist generell nur in engen Grenzen quantifizierbar. Wir sehen das m.E. doch immer wieder an den oft sehr wenig ergiebigen Bemühungen, das Personal- und Bildungscontrolling zum Erfolg zu führen.

Marktorientierte Neugestaltung - Der Mensch steht im Mittelpunkt

K.-H. Ruhe

Der Mensch im Mittelpunkt bei der marktorientierten Neugestaltung des Unternehmens

Inhaltsverzeichnis

1 Einleitung
2 Teamorganisation
3 Information und Kommunikation
4 Flexible Arbeitszeiten
5 Erfolgsorientiertes Entgeltsystem
6 Bildanhang

Autor

K.-H. Ruhe   Geschäftsführer
              Technische Federn GmbH Otto Joos
              Max-Eyth-Straße 18
              71254 Ditzingen

1 Einleitung

Der Mensch steht im Mittelpunkt. Sie werden im Laufe meines Vortrages merken, daß diese Aussage für unser Unternehmen eine große Bedeutung besitzt und daß unsere bestehende Unternehmensphilosophie einen Wandel der Denkweise bei Führungskräften und Mitarbeitern notwendig gemacht hat.

Lassen Sie mich Ihnen jedoch zuerst einen kurzen Überblick über unser Unternehmen geben (Bild: Vorstellung des Unternehmens). Die Firma Technische Federn GmbH Otto Joos ist ein mittelständisches Unternehmen der Automobilzulieferbranche in Ditzingen bei Stuttgart. Sie fertigt mit ca. 70 Mitarbeitern technische Federn, die sich durch hohe Dauerfestigkeit und Präzision bei gleichzeitig adäquatem Preisniveau auszeichnen. Die Produktpalette umfaßt Druck- (0,2-8,0 mm Drahtstärke) und Zugfedern (0,4-4,0 mm Drahtstärke), welche ausnahmslos im Kaltumformprozess hergestellt werden.

Unser Organigramm soll intern, d.h. unseren Mitarbeitern verdeutlichen, daß wir gegenüber unseren Kunden eine Dienstleistung vollbringen (Bild: Der Kunde ist `König`).

Das Unternehmen Joos stand 1993 der folgenden Ausgangssituation gegenüber:
- Deutliche Krise in der Automobilindustrie, mit Absatzrückgängen von bis zu 30%
- Verschärfter Preisdruck, Preisnachlässe bis zu 30%
- Unzufriedenheit bei den Mitarbeitern
- Lohnerhöhung von 4% nicht gegeben
- 36 Stundenwoche nicht eingeführt
- Mitarbeiteranzahl von 82 auf 70 Mitarbeitern reduziert, hierbei auch vor den Führungskräften nicht halt gemacht
- Großes Konfliktpotential zwischen Geschäftsleistung, Betriebsrat und Gewerkschaft

Insgesamt bestand eine große Unsicherheit bei den Mitarbeitern und die Erkenntnis bei der Geschäftsleitung, daß die Lebensfähigkeit des Unternehmens gefährdet ist und die Einsicht zur notwendigen Veränderung. Das Unternehmen verfügt über ein großes Rationaliesierungspotential, das es gilt, hinreichend zu erschließen. Aber wie?

Hierbei sind wir aufmerksam geworden auf ein vom Wirtschaftsministerium gefördertes Projekt: 'Rüstoptimierung für kleine und mittelständische Unternehmen der Automobilindustrie'. Wir haben uns an diesem Projekt beteiligt unter der Federführung des Instituts für Produktionstechnik und Automatisierung (IPA).

Danach erfolgten all die Schritte die Sie auch kennen, wenn Sie an ähnlichen Projekten teilgenommen haben, Der Vollständigkeit wegen zeige ich Ihnen die einzelnen Schritte in unserem Unternehmen (Bild: Unternehmensphilosophie, Bild: Projektschwerpunkte, Bild: Projektabschnitte).

In die Projektarbeit eingebunden war von Anfang an der Betriebsrat, aber auch, und das ist wichtig, die Mitarbeiter. Zielsetzung war es, Betroffene zu Beteiligten zu machen.

Welche Voraussetzungen sind dafür zu schaffen?
1. Die Geschäftsleitung muß davon überzeugt sein, daß zufriedene, informierte Mitarbeiter bessere Arbeitsergebnisse erbringen als unzufriedene nicht informierte Mitarbeiter.
2. Daß zufriedene, engagierte Mitarbeiter ihren Arbeitsplatz, ihre Maschinen, ihre Aufgabe in der Regel besser kennen als ein Produktionsleiter, ein Abteilungsleiter oder ein Meister.
3. Und last but not least die Mitarbeiter am Erfolg ihrer Arbeit beteiligt sein wollen. Lassen Sie mich ein schlechtes Beispiel nennen: den reinen Zeitlohn.

Zur marktorientierten Neugestaltung der Firma Joos, mit dem Menschen im Mittelpunkt, wurde am IPA eine Vorgehensweise zur ganzheitlichen Unternehmensstrukturierung entwickelt. Diese lehnt sich an den Lösungsansatz der Fraktalen Fabrik an. Hierbei handelt es sich um ein Konzept zu ständiger Strukturanpassung und konsequenter Nutzung aller Mitarbeiterpotentiale, um eigene Stärken wirksam zur Geltung zu bringen. Die Fraktale Fabrik wird dabei als lebender Organismus behandelt, den es gilt, nicht nur am Leben zu halten, sondern ihn weiterzuentwickeln. Lebensfähig wird dieser Organismus durch die, für die Fraktale Fabrik typischen Merkmale Selbstorganisation, Selbstähnlichkeit, Selbstoptimierung, Zielorientierung und Dynamik (Bild: Merkmale der Fraktalen Fabrik).

Die Schwerpunkte des Projekts sind:

- Teamorganisation,
- Information und Kommunikation,
- flexible Arbeitszeiten und
- erfolgsorientiertes Entgeltsystem.

Diese Projektschwerpunkte setzen eine Neugestaltung der Unternehmensstruktur und der Unternehmenskultur voraus. Die personelle Integration und Anpassung aller Mitarbeiter an diese, für sie neue Umgebung, ist dabei der entscheidende Erfolgsfaktor. Diese Vorgehensweise sowie Ergebnisse und Erfahrungen sollen im folgenden Vortrag dargestellt werden.

2 Teamorganisation

Alle Welt spricht von Teamarbeit oder Gruppenarbeit und jeder versteht darunter etwas anderes. Widerstände kommen von den Gewerkschaften, dem Betriebsrat und - was erstaunlich ist - auch von den Führungskräften (Bild: Was ist Teamarbeit?; Bild I+II: Vorteile mitarbeiter- und unternehmensbezogen).

Was waren für das Haus Joos die Motive, Teamarbeit einzuführen?

1. Erhöhung der Produktivität durch die Beteiligung der Mitarbeiter an der Ablaufgestaltung.
2. Einbeziehen der Kenntnisse und Fertigkeiten der Mitarbeiter durch den Wegfall der Meisterebene.
3. Erhöhung der Fachkompetenz und der Qualifikation des einzelnen Mitarbeiters.

Bei der Einführung der Teamarbeit waren aufgrund der verschiedenen Widerstände einige Hürden zu überwinden. In unzähligen Gesprächen mit den zukünftigen Teammitgliedern, dem Betriebsrat und IPA-Mitarbeitern kam es vor allem darauf an, Vertrauen zu schaffen. Bei dem Betriebsrat stand die Festlegung der Lohnbedingungen im Vordergrund. Einen weiteren großen Diskussionspunkt stellte die Zusammensetzung der Teams dar.

Nachdem die Bereitschaft zur Einführung eines Pilotteams vorhanden war, wurden mit den Mitgliedern des Teams folgende Vereinbarungen getroffen:

Team I

Beginn:	17.05.1994
Teilnehmer:	5 Wickler (hiervon 1 Teilnehmer Mitglied des Betriebsrates)
Ende:	31.08.1994
Sollarbeitszeit:	37 h/Woche

Die Teilnehmer können ihre Arbeitszeit bis zu den Grenzen der Arbeitszeitordnung (AZO) flexibel festlegen. Voraussetzung hierbei ist die ständige Mindestanwesenheit von zwei Teammitgliedern.

3 Information und Kommunikation

In der Vergangenheit wurden Information und Kommunikation bei uns, der Fa. Joos, äußerst zurückhaltend betrieben. Die daraus resultierenden Ergebnisse waren Mißtrauen, Gerüchtebildung und keine vertrauensvolle Zusammenarbeit.

In einem ersten Schritt wurde deshalb damit begonnen, Zahlen und Informationen weiterzugeben. Diese wurden allerdings zunächst von der Belegschaft in Frage gestellt. Eine offene Informations- und Kommunikationsgestaltung stellt jedoch die Grundlage bei der Einführung eines erfolgsorientierten Entgeltsystems, d. h. die Bezahlung abhängig vom Betriebsergebnis, dar. Zudem ergibt sich durch die aktive Beteiligung der Mitarbeiter bei der Problemlösung und Erarbeitung von Konzepten eine Steigerung der Mitarbeitermotivation. Darüber hinaus kennen die Mitarbeiter durch diese offene Informationspolitik die Unternehmensziele. Dadurch werden die Beweggründe für unternehmerische Entscheidungen sehr viel transparenter, die Mitarbeiter können Verständnis dafür entwickeln und hinter den getroffenen Entscheidungen stehen. Als Folge dessen können sie wiederum maßgeblich zum Unternehmenserfolg beitragen (Bild: Information und Kommunikation; Bild: Prinzipieller Aufbau; Bild: Inhalte der Informations- und Kommunikationstafeln).

4 Flexible Arbeitszeiten

Die Arbeitszeitgestaltung war sowohl für die Geschäftsleitung als auch für den Betriebsrat ein immer wiederkehrender Diskussionspunkt.

Joos hatte in allen Unternehmensbereichen eine starre tägliche Arbeitszeit von 7.00 -16.00 Uhr (37 h/Woche). Der Betriebsrat forderte permanent die Gleitzeit. Die Geschäftsleitung war dagegen, weil sie Kapazitätsverluste befürchtete.

Ziel der Geschäftsleitung war es, von den vielen Überstunden wegzukommen und eine verlängerte Maschinenlaufzeit zu erreichen. Ziel des Betriebsrates war eine flexible Gestaltung der Arbeitszeit unter Berücksichtigung individueller Mitarbeiterbedürfnisse (Bild: Ziele des flexiblen Arbeitszeitmodells; Bild: Entkopplung von Arbeits- und Betriebszeit).

Bei Joos werden folgende zwei Arbeitszeitmodelle erprobt, die jeweils den Forderungen beider Parteien entgegenkommen: Die erste Möglichkeit zur Anpassung an den jeweiligen Kapazitätsbedarf ist die selbstständige Abstimmung der individuellen Arbeitszeiten durch die in einem Team zusammengefaßten Mitarbeiter (Bild: Arbeitszeitmodell: Arbeitsteam Wickeln). Die zweite Möglichkeit besteht aus der Einführung verschobener Schichten, so daß sich die Mitarbeiter nur noch untereinander abstimmen müssen, wer wann in welcher Schicht arbeitet (Bild: Arbeitszeitmodell: Arbeitsteam Wickeln).

5 Erfolgsorientiertes Entgeltsystem

Um die Mitarbeiter verstärkt zu motivieren, sollen diese zukünftig bei entsprechend geleisteter Arbeit am Erfolg beteiligt werden. Die Gestaltung eines erfolgsorientierten Entgeltsystems stellt allerdings für beide Seiten - sowohl für die Mitarbeiter als auch für das Management - mit Sicherheit das sensibelste und heikelste Thema dar. Ziel ist es, ein für alle Seiten akzeptables und tragbares Entgeltkonzept zu entwickeln. Bei dieser Thematik gibt es die meisten Emotionen, die größte Skepsis und besteht auch die größte Angst der Mitarbeiter, über den Tisch gezogen zu werden.

Aufgrund meiner langjährigen Erfahrung als Personalchef und ganz konkret aufgrund der aktuellen Gespräche im Hause Joos kann gesagt werden, daß hier nur

> **Ehrlichkeit,**
> **Sachlichkeit und**
> **Fakten**

helfen, einen gemeinsamen Konsens zu finden. Unser gemeinsam entwickeltes Konzept ist sicherlich nicht neu, denn es wird in dieser Form, oder in Modifikationen davon, bereits in vielen Unternehmen praktiziert (Bild: Ziele eines erfolgsorientierten Entgeltsystems).

Dieses Konzept (Bild: Prinzipieller Aufbau: Wickelei) beinhaltet für jeden Mitarbeiter einen individuellen Basislohn, der verschiedene Gesichtspunkte berücksichtigt:

1. den Wert der Funktion für das Unternehmen,
2. die Fähigkeiten und Kenntnisse des Mitarbeiters und
3. den Marktwert.

Dazu kommt sowohl ein teambezogener (Bild: Teambezogener Bonusanteil: Wickelei) als auch ein unternehmensbezogener (Bild: Unternehmensbezogener Bonusanteil: Wickelei) Bonus.

Ein ähnliches Modell haben wir für die Schleiferei entwickelt. Dort wird im Zweischichtbetrieb gearbeitet, was uns erlaubt, die Arbeitszeit um nahezu 100% zu vergrößern, ohne weitere Mitarbeiter einzustellen.

Wir haben mit unseren Mitarbeitern und dem Betriebsrat vereinbart, daß wir nach Ablauf der festgelegten Probezeit (31.08.1994) ein gemeinsames Fazit ziehen werden. Wir sind optimistisch, daß wir für unser Unternehmen einen Weg gefunden haben, der uns am Markt helfen wird, wettbewerbsfähig zu bleiben.

6 Bildanhang

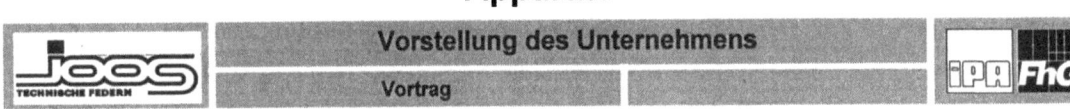

Bild: Vorstellung des Unternehmens

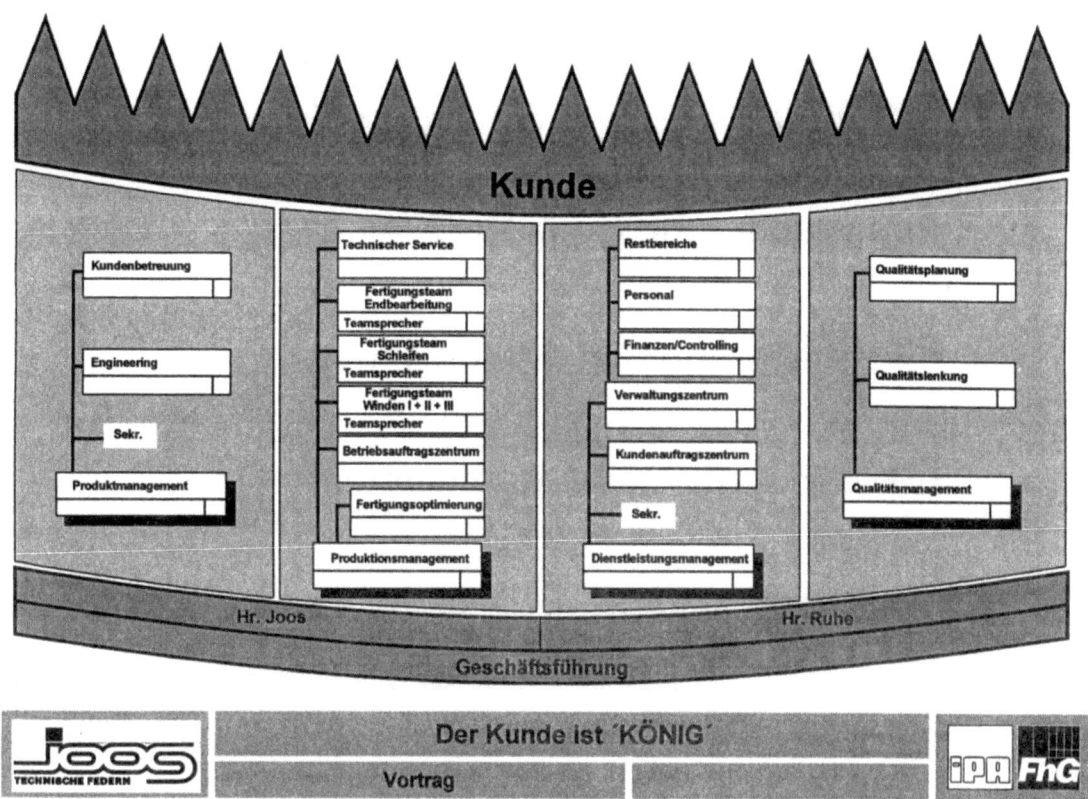

Bild: Der Kunde ist ´König´

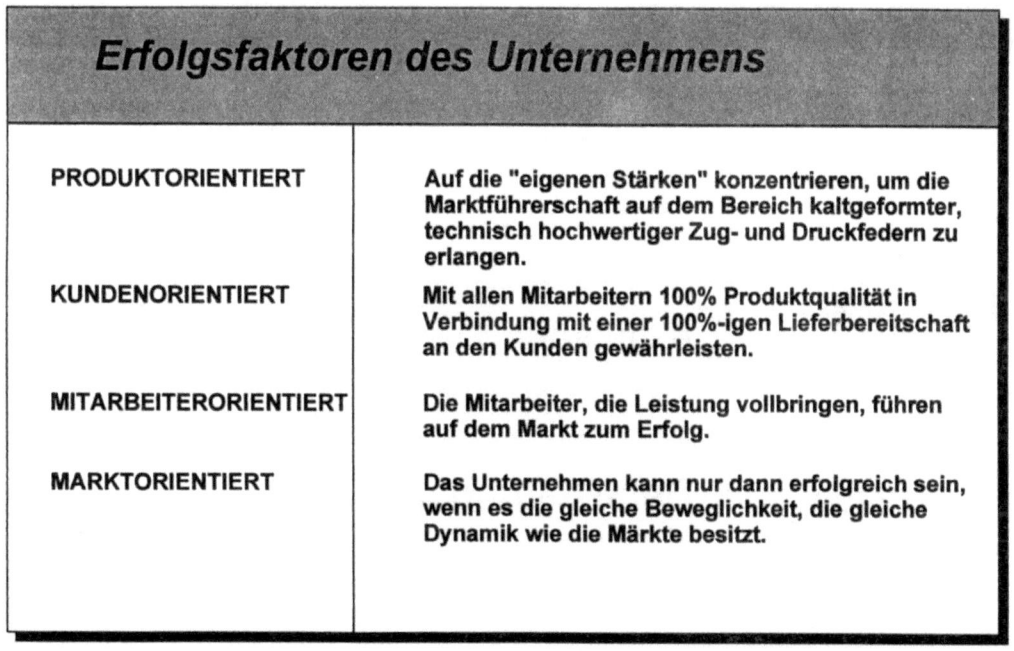

Bild: Unternehmensphilosophie

Bild: Projektschwerpunkte

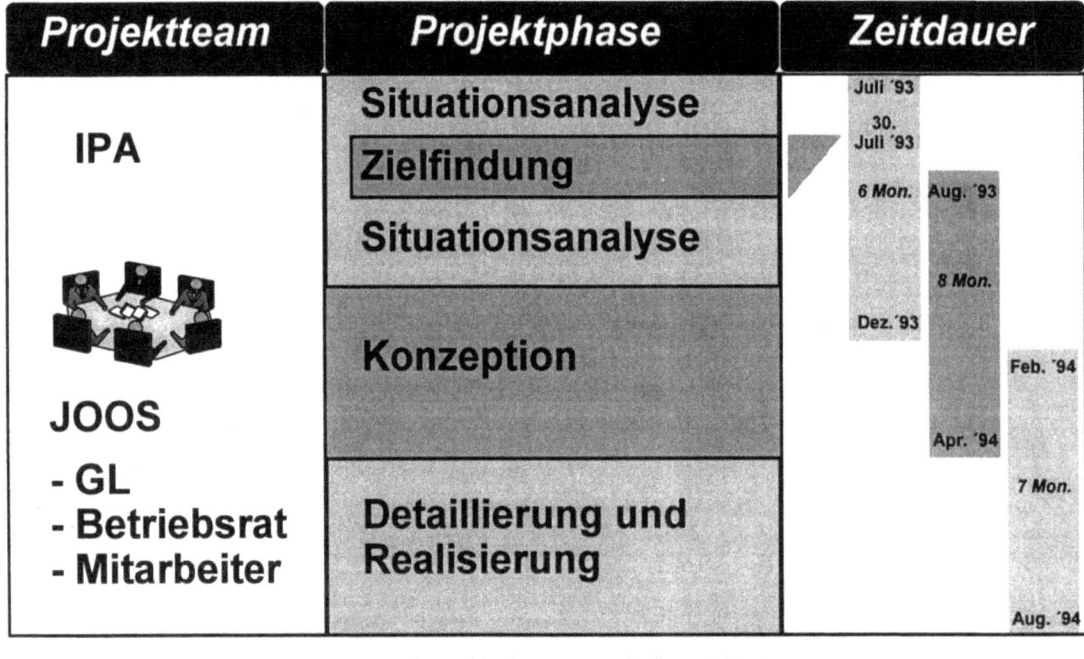

Bild: Projektabschnitte

Bild: Merkmale der Fraktalen Fabrik

Was ist Teamarbeit?

➡ Teamarbeit ist ein Mannschaftsspiel

➡ es gibt ein gemeinsames Ziel

➡ Konsens bei den Zielen sicherstellen

➡ jeder spielt mit (Spielgegner ist der, der nicht mitspielt)

➡ weitgehende Autonomie und Selbststeuerung innerhalb des Teams

➡ Übertragung von Verantwortung für die gemeinsame Arbeitsaufgabe

➡ Handlungs-, Entscheidungs- und Kommunikationsfreiräume zur Erreichung des gemeinsamen Ziels

➡ Übertragung sinnvoll zusammenfaßbarer Tätigkeiten auf das Team innerhalb eines bestimmten Bereichs

➡ Erledigung der Arbeitsaufgaben gemeinsam und im Wechsel

Bild: Was ist Teamarbeit

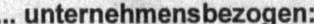

Bild: Vorteile mitarbeiter- und unternehmensbezogen I

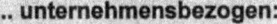

Bild: Vorteile mitarbeiter- und unternehmensbezogen II

- **Eigenverantwortung und Motivation der Mitarbeiter fördern**
- **Visualisierung der Prozeß- und Unternehmensergebnisse**
- **Schaffung eines offenes Meinungsklimas**
- **Schaffung der Basis des gegenseitigens Vertrauens**
- **Aktive Beteiligung der Mitarbeiter bei der Problemlösung und der Erarbeitung von Konzepten**
- **Abkehr von der Strategie: "den anderen nicht schlauer machen als nötig"**
- **Vermittlung der Unternehmensziele**
- **Transparenz über die Beweggründe unternehmerischer Entscheidungen**

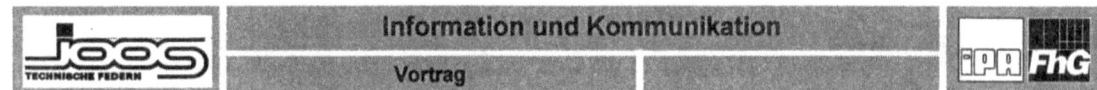

Bild: Information und Kommunikation

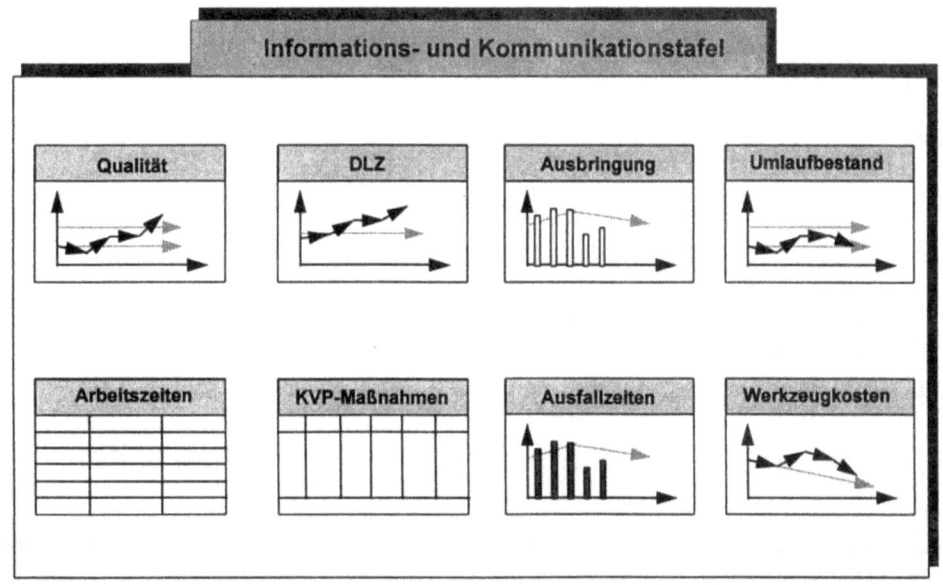

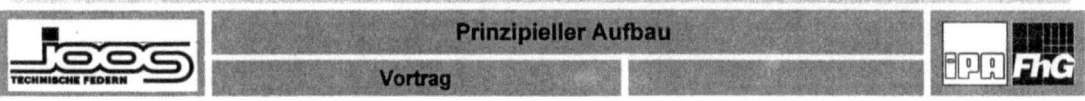

Bild: Prinzipieller Aufbau

Bild: Inhalte der Informations- und Kommunikationstafel

- Erhaltung der Wettbewerbssicherheit
- Reduzierung der Überstunden
- Steigerung der Maschinenlaufzeiten
- Flexible Arbeitszeitgestaltung der Mitarbeiter innerhalb eines definierten Arbeitszeitraumes
- Erhöhung der Zufriedenheit der Mitarbeiter
- Erhöhung der Leistungsbereitschaft der Mitarbeiter

Bild: Ziele des flexiblen Arbeitszeitmodells

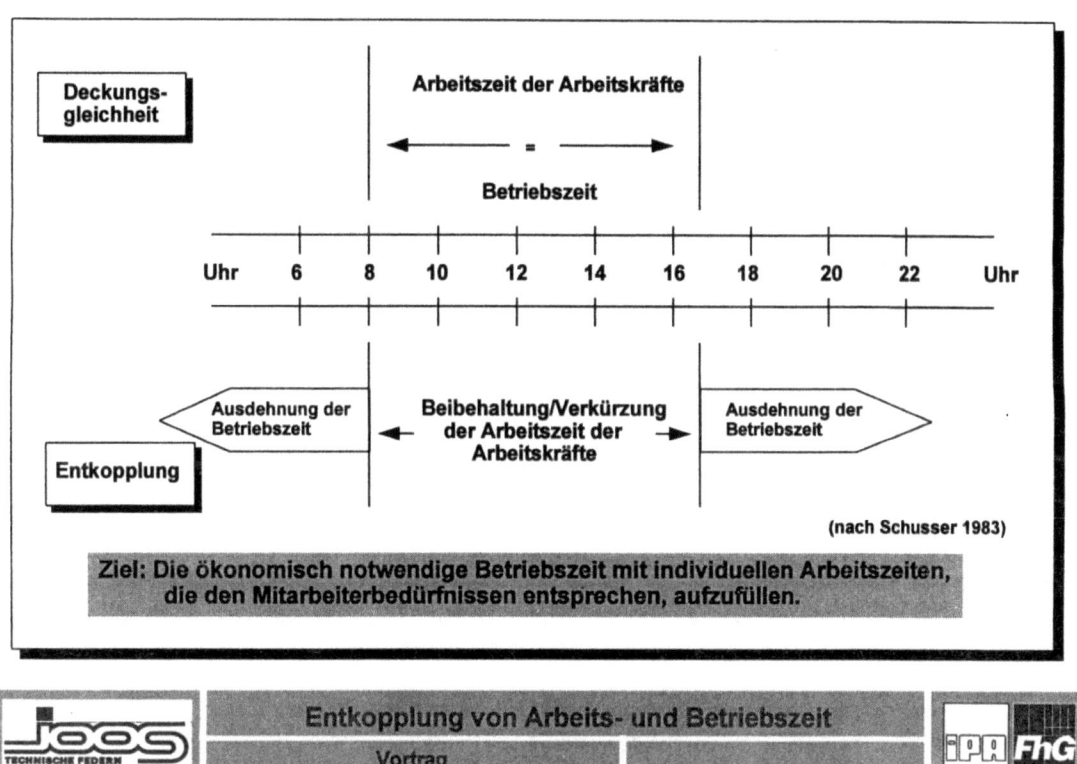

Bild: Entkopplung von Arbeits- und Betriebszeit

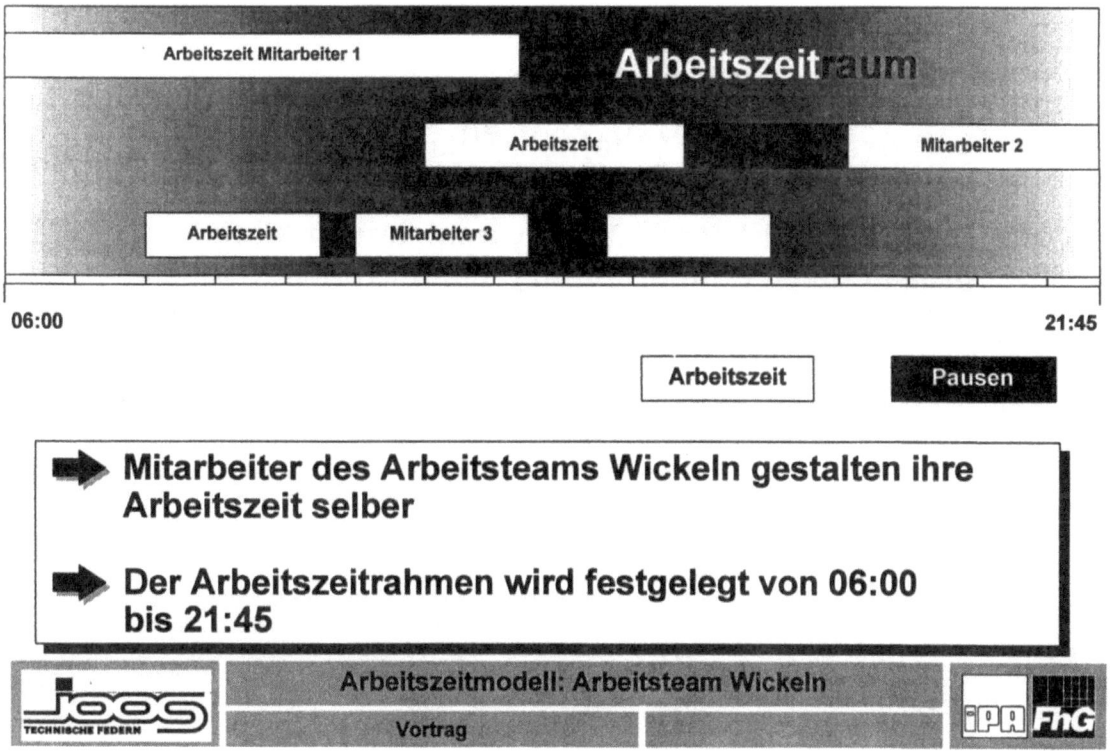

Bild: Arbeitszeitmodell: Arbeitsteam Wickeln

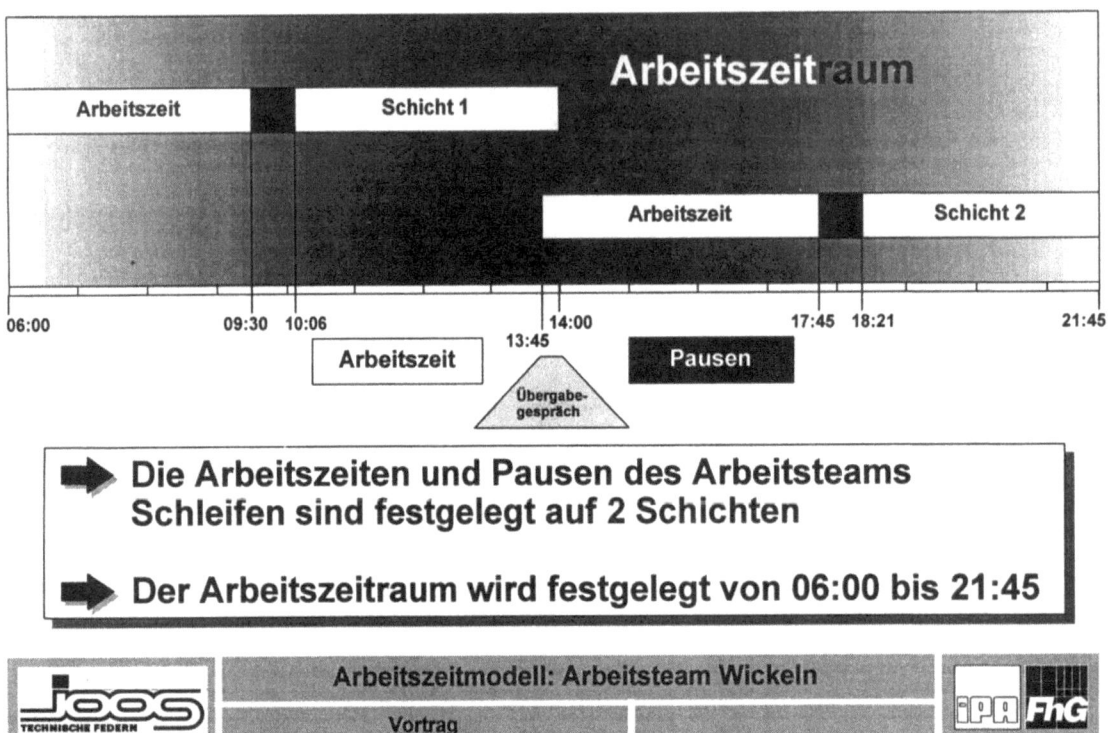

Bild: Arbeitszeitmodell: Arbeitsteam Wickeln

- Verbesserung des Unternehmensergebnisses, unter Beteiligung der Mitarbeiter
- Erfolgsorientiertes Entgeltsystem, anstatt einer prozentualen Lohnerhöhung, beim Erreichen eines festgelegten Umsatzziels

Bild: Ziele eines erfolgsorientierten Entgeltsystems

Bild: Prinzipieller Aufbau: Wickelei

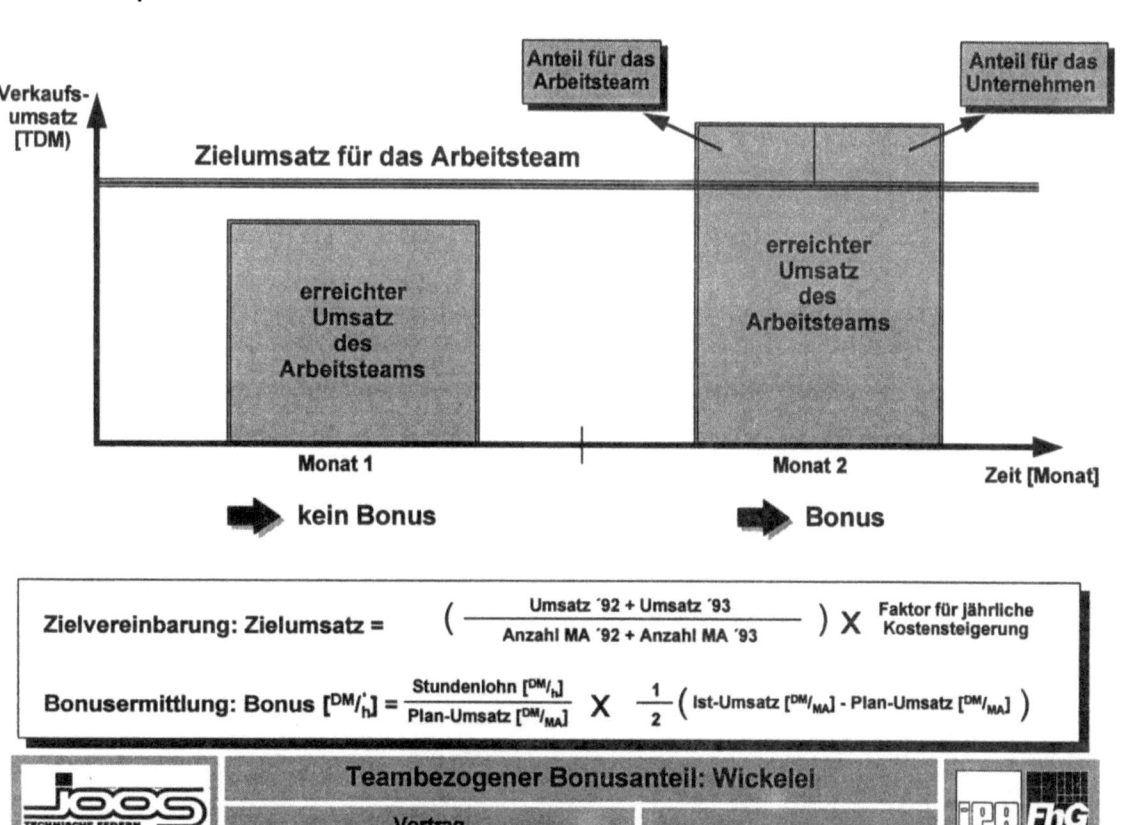

Bild: Teambezogener Bonusanteil: Wickelei

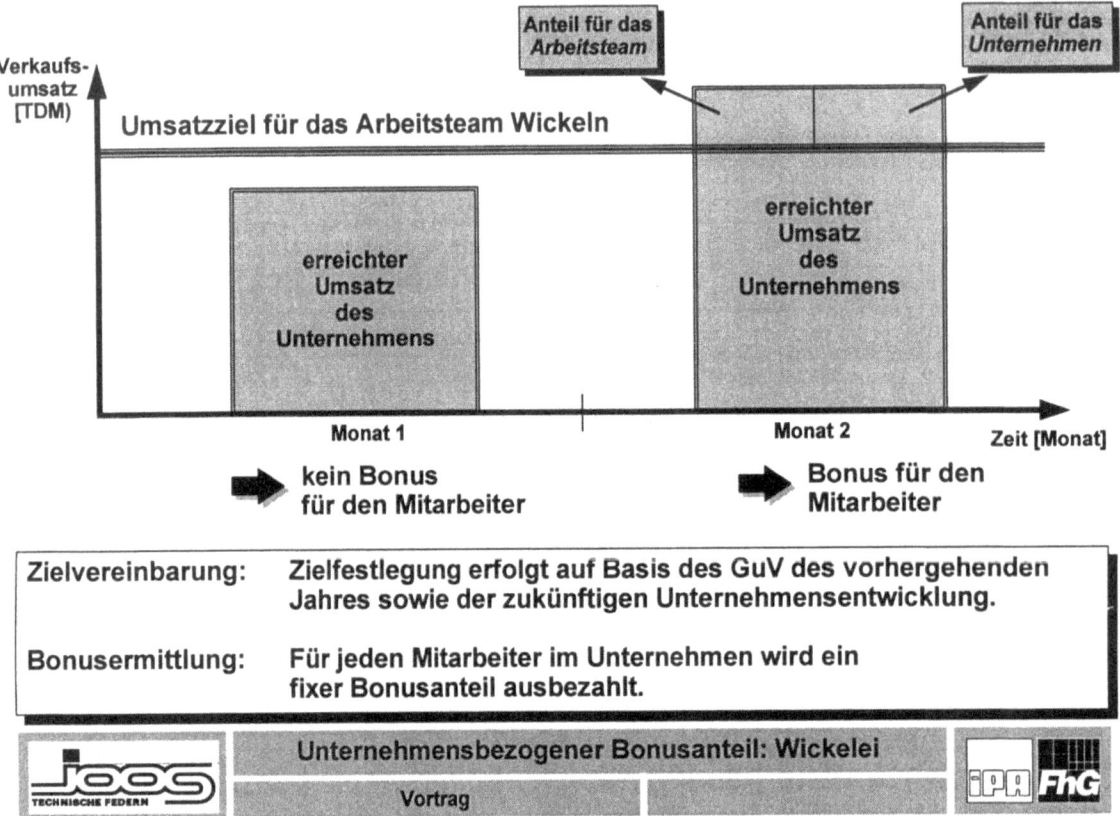

Bild: Unternehmensbezogener Bonusanteil: Wickelei

POLYRACK - ein Unternehmen auf dem Weg ins 21. Jahrhundert

H. Rapp, J. Bühring

POLYRACK - ein Unternehmen auf dem Weg ins 21. Jahrhundert

Inhaltsverzeichnis

1	POLYRACK - der Weg zum fraktalen Unternehmen
1.1	Das Unternehmen POLYRACK
1.2	Das Projekt
2	Ziele und Entwicklung der Fa. POLYRACK bis zum Jahr 2000
3	Erweiterung und Strukturierung der Produktion in Fraktale
4	Die Gestaltung der Auftragsabwicklung
4.1	Aufbauorganisation: Aufgabenintegration und klare Verantwortlichkeiten
4.2	Ablauforganisation: Schnelle und bedarfsgerechte Informationsflüsse
4.3	Informationssysteme: Information immer und überall
5	Erfolgsfaktor Personal
5.1	Arbeitszeitmodelle in den Fraktalen
5.2	Entgeltfindung in den Fraktalen
6	Zusammenfassung

Autoren:

Dipl.-Ing. H. Rapp
Geschäftsführer der POLYRACK GmbH, Straubenhardt-Conweiler
Dipl.-Oec. J. Bühring
Fraunhofer-Institut für Produktionstechnik und Automatisierung (IPA)
Abteilung Produktionsmanagement und Informationssysteme
Silberburgstraße 119a
70176 Stuttgart
Telefon: 0711/970-1908
Telefax: 0711/970-1002

1 POLYRACK - der Weg zum fraktalen Unternehmen

1.1 Das Unternehmen POLYRACK

Die Firma POLYRACK GmbH, Straubenhardt-Conweiler, fertigt und montiert mit ca. 80 Mitarbeitern in mehreren Werken Gehäuse vorrangig für die Elektro-/ Elektronikindustrie bzw. die deutsche TELEKOM und erzielt damit einen Umsatz von ca. 15 Mio. DM. Typische Produkte sind Gehäuse in komplizierten Formen beispielsweise für Computer, Modems oder Schaltschränke. POLYRACK bietet ihren Kunden neben Standardgehäusen auch Produkte nach Wunsch, was zu einer großen Variantenvielfalt führt. Die Fertigung ist gekennzeichnet durch einen hohen Anteil an Umformtechnik und einem hohen Technologie- und Automatisierungsgrad (Bild "Das Unternehmen POLYRACK").

1.2 Das Projekt

Aufgrund des andauernden Geschäftserfolges wurde eine räumliche Ausweitung der Produktion dringend erforderlich. Geplant war der Anbau einer integrierten, zweigeschossigen Produktionshalle auf dem bereits vorhandenen Werksareal.
Um auch zukünftig den weiter steigenden Marktanforderungen hinsichtlich Wirtschaftlichkeit, Qualität, Technologie und Lieferzeiten gewachsen zu sein und die Kundenbedürfnisse noch besser erfüllen zu können, sollte eine betriebliche Gesamtkonzeption unter ganzheitlicher Berücksichtigung baulicher, architektonischer, technologischer und organisatorischer Einflußgrößen entwickelt werden.
Ausgehend von der aktuellen Produktionssituation und den vorhandenen baulichen Gegebenheiten sollten die bereits angedachten Baupläne mit den technologischen und organisatorischen Anforderungen verschmolzen und ein langfristig optimales Gesamtkonzept erarbeitet werden. Ein Schwerpunkt lag auf der Bildung flexibler, dezentraler Produktionsstrukturen zur Aktivierung der vorhandenen Humanressourcen und zur Reduzierung von Durchlaufzeiten und Beständen. Dadurch sollten die Voraussetzungen für eine durchgängige Ablauforganisation im Unternehmen geschaffen werden, die kurze und schnelle Regelkreise aufweist und damit der Forderung nach verstärkter Marktausrichtung gerecht wird.
POLYRACK konnte und wollte die Planung einer so weitreichenden Erweiterung und Umstrukturierung nicht alleine angehen und suchte deshalb einen Partner für die ganzheitliche Planung der zukünftigen Unternehmensstruktur. Räumliche und organisatorische Struktur sollten "aus einem Guß" sein. POLYRACK fand im IPA den gesuchten Partner - in nur etwa 6 Monaten konnte das ausgesprochen viel-

schichtige Projekt durchgezogen werden (Bild "Projektumfang und -ablauf"). Die Aufgaben reichten von der Zielplanung über die Layoutplanung und die Dimensionierung von Logistiksystemen bis zur Gestaltung des Entlohnungssystems.

2 Ziele und Entwicklung der Fa. POLYRACK bis zum Jahr 2000

Die Unternehmensziele stecken den Rahmen für eine effektive und zielgerichtete Unternehmensstrukturierung ab. Daher waren mit Hilfe einer Zielplanung die Unternehmensziele zu erfassen und zu strukturieren. POLYRACK will sich noch mehr nach den Wünschen der Kunden ausrichten, d.h. das komplette Engineering für den Kunden durchführen, also Systemlösungen statt "nur" Katalogprodukte anbieten und diese in ausgesprochen kurzer Zeit und qualitativ einwandfrei liefern (Bild "Ziele der Fa. POLYRACK"). Diese hochgesteckten Ziele können nur durch optimal ausgeführte und abgestimmte Komponenten, d.h. räumliche und organisatorische Strukturen sowie modernste Technologie erreicht werden. Ein Garant für die Zielerreichung und damit strategischer Erfolgsfaktor sind die Mitarbeiter der Fa. POLYRACK.

Um die Anforderungen an die Organisation hinsichtlich Geschwindigkeit zu verdeutlichen, seien hier einige Beispiele genannt: Die Reaktionszeit des Unternehmens vom Eintreffen einer Anfrage bis zur Abgabe des Angebots soll bei Standardprodukten auf wenige Minuten verkürzt werden, bei Sonderprodukten darf diese zwischen 2 und 4 Wochen liegen, je nach Komplexität des Produkts. Die Lieferzeit für Standardgehäuse (bis 25 Stück) und Baugruppenträger (bis 100 Stück) soll in 95% der Fälle eine Woche nicht übersteigen. Für Sonderprodukte sind nach Abschluß der Engineeringleistung höchstens 4 Wochen vorgesehen. Liefertermine sollen zu 98% eingehalten werden.

Neben der Zielplanung war das langfristige Produktionsprogramm eine wesentliche Grundlage für die Strukturierung und Dimensionierung des Unternehmens. Der geplante Umsatzverlauf der Fa. POLYRACK für die einzelnen Produktgruppen trägt der stetigen Zunahme des Absatzes durch verstärkte Nachfrage im deutschen Markt und den Aktivitäten im europäischen Binnenmarkt seitens POLYRACK Rechnung. Strategische neue Produkte bzw. Ersatzprodukte wurden durch differenzierte Zuwachsraten bei der Produktionsprogrammplanung berücksichtigt.

3 Erweiterung und Strukturierung der Produktion in Fraktale

Die Planung der räumlichen und organisatorischen Struktur wurde am Prozeß orientiert, daher war die Strukturierung der Produktion als erstes anzugehen. Ausgangsbasis für die strategische Produktionsfraktalisierung war die Teilestrukturierung und die Erfassung der vorhandenen Maschinentechnologie. Für die Produktionsfraktalisierung wurde die Kombination des produktbezogenen (Serie, Muster), des produktstrukturbezogenen und des materialflußbezogenen (Bleche, Profile) Strukturierungsansatzes als geeignet ermittelt (Bild "Fraktalisierungsansätze und Ergebnis"). Zusätzlich konnten die betriebsmittelbezogenen- und qualifikationsbezogenen Strukturierungsansätze in Teilfraktalen verwendet werden. Als Ergebnis der Fraktalisierung wurde die Fertigung in die Hauptfraktale

- Einzel- und Kleinserie mit Musterbau,
- Großserie für Bleche und Profile und
- Gewindestreifen

strukturiert. Das Hauptfraktal Großserie für Bleche und Profile wurde weiter unterteilt in die Unterfraktale Bleche, Profile manuell und Profile automatisch. Das Montagefraktal, das aus einer Vormontage und einer kombinierten Klein- und Großserienmontage mit integrierter Verpackung besteht, wird Kunde mehrerer Zulieferfraktale (Fertigung).

Das Ergebnis der strategischen Fraktalbildung wurde in weiteren Planungsstufen detailliert bis zum Feinlayout und der Auswahl und Dimensionierung der Logistiksysteme (Bild "Vorgehensweise zur Planung räumlicher Strukturen"). Basis hierfür war - ausgehend vom Produktionsprogramm und der strategischen Fraktalbildung - eine detaillierte Bedarfsplanung für Maschinen, Personal und weitere Ressourcen (Bild "Bedarfsplanung für Betriebsmittel").

Für die Montage wurde eine detaillierte Ablaufgestaltung durchgeführt, wobei verschiedene Ablaufvarianten erarbeitet wurden. Ziel war es, ein Montagesystem zu erarbeiten, das sich flexibel an die jeweiligen Markterfordernisse anpassen läßt. Im Ergebnis wurden Kommissionierlager, Endmontage, Verpackung und Versand räumlich eng integriert, um den Handlingsaufwand zu minimieren.

4 Die Gestaltung der Auftragsabwicklung

4.1 Aufbauorganisation: Aufgabenintegration und klare Verantwortlichkeiten

Nach der Fraktalisierung der Produktion waren die indirekten Bereiche am Prozeß orientiert auszurichten. Dabei wurden zwei Ansätze in mehreren Varianten verfolgt: die funktional horizontale Gliederung und die vertikale Gliederung nach Produkttypen. Letzterer Ansatz hätte die Auftragsabwicklung für Muster, Prototypen und kleine Serien als eigenständigen Bereich umfaßt, wurde aber aufgrund der materialfluß- und informationsflußtechnischen Überschneidungen sowie der geringeren Flexibilität verworfen (Bild "Horizontale vs. vertikale Gliederung"). Die indirekten Bereiche wurden daher in zwei Ebenen gegliedert, d.h. in die Fraktale

- "Kunde und Produkt" und
- "Logistik".

Innerhalb der Fraktale unterscheidet man zwischen den überwiegend operativen und den strategischen bzw. den kurzfristigen (auftragsbezogenen) und mittel- bis langfristigen (auftragsneutralen) Aufgaben. Die Fraktalstruktur wurde überwiegend nach funktionalen Gesichtspunkten und Aufgabenbereichen gegliedert, ohne die angestrebten produktbezogenen (Abwicklung von Mustern) und marktorientierten (Vertriebsinseln) Linien zu verlieren. Die Idee hierbei war, Know-how durch die ganzheitliche Aufgabendurchführung innerhalb der Fraktale zu bündeln, was zu einer Gliederung in operative Aufgaben (Tagesgeschäft) und Managementaufgaben führte. Deshalb wurden innerhalb des Fraktals "Kunde und Produkt" wurden das Vertriebsmanagement, das Produktmanagement und mehrere gebiets- und marktorientierte Vertriebsinseln zusammengefaßt.

Bestimmte Produkte (Muster und Prototypen) setzen jedoch einen hohen Informationsbedarf und -austausch zwischen den indirekten Bereichen und der Prozeßebene bei gleichzeitiger Schnittstellenminimierung voraus. Diese Anforderung wurde durch eine direkte informationsflußtechnische Verbindung für produktbezogene Projektaufträge zwischen dem Produktmanagement und dem Fraktal Musterbau erfüllt.

Mit dem Ziel, eine hohe Flexibilität, wenig Schnittstellen und kurze Durchlaufzeiten zu erreichen, wurden alle logistischen Funktionen im Fraktal "Logistik" gebündelt. Als Querschnittsfunktion ist das Qualitätsmanagement zu sehen, das als Dienstleister für sämtliche Fraktale fungiert.

Der Aufgabenbereich des Qualitätsmanagements umfaßt sämtliche Unterstützungs-, Planungs-, Beratungs- und Controllingfunktionen für das gesamte Qualitätswesen. Für die operative Durchführung der Qualitätssicherung sind die Fraktale der Prozeßebene verantwortlich.

Um die differenzierten Auftragsabläufe für Standardprodukte, modifizierte Standardprodukte, echte Sonderprodukte sowie Protoytypen und Muster optimal zu synchronisieren, wurde eine geeignete Aufgabenverteilung zwischen Auftragsmanagement und den Produktionsfraktalen angesetzt: das Auftragsmanagement koordiniert den Gesamtablauf, die Produktionsfraktale steuern sich selbst.

4.2 Ablauforganisation: Schnelle und bedarfsgerechte Informationsflüsse

Die Gestaltung der Ablauforganisation erfolgte mit dem Ziel der Geschwindigkeit und Effizienz bei der Auftragsabwicklung. In Zusammenarbeit mit POLYRACK-Mitarbeitern wurden auf Basis der Auftragsabläufe die Verfahren für die Disposition und Steuerung mit den zugehörigen Informationsflüssen entwickelt.

Während kundenauftragsneutrale Standardteile (Eigenfertigungs-, Zukaufteile) und Rohmaterial (Bleche, Profile) verbrauchsgesteuert disponiert werden, ist die Disposition kundenauftragsbezogener Fertigungs- und Zukaufteile bedarfsgesteuert durchzuführen. Die Disposition verbrauchsgesteuerter Teile und Materialien erfolgt mindestbestandsgesteuert unter gleichzeitiger Betrachtung zukünftiger Bedarfe. Die Auftragsbildung erfolgt DV-gestützt unter Berücksichtigung der Planzugänge und -abgänge.

Die Steuerung aller Teile erfolgt nach dem "Ziehprinzip", d.h. ausgehend vom Fertigstellungstermin werden die Fertigungsaufträge rückwärtsterminiert und nachfolgend differenziert freigegeben. Ziel ist es, alle für eine Position erforderlichen Fertigungsaufträge für Sonderteile synchron und ohne Liegezeiten zum gewünschten Montagetermin fertigzustellen. Aufträge für Standardprodukte sind nur in der Montage kundenauftragsbezogen, die dafür benötigten Teile werden verbrauchsgesteuert ins Kommissionierlager nachgezogen. Produkte mit Standard- und Sonderteilen werden gemischt gesteuert, d.h. ein Kundenbezug besteht in der Montage und für Sonderteile auch in der Fertigung.

Für die Zuteilung von Aufträgen in die Fraktale wurden folgende Festlegungen getroffen: Das Fraktal Großserie fertigt alle Standardteile sowie Sonderteile in Serie. Das Fraktal Musterbau fertigt rein kundenauftragsbezogen alle Kleinserien und Muster. Die Auftragszuteilung in die Fertigungsfraktale erfolgt bei allen Teilen stückzahl- und (situationsbedingt) auch kapazitätsabhängig, wobei die

Fertigungslose innerhalb der Fertigungsfraktale unter Berücksichtigung der jeweils geeigneten Losgröße gebildet werden (Bild "Steuerungsstrategie").
Die Auftragsdurchläufe und damit die Bearbeitung der jeweiligen Ablaufschritte innerhalb der Fraktale wurden getrennt nach den Produkttypen:

- Standardprodukt,
- modifiziertes Standardprodukt,
- echtes Sonderprodukt und
- Muster und Prototyp.

Die Forderung nach der Reduzierung der Auftragsdurchlaufzeit durch kurze Informationswege mit wenig Schnittstellen wird erreicht durch die Integration und Zusammenfassung von Bearbeitungsschritten in Fraktalen. Die Vertriebsinseln führen die Angebotserstellung, Kalkulation und Auftragsabwicklung auch für modifizierte Standardprodukte selbständig durch. Somit ist eine hohe interne und externe Auskunftsfähigkeit gewährleistet. Die Abwicklung von Mustern erfolgt über das Produktmanagement (z.B. Kalkulation des Musters) und den Musterbau (Bedarfsermittlung der benötigten Teile), ohne dabei unnötige Schnittstellen durchlaufen zu müssen. Die Informationsflüsse wurden mit einem Werkzeug zur strukturierten Analyse modelliert (SADT) und dienen als Aufsetzpunkt für die Realisierung einer unterstützenden EDV (Bild "Soll-Informationsfluß").

4.3 Informationssysteme: Information immer und überall

Die momentan eingesetzten DV-Systeme auf einer properitären Plattform können die zukünftige Auftragsabwicklung nur sehr unzureichend unterstützen. Abschätzungen ergaben ein Rationalisierungspotential von mehreren 100 TDM p.a. durch eine optimale EDV-Unterstützung. Daher wurde ein Konzept für die neue EDV-Struktur erarbeitet mit dem Ziel der Zukunftssicherheit, Modularität und Offenheit. Information sollte an jedem Ort, zu jeder Zeit richtig und aktuell bedarfsgerecht verfügbar sein (Hol-Prinzip, Bild "EDV-Ziel: Offene Informationen"). Die neue EDV-Infrastruktur soll schrittweise auf Basis eines Client-Server-Konzepts aufgebaut werden. Die Realisierung dieses Client-Server-Konzepts ist die Aufgabe des z.Zt. laufenden Projektes bei der Fa. POLYRACK. Das Projekt wird in zwei Stufen durchgeführt. In der ersten Stufe wird ein PC-Netz für die Büroumgebung (Textverarbeitung, Tabellenkalkulation, Fax) geplant und realisiert. In der zweiten Stufe sind Systeme zur Auftragsabwicklung (PPS, BDE, ...) auf Basis einer relationalen Datenbank vorgesehen.

5 Erfolgsfaktor Personal

Die Gestaltung der Rahmenbedingungen für das Personal erfolgte mit dem Ziel, alle Mitarbeiter an den Unternehmenszielen auszurichten und zu motivieren. Die Ziele der Mitarbeiter und des Unternehmens müssen selbstähnlich sein, dann können den Mitarbeitern größtmögliche Freiräume zur Selbstorganisation gelassen werden (Bild "Personalführung durch Ziele"). Die erarbeiteten Ergebnisse berücksichtigen sowohl Unternehmenszielsetzung als auch die individuellen Mitarbeiterwünsche. Die Unternehmensfraktalisierung zu eigenverantwortlichen Fraktalen wird zusätzlich durch die Einführung der neuen Entlohnungsformen und die Anwendung der verschiedenen Arbeitszeitmodelle unterstützt.

5.1 Arbeitszeitmodelle in den Fraktalen

Die Arbeitszeitmodelle bei POLYRACK orientieren sich stark am Unternehmensziel der Flexibilität und an den Mitarbeiterwünschen nach flexibler Freizeitgestaltung. Die Unternehmensseite setzt als globale Vorgaben im direkten Bereich die Betriebsbereitschaft, im indirekten Bereich die Ansprechbarkeit gegenüber dem Kunden voraus. Damit wird die eigenverantwortliche und selbstorganisatorische Abstimmung innerhalb der Fraktale bezüglich der Anwesenheit der Mitarbeiter möglich (Bild "Arbeitszeitmodelle im Unternehmen POLYRACK"). Das Arbeitszeitmodell für die Montage weist folgende Merkmale auf:

- Nicht voll ausgelastete Mitarbeiter werden bei niedriger Kapazitätsauslastung in anderen Fraktalen eingesetzt oder bekommen Freizeitausgleich.
- Bei hoher Kapazitätsauslastung werden bezahlte Überstunden genehmigt oder Mitarbeiter aus anderen Fraktalen werden in der Montage eingesetzt.
- Als zusätzliche Möglichkeit bei Kapazitätsspitzen werden externe Mitarbeiter aus dem "Springer-Pool" (Rentner, Schüler, Studenten und Hausfrauen) beschäftigt.

Das Arbeitszeitmodell für den übrigen direkten Bereich weist folgende Merkmale auf:

- Voraussetzung ist die Aufrechterhaltung einer vorgegebenen Betriebsbereitschaft.
- Die Unternehmensleitung kann eine Mindestanzahl von anwesenden Mitarbeitern pro Fraktal bestimmen.
- Die Einsatz- und Zeitplanung erfolgt mittels Selbstorganisation im Fraktal. Dabei kann ein Mitarbeiter als Zeitausgleich pro Woche einen Tag frei nehmen.

Das Arbeitszeitmodell im indirekten Bereich weist folgende Merkmale auf:

- Voraussetzung ist die Ansprechbarkeit gegenüber dem Kunden zu den festgelegten Zeiten.
- Die Unternehmensleitung kann eine Mindestanzahl von anwesenden Mitarbeitern pro Fraktal bestimmen.
- Die Mitarbeiter vertreten sich innerhalb der Fraktale gegenseitig.
- Jeder Mitarbeiter eines Fraktals hat die Möglichkeit, einen freien Nachmittag pro Woche zu nehmen.

Durch diese Regelung gibt man den Mitarbeitern einerseits höhere Verantwortung und fördert andererseits eine Steigerung der Flexibilität (Vertretung) und Arbeitszufriedenheit. Ein wesentlicher Nebeneffekt ist die Steigerung der Mitarbeitermotivation.

5.2 Entgeltfindung in den Fraktalen

Die Entlohnungsform in den direkten Bereichen wurde deutlich an den Unternehmenszielen ausgerichtet. Als Basis dient der Zeitlohn, zu dem als Leistungszulage eine gruppenbezogene Prämie ausgeschüttet wird (Bild "Entgeltfindung in direkten Bereichen"). Die Bemessungsgrundlage der Prämie sind die Produktivität sowie die Qualität (Bild "Berechnung Gruppenprämie"). Entscheidend ist dabei das Gruppenergebnis, das im jeweiligen Fraktal erwirtschaftet wird. Die Ausschüttung der Prämie erfolgt dann pro Mitarbeiter entsprechend seiner Lohngruppe, also individuell.

Der Lohn im direkten Bereich setzt sich wie folgt zusammen:

- Basis ist der Zeitlohn mit einem Anteil von ungefähr 80% des Gesamtlohns (3 Lohngruppen).
- Im Zeitlohn enthalten ist die Zulage für die Jahre der Betriebszugehörigkeit sowie Boni für Arbeitsbedingungen, Verantwortung und körperliche Anforderungen.
- Auf den Zeitlohn kann noch ein Prämienanteil von maximal 20% entfallen.

Im indirekten Bereich wurde eine ähnlich zielorientierte Entgeltfindung definiert. So erhalten die Vertriebsinseln Prämien nach Umsatz. Diese Entlohnungs- und Vergütungsformen machen es möglich, leistungsabhängige und qualifikationsbezogene Faktoren zu kombinieren, die sowohl gruppenbezogen als auch individuell zum Tragen kommen. Dadurch werden gruppendynamische Effekte erreicht, die mittel- bis langfristig die Effizienz und Effektivität erhöhen.

6 Zusammenfassung

Das Unternehmen POLYRACK wurde durch eine ganzheitliche Unternehmensstrukturierung auf die Anforderungen des nächsten Jahrtausends ausgerichtet. POLYRACK ist kundenorientiert und liefert schnell und flexibel. POLYRACK ist Fraktal, weil die Elemente Selbstorganisation (z.B. in den Arbeitszeitmodellen), Selbstoptimierung (Entgeltfindung), Dynamik und Reagibilität, Aufgabenintegration (in der Abwicklungskette) und Zielorientierung (im Prämienmodell) umgesetzt wurden. Das Personal ist strategischer Erfolgsfaktor von POLYRACK.

- Herstellung von Electronic-Aufbausystemen (Gehäuse, Baugruppenträger, Steckbaugruppen) für die Elektro- und Elektronikindustrie

- hoher Anteil an kundenindividuellen Produkten, viele Varianten

- Umsatz: ca. 15 Mio. im Jahr 1992
  Mitarbeiter: ca. 80 Mitarbeiter im Jahr 1992

- Stanzen/Nippeln, Biegen und Beschichten von Blechen; Sägen, Veredelung und Oberflächenbearbeitung von Profilen; Montage

- hoher Technologie- und Automatisierungsgrad

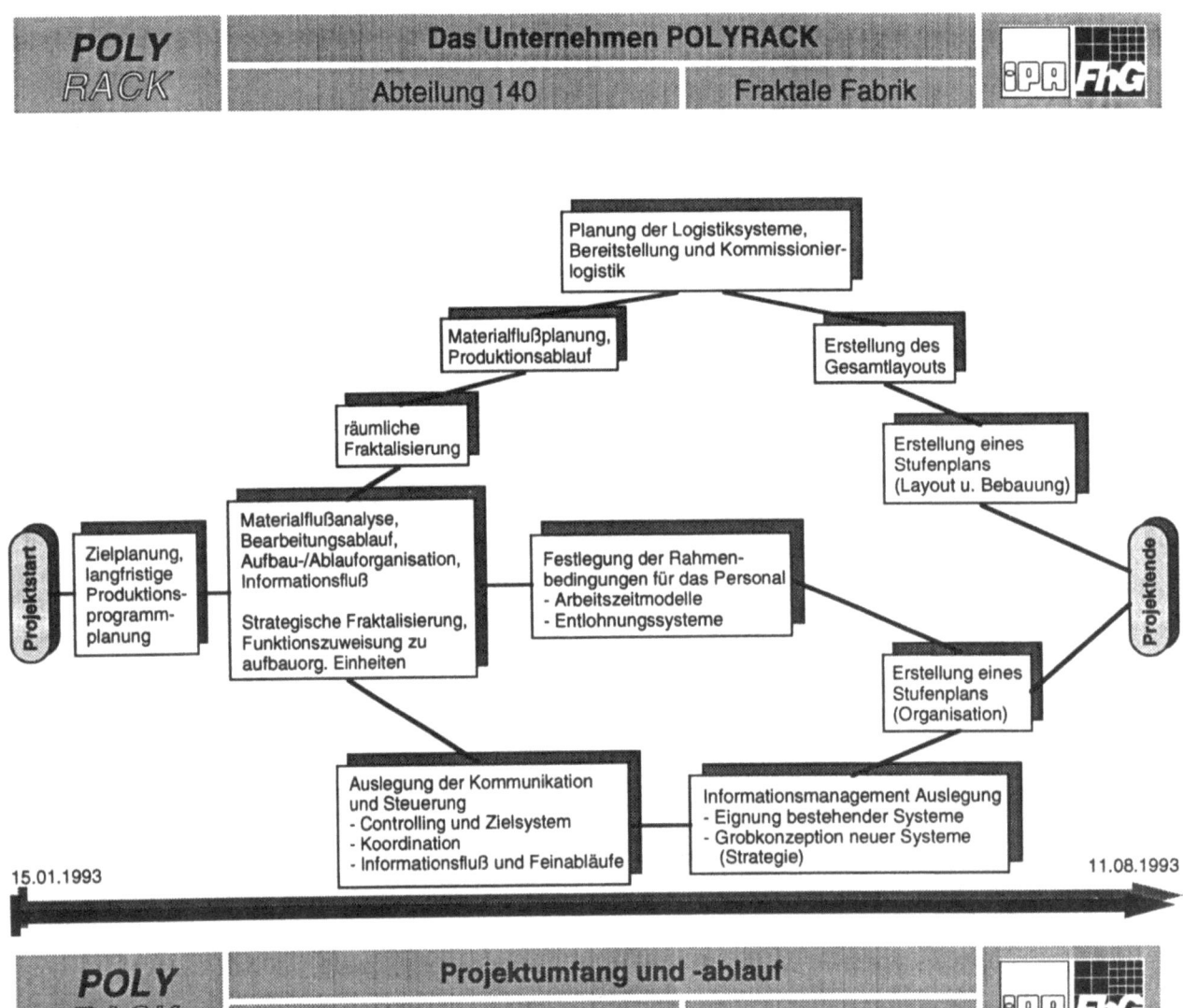

Ertragsentwicklung (Betriebsergebnis)

Zeit	Service	Qualität	Personal	Markt	Produktivität	Information und Kommunikation
strategisch	**strategisch**	**strategisch**	**strategisch**	**strategisch**	**strategisch**	**strategisch**
- Lieferservice	- komplettes Engineering - Spezialisierung - Flexibilität	- 100% Qualität	- Motivation - unternehmerisches Denken	- Marktausweitung	- Produktivität in direkten und indirekten Bereichen	- Transparenz und Informationsverfügbarkeit
operativ	**operativ**	**operativ**	**operativ**	**operativ**	**operativ**	**operativ**

- Termintreue
- Durchlaufzeit
- Lieferzeit
  - Sonder
  - Standard
	- Losgrößen 1 - 5.000	- Reklamationen
		- Nacharbeit
		- Schrott
			- Entgeltfindung
			- Arbeitszeiten
			- Qualifizierung
			- Information
				- Exportanteil
				- Vertriebsnetz Europa
					- Umsatz pro Mitarbeiter	- Bestände
						- Auftragsfortschritt
						- Kostentransparenz

Räumliche Struktur | **Technologie** | **Organisatorische Struktur**

Mitarbeiter

POLYRACK — Ziele der Fa. POLYRACK (nicht quantifiziert) — Abteilung 140 — Fraktale Fabrik

Bezogen auf:

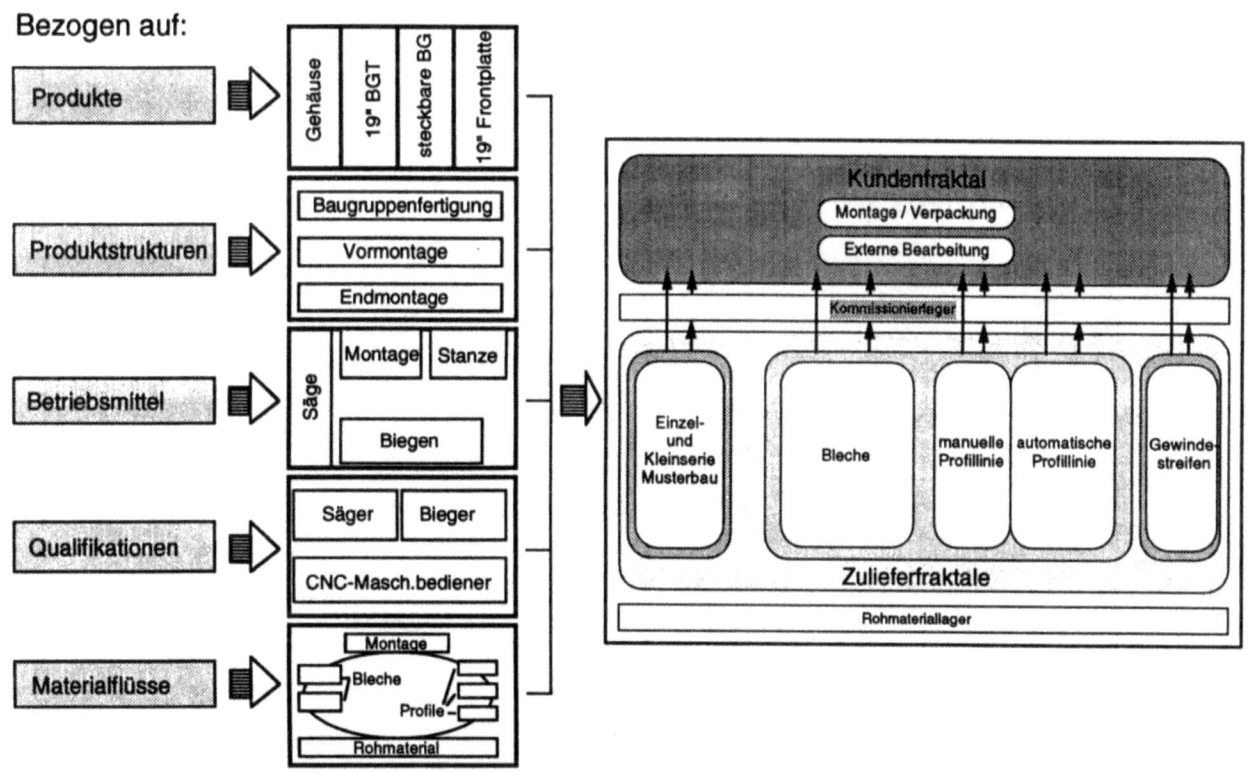

POLYRACK  — Fraktalisierungsansätze und Ergebnis — Abteilung 140 — Fraktale Fabrik

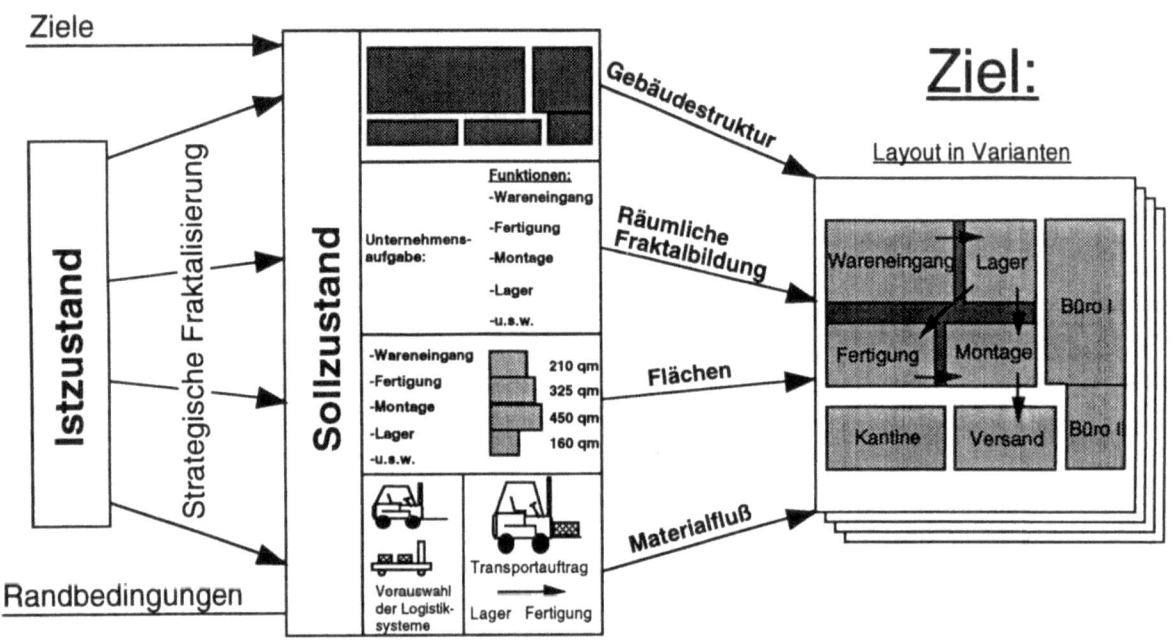

POLY RACK — Vorgehensweise zur Planung räumlicher Strukturen — Abteilung 140 — Fraktale Fabrik — IPA FhG

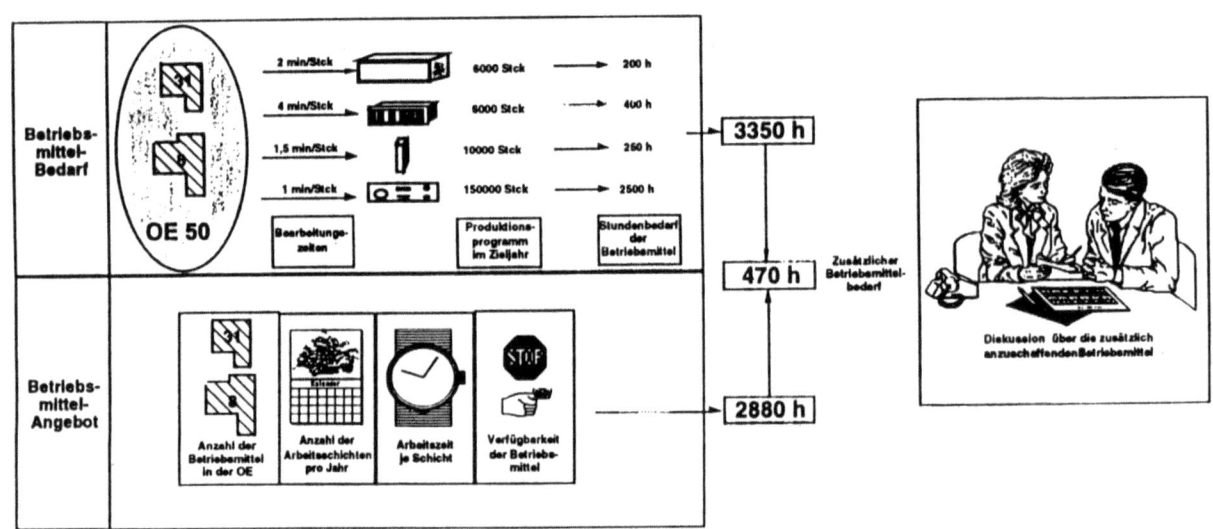

POLY RACK — Bedarfsplanung für Betriebsmittel — Abteilung 140 — Fraktale Frabrik — IPA FhG

Horizontale Gliederung

Aufgabenorientierte Auftragsabwicklung
  - Vertrieb und Produkt
  - Logistik

Vertikale Gliederung

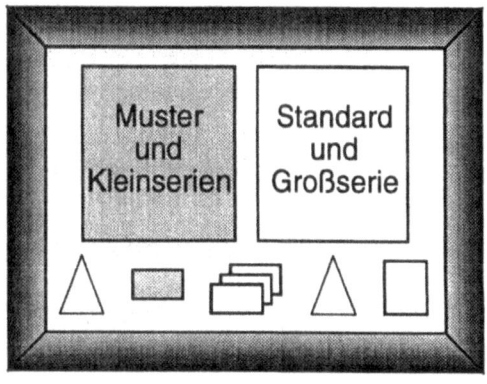

Produktorientierte Auftragsabwicklung
  - für Muster und Kleinserien
  - für Standard und Großserien

Die horizontale Gliederung:

  - berücksichtigt die Kunden-Lieferanten-Beziehung in der Prozeßebene
  - erlaubt die flexible Beauftragung der Fertigungsfraktale
  - fördert den Know-how-Aufbau und -Transfer in den Fraktalen

POLY RACK	Horizontale vs. vertikale Gliederung		iPA FhG
	Abteilung 140	Fraktale Fabrik	

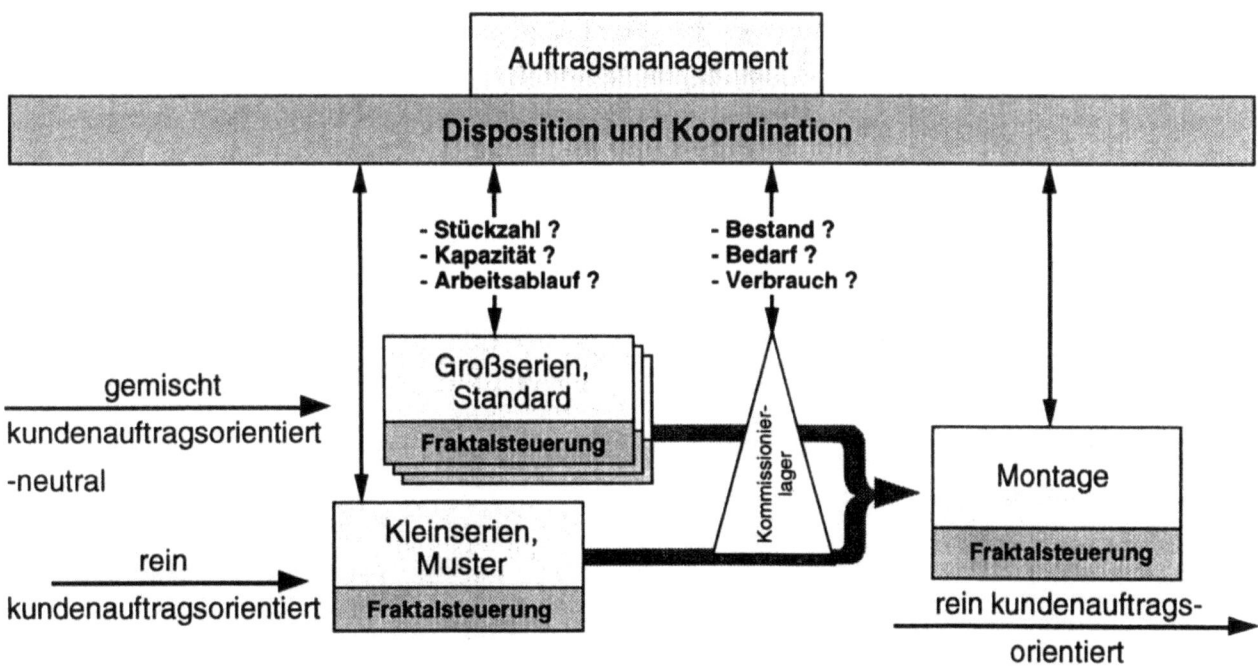

- Das Auftragsmanagement koordiniert den fraktalübergreifenden Fluß
- Die Fraktale steuern sich selbst
- Die Beauftragung erfolgt situationsorientiert

POLY RACK	Steuerungsstrategie		iPA FhG
	Abteilung 140	Fraktale Fabrik	

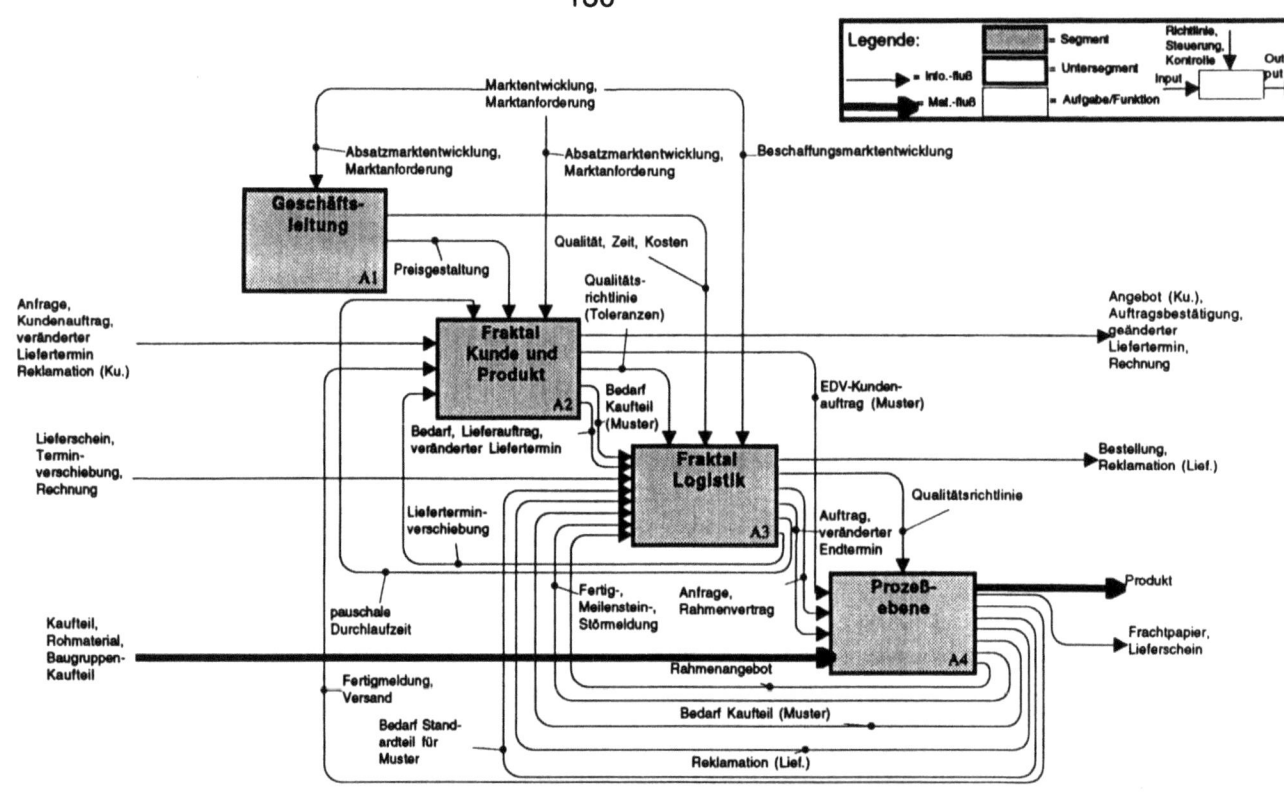

POLY RACK — Soll-Informationsfluß — Abteilung 140 — Fraktale Fabrik

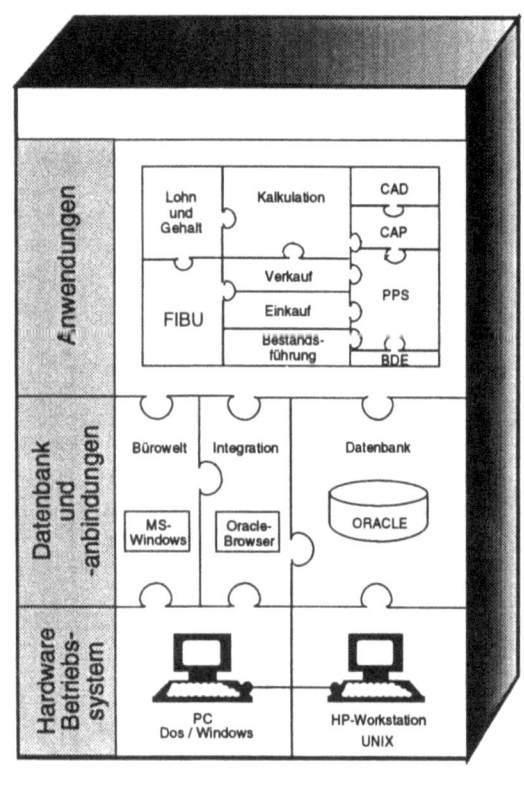

ZIEL: Information ist in (fast) jeder Form und jederzeit zugänglich

POLY RACK — EDV - Ziel: Offene Informationen — Abteilung 140 — Fraktale Fabrik

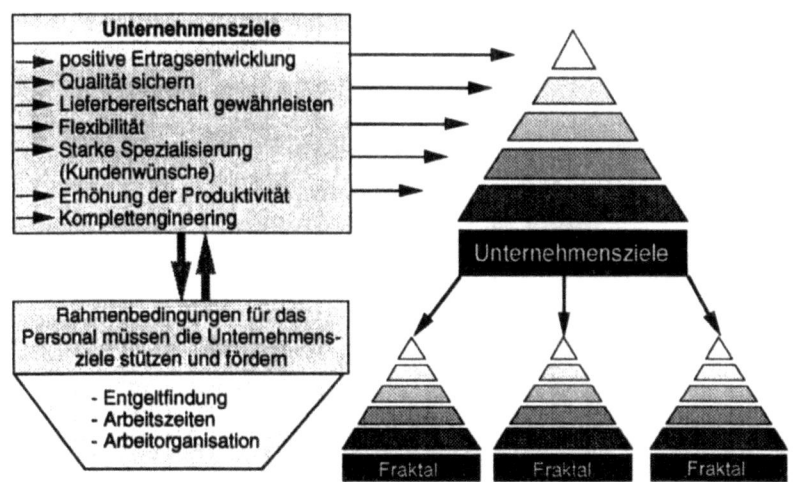

- Unternehmenssteuerung durch Zielvererbung der Unternehmensziele in die Fraktale
- Zielorientierte Gestaltung der Rahmenbedingungen: Arbeitsorganisation, Arbeitszeit, Entgeltfindung,..
- Zielorientierte, motivierte und selbständige Mitarbeiter; Selbstorganisation
- Nutzung des Erfolgsfaktors Mitarbeiter

POLYRACK	Personalführung durch Ziele	IPA FhG
	Abteilung 140 — Fraktale Fabrik	

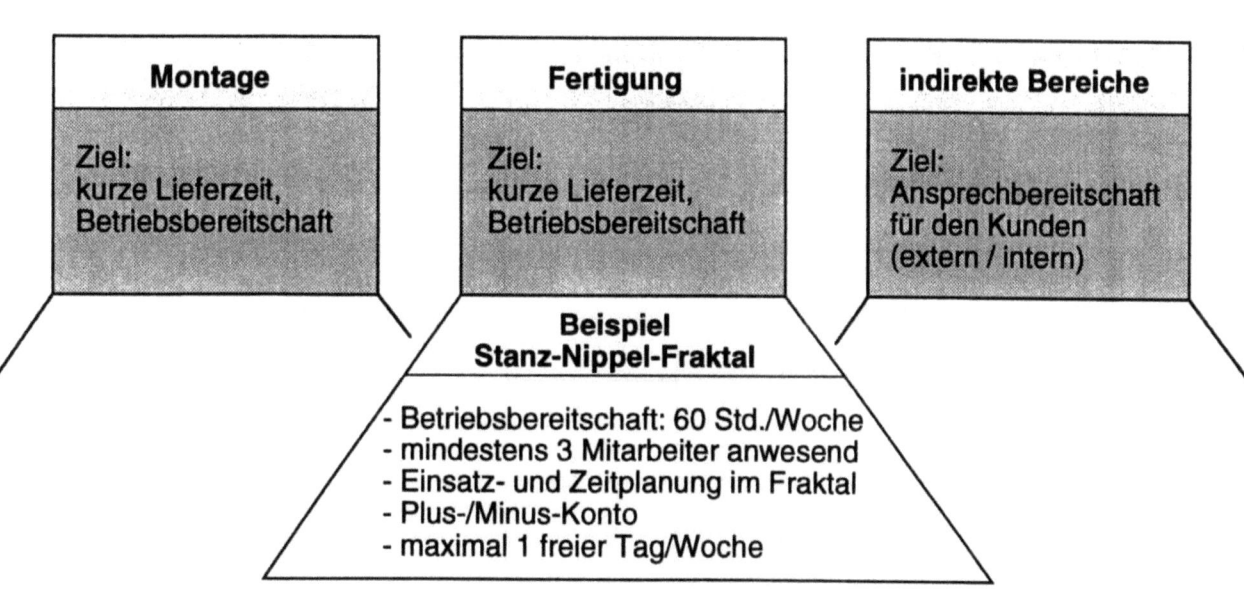

POLYRACK	Arbeitszeitmodelle im Unternehmen POLYRACK	IPA FhG
	Abteilung 140 — Fraktale Fabrik	

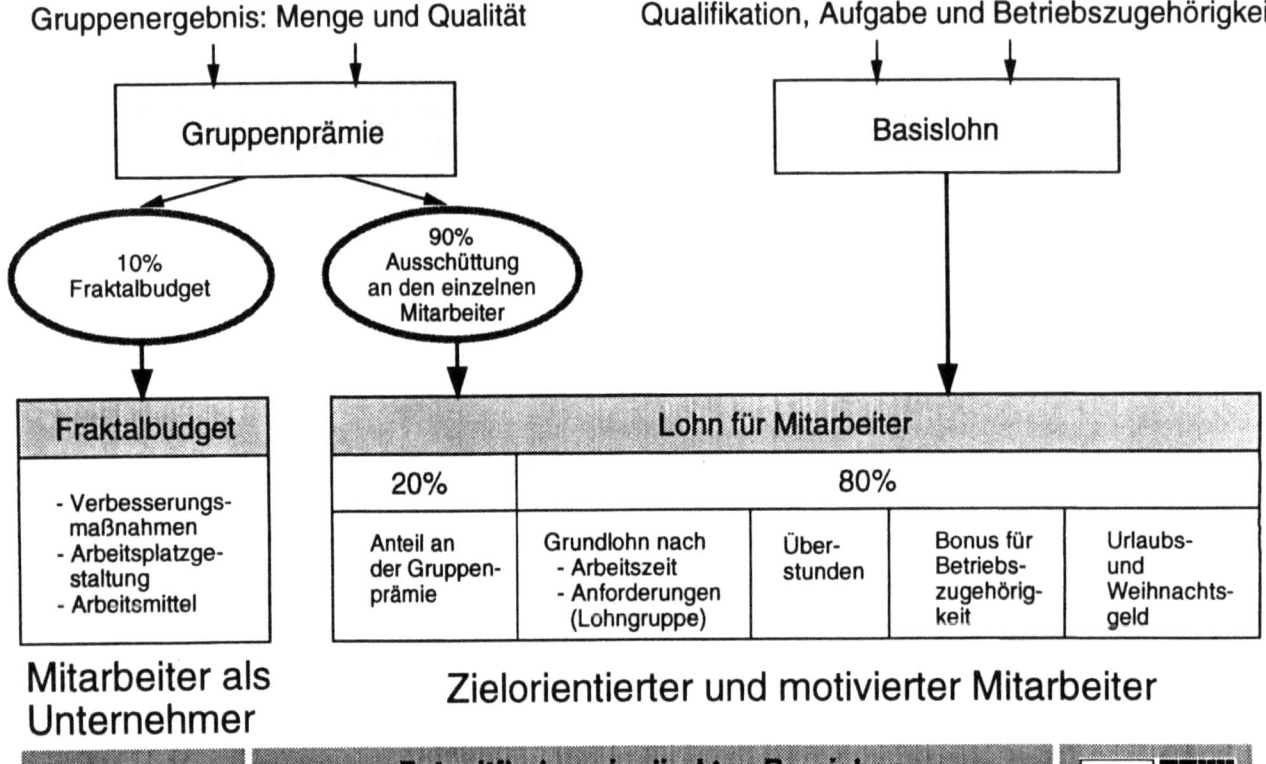

Die Gruppenprämie ergibt sich aus

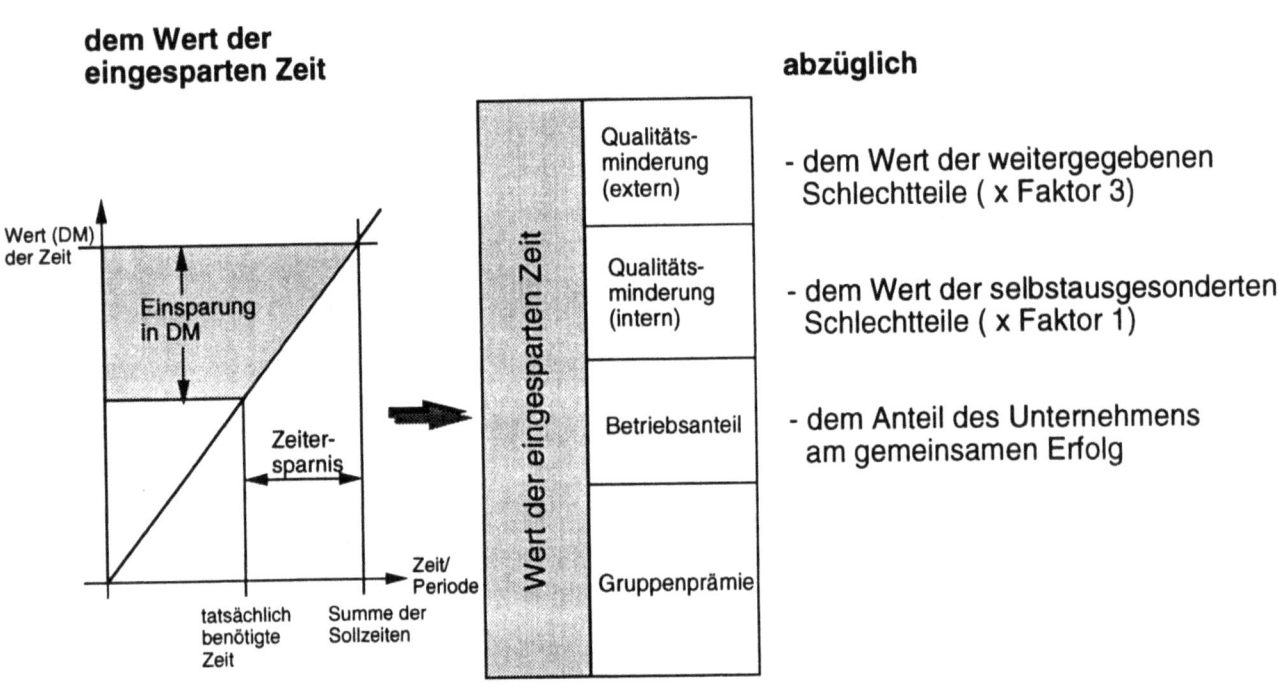

Struktur statt Technik - Erfahrungen in einer Fraktalen Fabrik

H. Steiner

**25. IPA-Arbeitstagung
Die Fraktale Fabrik -
Produktionsstrategie für das 21. Jahrhundert**

brose

Struktur statt Technik

Struktur statt Technik
Erfahrungen in einer Fraktalen Fabrik

Institutszentrum der Fraunhofer-Gesellschaft
Stuttgart-Vaihingen,
Nobelstraße 12

16./17. Juni 1994

Brose Fahrzeugteile GmbH & Co. KG
Coburg
Hubert Steiner
Geschäftsführer Produktion

fraktal, 1, 23.05.1994   GP/LL/LM

brose

Struktur statt Technik

Struktur statt Technik -
Erfahrungen mit einer Fraktalen Fabrik

Die **Brose Fahrzeugteile GmbH & Co. KG,** Coburg, ist ein traditionsreiches Familienunternehmen, das seit 75 Jahren besteht. Bei Fensterhebern und Türsystemen sowie Sitzverstellsystemen für Automobile und Nutzfahrzeuge haben wir uns in Europa eine führende Marktstellung erarbeitet. Von 6 Produktionsstandorten in Europa und Amerika beliefern wir unsere Kunden. Derzeit beschäftigen wir in unserer Gruppe rund 2700 Mitarbeiter.

Das Geschäft in unserer spanischen Tochtergesellschaft, der Brose SA, wurde 1988 mit 38 Mitarbeitern aufgenommen. Die Nähe zum Kunden ist für Automobilzulieferer ein wesentlicher Wettbewerbsfaktor. Viele Automobilhersteller wie VW, GM/Opel, Renault und Ford haben sich in den 80er Jahren auf der iberischen Halbinsel niedergelassen. Spanien ist zu einem bedeutenden Automobilproduzenten in Europa aufgestiegen. Auch die Entwicklung unserer spanischen Gesellschaft verläuft sehr dynamisch. Derzeit produzieren wir arbeitstäglich rund 15.000 manuelle und elektrische Fensterheber. Etwa 50% der Produktion wird unseren spanischen und portugiesischen Kunden "just in time" bereitgestellt. Auch für die nächsten Jahre sind wir auf Wachstum eingestellt. Mit dem fünfjährigen Firmenbestehen fiel der Umzug in den Fabrikneubau zusammen. Die Gesellschaft ist mittlerweile auf 170 Mitarbeiter gewachsen.

Bei Brose werden bereits seit Ende der 80er Jahre erfolgreich Methoden des Produktionsmanagements wie "Kontinuierlicher Verbesserungsprozeß", "Total Quality Management", "Projektmanagement" und "BEST (Brose - Erfolg durch Sparsamkeit und Teamgeist)" eingesetzt, die den Prozeß der Leistungserstellung jeweils aus unterschiedlicher Blickrichtung als Ganzes begreifen und verbessern. Mit diesem Methodenwissen im Hintergrund sind alleine in den letzten vier Jahren fünf neue Standorte in Deutschland, England, Spanien und Mexiko entstanden. Bei jedem dieser Werke entfernten wir uns weiter von der klassischen verrichtungsorientierten, zentral organisierten Fabrik. Flußorientierte Fertigung, die Integration von Funktionen in wertschöpfende Bereiche und vor allem motivierte und qualifizierte Mitarbeiter sind heute die Erfolgsfaktoren der Brose-Fabriken. Beim Werksneubau in Spanien haben wir zur Erschließung weiterer Verbesserungspotentiale das Gedankengut der Fraktalen Fabrik aufgegriffen und sind gemeinsam mit dem Fraunhofer-Institut für Produktionstechnik und Automatisierung (IPA) einen neuen Weg gegangen.

brose

Struktur statt Technik

Struktur statt Technik -
Erfahrungen mit einer Fraktalen Fabrik

Der neue Weg

Die Herstellung von technisch hochwertigen Teilen, Komponenten und Systemen für den Automobilbau zu optimalen Kosten, in Top-Qualität und bei absoluter Liefertreue erfordern heute mehr denn je die Mobilisierung sämtlicher Leistungsreserven im Unternehmen. Dabei sind wir überzeugt, daß nicht die Vollautomatisierung in der Fabrik, sondern der Mensch den Schlüssel zum Erfolg darstellt. Zukünftig erfolgreiche Unternehmen werden sich durch das gezielte Wecken und Nutzen aller Mitarbeiterpotentiale und konsequente Kundenorientierung auszeichnen. Deshalb sind wir in Spanien einen neuen Weg gegangen. Die Produktionsstruktur bildet dabei das zentrale Gestaltungsmerkmal unserer Fabrik. Einfache, transparente Abläufe, abgeschlossene und über-/durchschaubare Arbeitsinhalte mit Kundenbezug definieren die Rahmenbedingungen einer Produktion, in die sich unsere Mitarbeiter ganz einbringen können, weil sie Sinn, Zweck und Ziele ihrer Aufgabe verstehen. In von Teams geführten Produktionseinheiten mit definierten Zielen kann sich unternehmerisches Denken entwickeln. Dazu muß Verantwortung an unsere produktiven Mitarbeiter delegiert werden. So lassen sich neue Potentiale erschließen und "schlummernde" Stärken zur Geltung bringen. Der Strategierahmen für die Planungsarbeiten der neuen Fabrik wurde wie folgt formuliert:

"Realisierung einer flußorientierten Fensterheberfabrik mit einem Höchstmaß an Kunden- und Mitarbeiterorientierung sowie einem Maximum an Flexibilität und Transparenz in den Abläufen bei langfristig sichergestellter Wirtschaftlichkeit"

oder kurz

"Bauen wir doch eine wirtschaftliche und erfolgreiche Fabrik für die Mitarbeiter"

Diese Zielsetzung entspricht dem zentralen Anliegen der Fraktalen Fabrik, der Vision einer flußorientierten Fabrik aus überschaubaren, markt- und mitarbeiterorientierten Leistungsbereichen. Bei Brose in Spanien wurde diese Vision 1993 binnen acht Monaten weitgehend in die Praxis umgesetzt. Heute schauen wir auf rund neun Monate Erfahrung im Betrieb dieser Fraktalen Fabrik zurück.

brose

Struktur statt Technik

Struktur statt Technik -
Erfahrungen mit einer Fraktalen Fabrik

Die Neue Fabrik

Schon beim Fabrikgebäude sind wir neue Wege gegangen. Das Gebäude besticht durch Offenheit und Transparenz. Die Anordnung von Büro- und Fertigungsarbeitsplätzen ist durch räumlich Nähe gekennzeichnet, es gibt keine geschlossenen, undurchsichtigen Wände mehr. Die völlig verglaste Fassade und die ebenfalls durchgängig verglaste "innere Fassade" zwischen Büros und Montagehalle geben den Blick durch das gesamte Gebäude hindurch frei. Jeder hat direkten visuellen Kontakt zum anderen. Bauliche Barrieren, sowohl innerhalb, aber auch nach außen, zum Kunden hin, gibt es nicht.

Die Hauptmerkmale der Produktion lassen sich beschreiben durch ein Höchstmaß an Kundenbezug in Organisation und Layout, einstufige Fertigungsstruktur, ausschließlich dezentrale Lager sowie Gruppenarbeit in Teamstrukturen.

Die Fertigungsfläche von 7900 m² ist gegliedert in 12 Montageeinheiten oder Fraktale, das Warenverteilzentrum und den Bereich Instandhaltung/Betriebsmittelbau. Maximal vier Fensterhebertypen für einen Kunden mit ggf. mehreren Abladestellen bilden die Produktionsaufgabe eines Fraktals. In diesen Fraktalen werden die Fensterheber vollständig und ohne Zwischenlagerung von Baugruppen in einem ablauforganisatorisch einstufigen (Fertigungsstückliste), physisch allerdings mehrstufigen Prozess gefertigt. Die Fraktale sind bezüglich der Betriebsmittel vollständig, alle für die Produktion der jeweiligen Fensterheber notwendigen Maschinen, Vorrichtungen und Meßmittel sind vorhanden. Alle Teile sind arbeitsplatznah im Fraktal gelagert, es gibt kein zentrales Lager. So sind jeweils 50 bis 150 Artikelnummern durch die Fraktale zu verwalten. Die Aufgabe bleibt übersichtlich.

Querverbindungen zwischen Fraktalen existieren nicht. Es gibt keine zentralen Werkstätten. Die Fraktale werden von der zentralen Logistik über den Wareneingang mit Teilen versorgt (ca. 110 Behälter/Tag), die Kundenbehälterbereitstellung und Abholung der Fertigerzeugnisse erfolgen auf dem gleichen Weg (ca. 170 Kundenbehälter/Tag). Der Materialfluß ist sowohl innerhalb der Fraktale als auch über die gesamte Fabrik optimiert. D.h. die Anordnung der Fraktale im Gebäude und die Lage der Verkehrswege ist an den Mengenströmen orientiert.

Struktur statt Technik – Erfahrungen mit einer Fraktalen Fabrik

"Wir produzieren nur das, was der Kunde bestellt hat". Dazu wurde gezielt in Kapazität investiert. Die Produktion schöpft ihre Flexibilität aus vorhandener Kapazität und nicht aus Beständen. Das Fließprinzip wird konsequent umgesetzt. Die Produktion wird über die Kundenabrufe gesteuert. Die Steuerung erfolgt durch die Leerbehälterbereitstellung aus dem Versand. Die Kundenbedarfe werden am Vortag der Auslieferung produziert und im Versandbereich gepuffert. Darüber hinaus wird ein kleiner Sicherheitsbestand im Fraktal gelagert.

Die Neue Fabrik setzt auf die Mitarbeiter. Zur Unterstützung der Mitarbeiter werden vielfach visuelle Hilfsmittel verwendet. Die DV wird in den Fraktalen nur zur Fertigmeldung und Erstellung der Kundenbehälterbelege eingesetzt. Aufgrund der dezentralen Lagerung sieht jeder Mitarbeiter den Bestand und die Reichweite in seinem Fraktal. "FIFO" wird, visuell unterstützt, im Fraktal durchgängig sichergestellt. Auch Wareneingänge werden im Fraktal visuell bis zur Qualitätsfreigabe gesperrt. Vom Einzelarbeitsplatz über das Faktal bis hin zur gesamten Fabrik werden alle relevanten Informationen auf Schautafeln unseren Mitarbeitern zugänglich gemacht.

Die Fraktale arbeiten in Teams nach Prinzipien der Gruppenarbeit und tragen die Verantwortung für Ausbringung, Qualität und Liefertreue. Die Verlagerung von Verantwortung an die ausführenden Stellen gewährleistet, daß die ständig steigende Aufgabenkomplexität im Produktionsprozeß beherrscht wird. Deshalb wurden neben den reinen Fertigungstätigkeiten weitere Aufgaben in die Fraktale integriert. Qualitätssicherung von Erzeugnissen (100%) und Wareneingängen (ca. 75%), kleinere Instandhaltungsmaßnahmen und Reparaturen sowie die Bestandsverantwortung erweitern das Tätigkeitsfeld unserer Mitarbeiter. Die Mitarbeiter identifizieren sich so stark mit Prozeß und Produkt. Mit der Anpassung der Entlohnungsform (vom Einzel- über Gruppenakkord zur Prämienentlohnung) und der Einführung eines Jahresarbeitszeitmodells wurden notwendige Rahmenbedingungen für Flexibilität und die Steigerung des Kostenbewußtseins in den Teams geschaffen. Alle zur Produktion benötigten Ressourcen (Mitarbeiter, Information, Betriebsmittel, Material) befinden sich somit auf engstem Raum beieinander. Der Zustand eines Fraktals ist schnell erfaßt. Die meisten Probleme werden sofort vor Ort geklärt.

Struktur statt Technik –
Erfahrungen mit einer Fraktalen Fabrik

Erfahrungen

Nach rund neun Monaten des Betriebs unser Fraktalen Fabrik kann noch kein abschließendes Fazit gezogen werden, eine Zwischenbilanz läßt sich allerdings durchaus erstellen.

Die erhofften Effekte durch Transparenz und Überschaubarkeit schlagen voll durch. Wir stellen fest: Zielkosten von "-20%" sind erreichbar. Die Halbierung der Bestände und eine leichte Reduzierung der Herstellkosten sind erste meßbare Erfolge. Ein weiterer Effekt ist die hohe Kostentransparenz. Rund 85% der Kosten lassen sich direkt und damit verursachungsgerecht den Fraktalen bzw. den Produkten zuordnen. Durch die Produktionsstruktur in Verbindung mit dem Jahresarbeitszeitmodell und der Entlohnungsform sind wir heute wesentlich besser in der Lage, auf kurzfristige Schwankungen in den Kundenabrufen zu reagieren. Wir haben eine verbesserte Qualitätsleistung, sowohl in Produkten, wie auch im gesamten Geschäftsprozeß. Seinen Ausdruck findet dies in hervorragenden Ergebnissen bei den Qualitäts- und Logistikbeurteilungen durch unsere Kunden. Die Problemerfassung und -behebung geschieht heute wesentlich schneller. Vor allem unsere motivierten Mitarbeiter, die sich stärker mit ihren Produkten identifizieren und Verbesserungen "von unten" initiieren, tragen dazu bei.

Die Produktionsstruktur mit unseren dezentralen Lagern wirkt sich auf die Flächenproduktivität aus. Auch bei der Auslastung unserer Betriebsmittel nehmen wir bewußt Abstriche in Kauf.

Zusammenfassend kann die Produktionsstruktur, die Übersichtlichkeit und Transparenz in Layout und Abläufen, und das Engagement mit dem sich unsere Mitarbeiter in diese neuen Verhältnisse einbringen als ursächlich für den Erfolg unserer Neuen Fabrik verantwortlich zeichnen. Vieles läßt sich noch verbessern. Der Grundgedanke „eine erfolgreiche Fabrik für die Mitarbeiter" aber hat sich voll bewährt.

Zum Schluß noch eine Empfehlung:

Wenn Sie eine neue Fabrik planen dürfen, dann planen Sie eine **Neue Fabrik**.

Struktur statt Technik
Ein Schreibfehler ?

- **Ein neuer Weg - Warum ?**
  - Nicht die Technik, die Automatisierung sind der Schlüssel zum Erfolg, sondern der optimale Einsatz der Mitarbeiterqualifikation und einfache, transparente Abläufe
  - Der Kunde fordert höchste Liefer-Flexibilität
    - ✓ Im Mix, vor allem bei Sonderausstattungen
    - ✓ In der Gesamtmenge, vor allem bei Anläufen
  - Hohe Automatisierung heißt hohe Fixkosten und reduzierte oder teure Flexibilität
  - Der flexibelste Produktionsfaktor hat gleichzeitig die höchste Intelligenz und die größten Produktivitätsreserven (nicht durch Masse, sondern durch Klasse):
    Der Mitarbeiter
- **Bauen wir eine wirtschaftliche und erfolgreiche Fabrik für die Mitarbeiter**

Produkte

■ Fensterheber/Türsysteme
- manuell
- elektrisch
- mit Elektronik
- Türmodule

□ Sitzverstellsysteme
- manuell
- elektrisch
- Positionsspeicher (Memory)
- Kopfstützenverstellungen

□ Sonstige
- Schließteile
- Verriegelungen
- Werkzeuge

brose

Struktur statt Technik

Fabriken-Evolution

- **1982: Brose Coburg**, Werk 2 (Neubau)
  Technologien im Verrichtungsprinzip mit zentralem Hochregallager (HRL)

- **1991: Brose Hallstadt** (Neubau)
  Fabrik mit flußorientierter Montage und zentralem Hochregallager (HRL)

- **1992: Brose Coventry** (Neubau)
  Fabrik mit Schmalganglager (SGL) und Automatischem Kleinteile-Lager (AKL)

- **1993: Brose Gera** (Umstrukturierung)
  Einstufige Montageeinheiten mit dezentraler Lagerung ohne Mechanisierung

- **1993: Brose Sta. Margarida** (Neubau)
  Fraktale Fabrik mit entkoppelten Montageeinheiten, dezentraler Festplatzlagerung, DV-arm aber transparent

brose

Struktur statt Technik

Brose Sta. Margarida i Els Monjos

außen

innen

fraktal, 8, 23.05.1994   GP/LL/LM

brose

Struktur statt Technik

Zentrallagerlose Fabrik

- **Step 1: "Konventionelle Planung" mit zentralem Schmalganglager und Werksgliederung nach dem Verrichtungsprinzip**
- **Step 2: "Laßt uns etwas Neues probieren"**
- **Step 3: Komplette Neuplanung des Innenlebens. "Urknall" 8 Monate vor Aufnahme der Produktion**
- **Step 4: Rahmenbedingungen für**
    - **Verzicht auf zentrales Lager**
    - **Montageeinheiten einstufig, kein Preßwerk**
    - **DV-Armut**
    - **Transparenz**
    - **Menschenorientierung**
- **Step 5: Ausplanung, Layout, Umzug**
- **Step 6: Produktionsaufnahme August 1993**

brose

Struktur statt Technik

Gläserne Fabrik in Kundennähe

- gläsern
    - Von jedem "Verwaltungs-Arbeitsplatz" besteht Blickkontakt in die Fabrik
    - Jeder geht durch die Fabrik, um zu seinem Arbeitsplatz zu gelangen
    - DV-Unterstützung nur dort, wo es in der Produktion zwingend ist (Fertigmeldung)
    - "Optische" Lagerhaltung
    - Festplatzlagerung nah am Verbrauchsort
    - Keine Querverbindungen in der Versorgung
- kundennah
    - DFÜ-Anbindung zu Kunden und Lieferanten
    - Bestandsarm
    - Wir produzieren heute, was wir morgen liefern
    - Direkter Bezug Montageeinheit und Kunde

fraktal, 10, 23.05.1994   GP/LL/LM

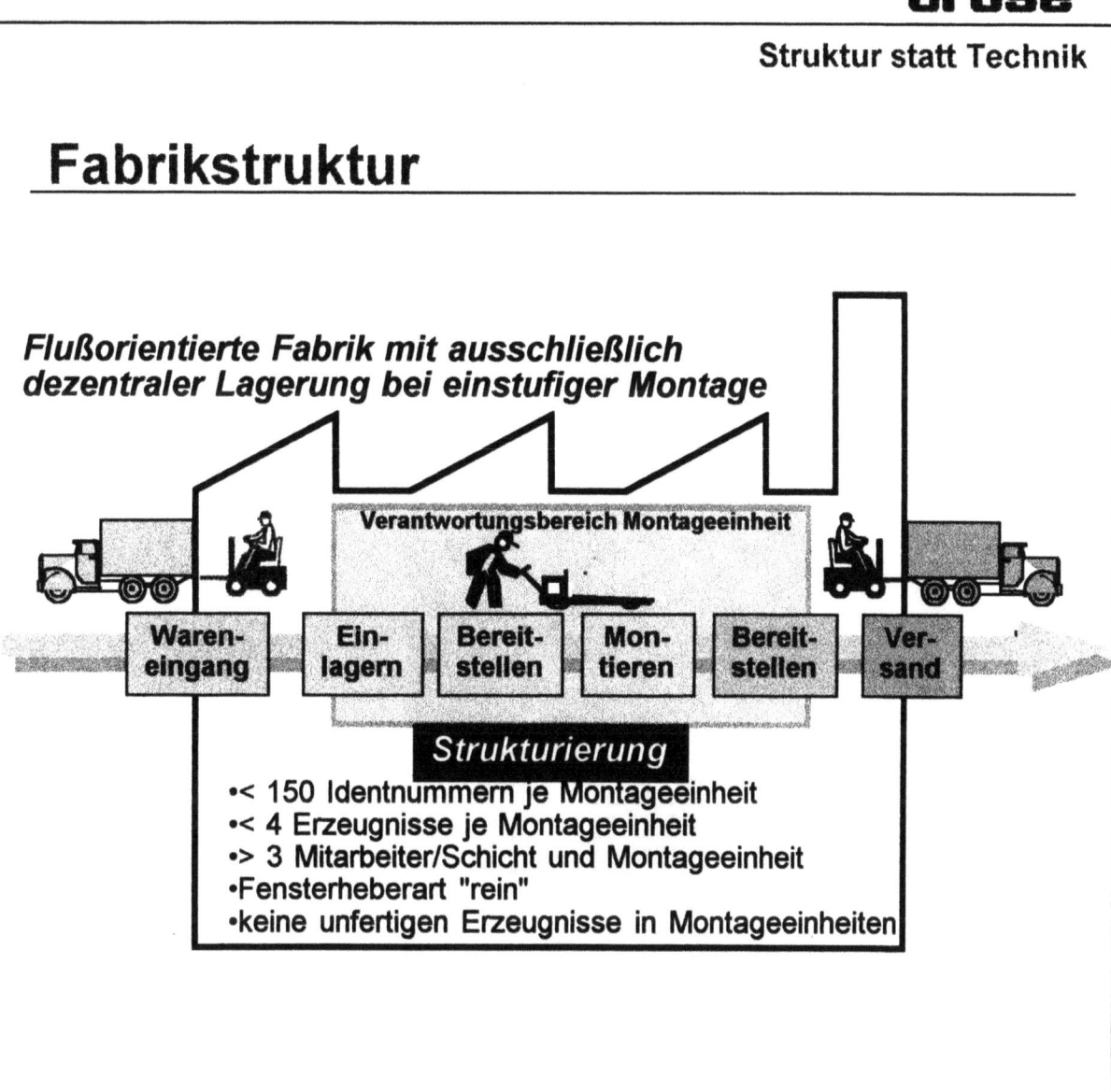

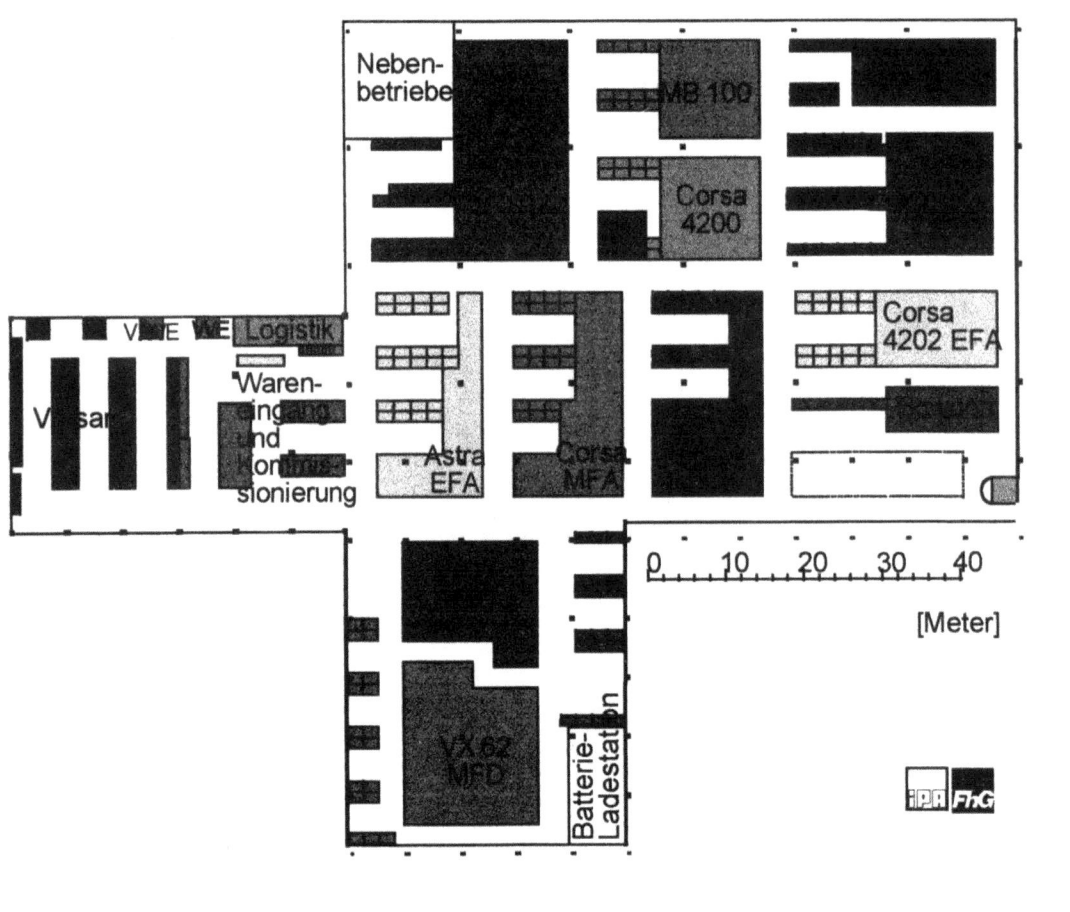

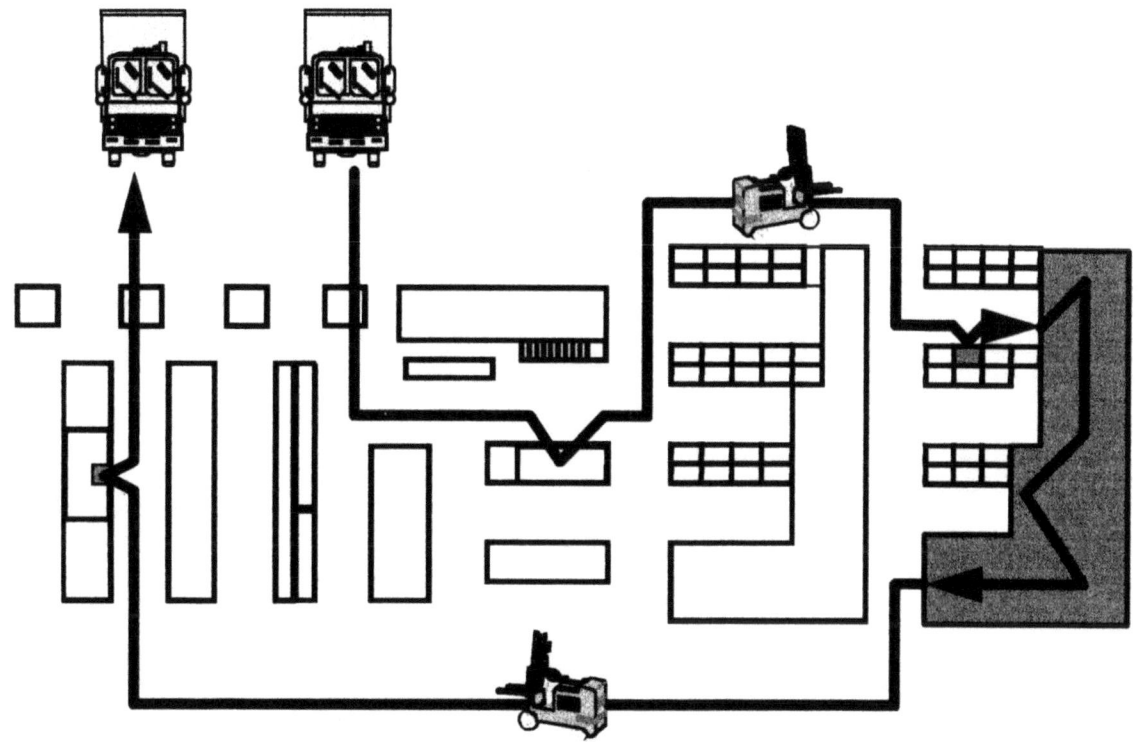

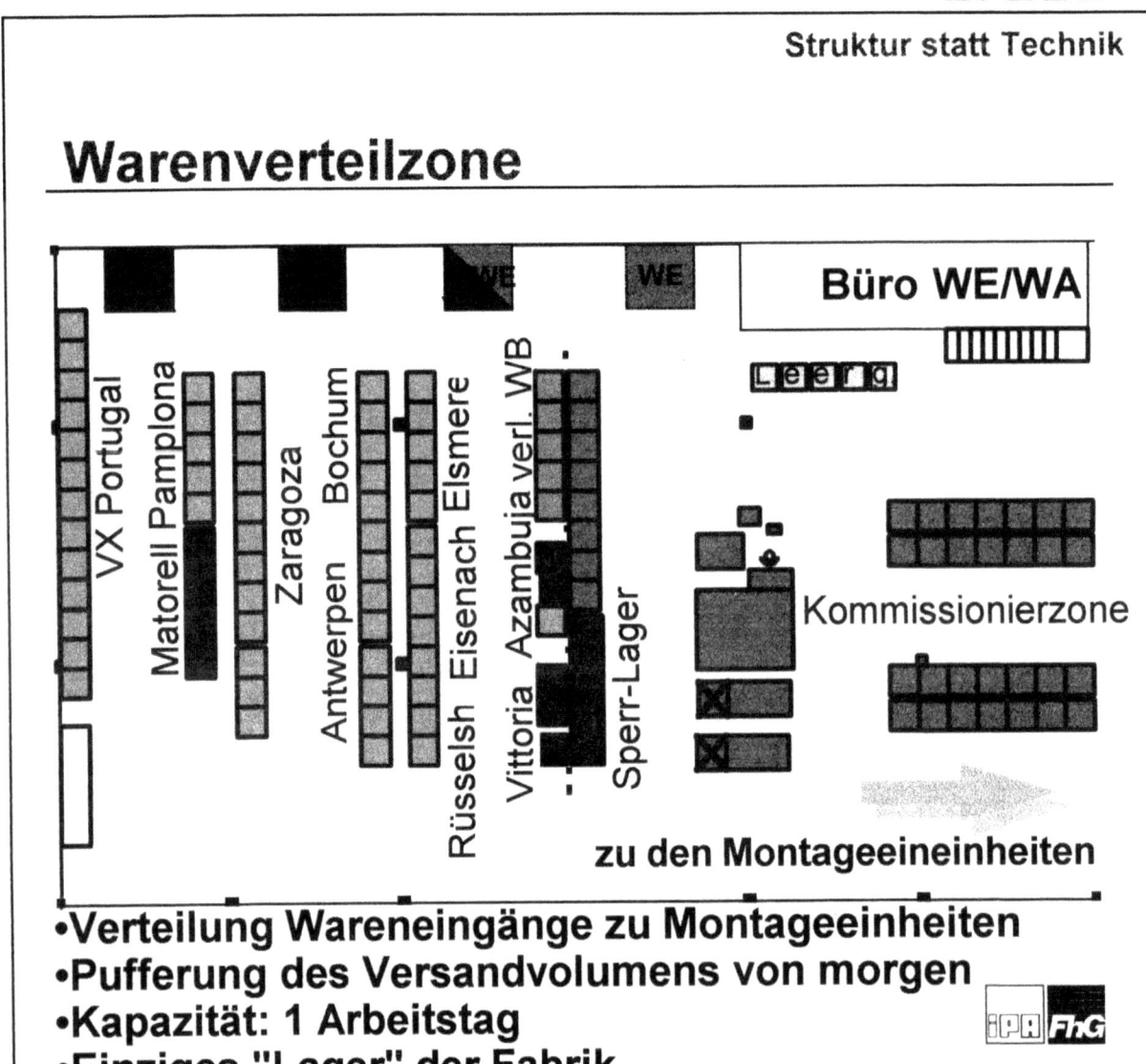

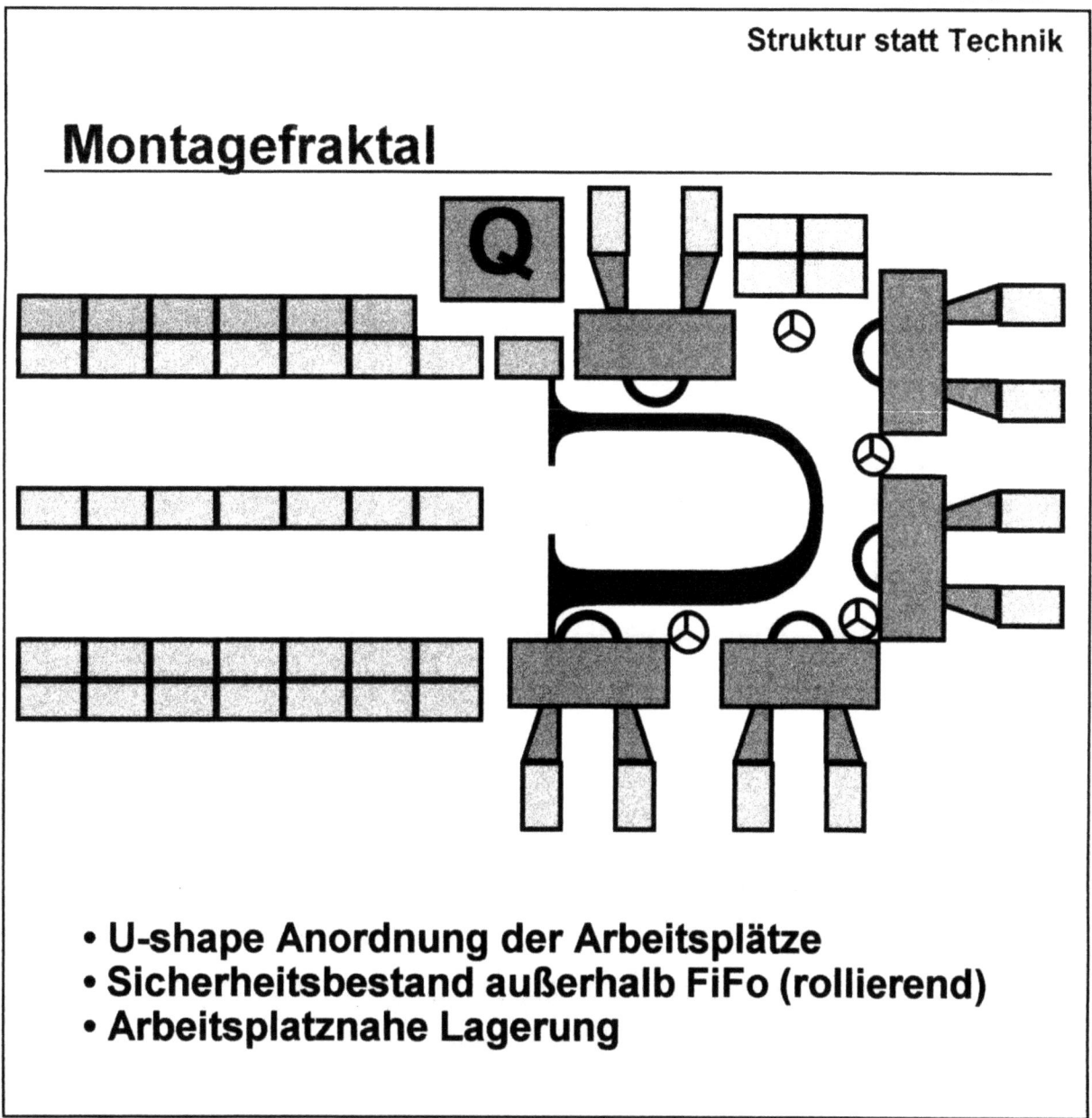

Mitarbeiter statt DV im Mittelpunkt

- Reduzierung der Hierarchieebenen Vorarbeiter und Einrichter
- Gruppenarbeit und Teamstruktur
- Jahresarbeitszeitmodell
- Jeder Mitarbeiter sieht seine Bestände und seine Reichweite
- Steuerung über Leerbehälter vom Versand
- Qualitätsfreigabe in drei Stufen
    - Prüfverzicht
    - Prüfung in und durch die Montageeinheit
    - Prüfung durch QS (z.B. Labor)
- Holpflicht der Stichprobe aus Montageeinheit
- Freigabe erkennbar durch Wenden des zweifarbigen Behälterbelegs

brose

Struktur statt Technik

Wenig Investition ersetzt viel Bestand

Alte Fabrik **Neue Fabrik**

Der Bestand, den eine Fertigungseinrichtung verursacht, ist wie eine Investition zu betrachten

Weder die "Alte Fabrik" noch die prinzipientreue, aber unwirtschaftliche "Neue Fabrik"

Abspecken vom "Ideal", statt marginalem Verbessern des Bestehenden

fraktal, 17, 23.05.1994 GP/LL/LM

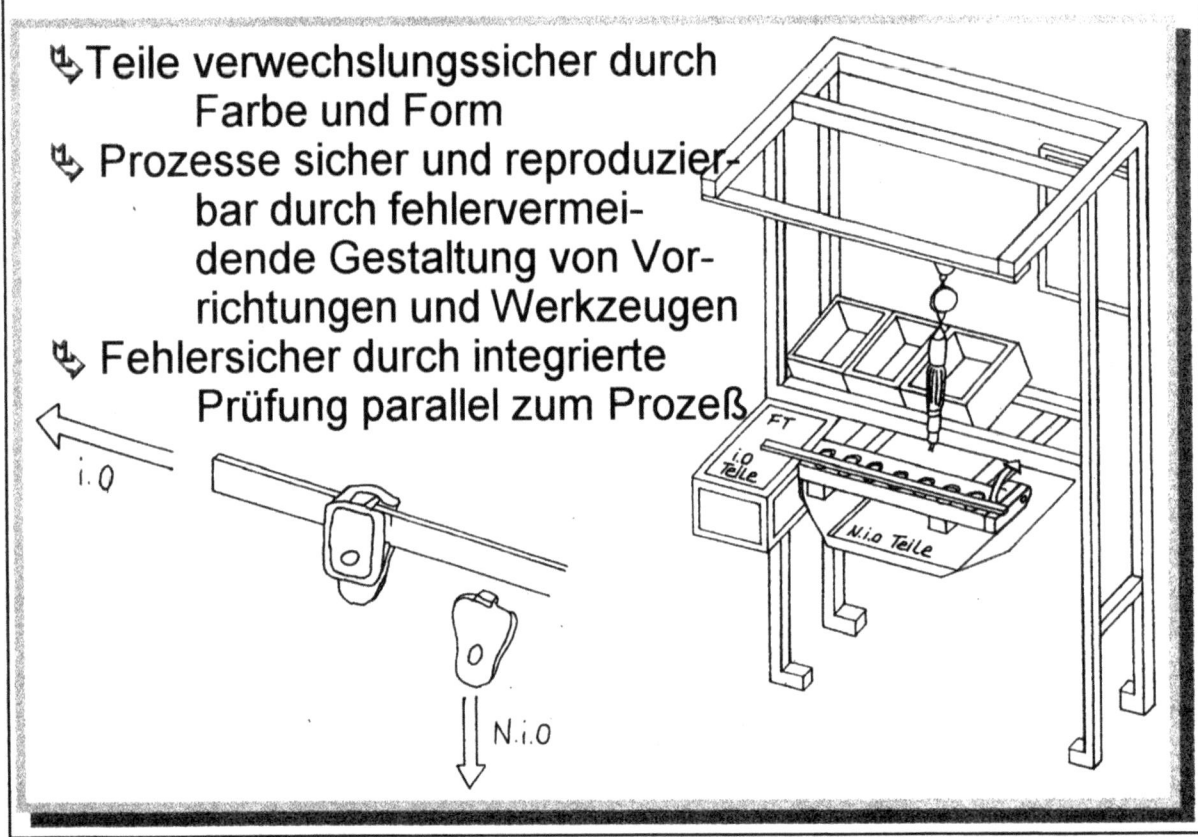

brose

Struktur statt Technik

Einfach Überlegen
(low tech - high structure)

- **Einfache Abläufe sind für die Mitarbeiter einfacher verständlich**
  - Material ist sichtbar (kein zentrales Lager)
  - Der Mitarbeiter weiß, wo sein Material steht (keine DV-Lagerplatzverwaltung erforderlich)
  - Kleine, überschaubare Montageeinheiten
  - Es wird nur gebucht, wenn Material in die Montageeinheit kommt bzw. sie verläßt
- **Lieber eine einfachere Maschine duplizieren**
  - keine Verknüpfungen über mehrere Montageeinheiten (höhere Flexibilität)
  - "im Fluß" fertigen (keine Baugruppenlagerung)
  - höhere Identifikation der Mitarbeiter mit Maschine und Prozeß

fraktal, 20, 23.05.1994 GP/LL/LM

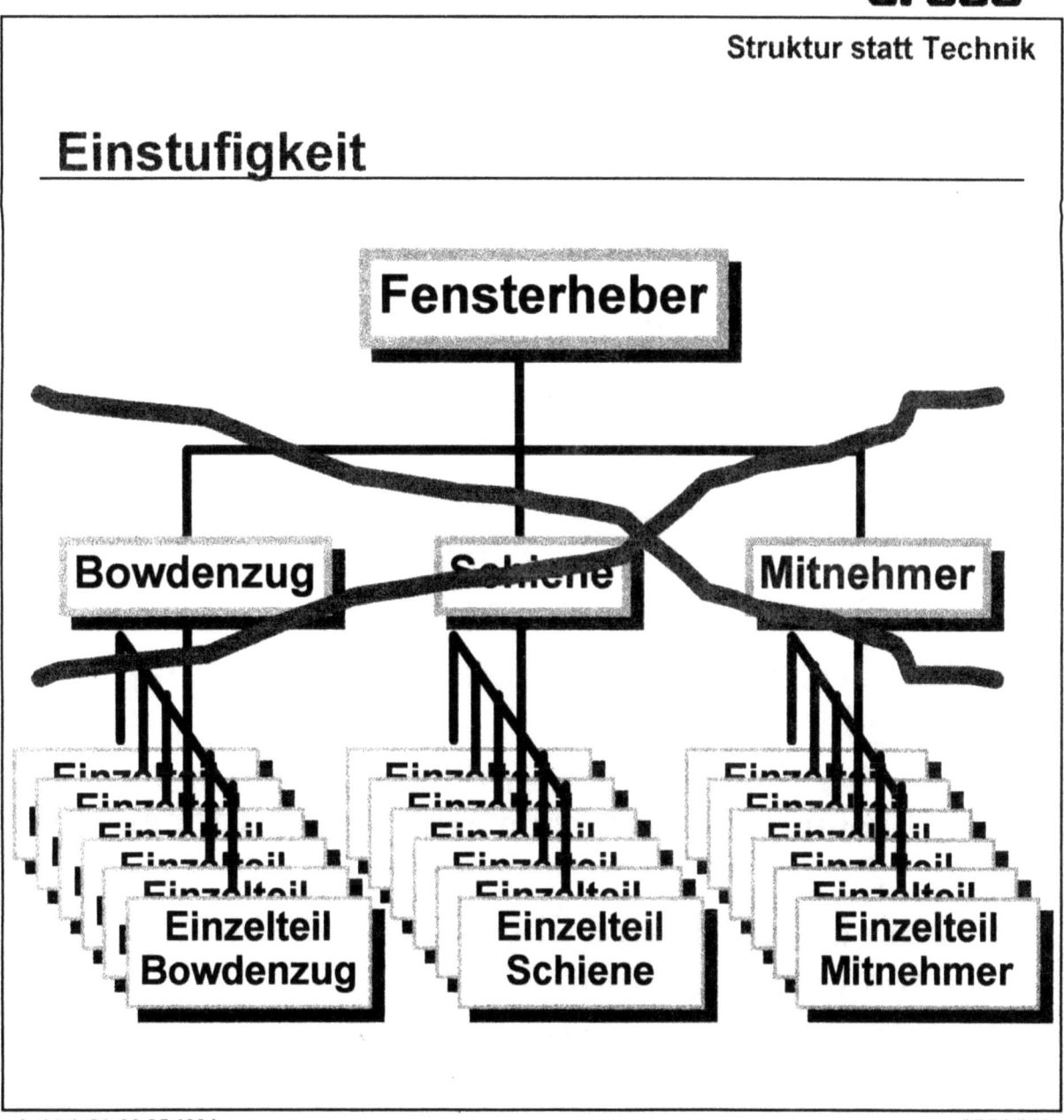

brose

Struktur statt Technik

Flexibiliät

- **Maxime:**
  Wir produzieren nur das, was bestellt wurde
- **Mehr verfügbare Kapazität**
  - Durch mehr Maschinen mit geringerer Auslastung
- **Geringere Fertigwarenbestände**
  - Schnelläufer werden direkt auf die Versandfläche produziert
- **Kurzfristige Reaktion auf Abrufänderungen möglich**
  - Flexiblere Mitarbeiter durch Jahresarbeitszeitmodelle und neue Entlohnungsformen (bei vorhandener Kapazität)
- **Vom Einzelakkord über Gruppenakkord zur Prämienentlohnung**
  - Das Team ist verantwortlich für Ausbringung, Qualität, Liefertreue und Bestand

fraktal, 22, 23.05.1994 GP/LL/LM

brose

Struktur statt Technik

Zielkosten "-20 %" ist erreichbar

- Quantifizierbarkeit
  - im Vorfeld schwierig, da Vergleichbarkeit über Prozeßkostenrechnung hergestellt werden muß
  - im Betrieb hohe Kostentransparenz
- Erfahrungen
  - Halbierung der Bestände
  - leichte Reduzierung der Herstellkosten
  - verbesserte Qualitätsleistung
  - schnellere Problemerfassung und -behebung
  - Änderungen werden "von unten" initiiert
  - höhere Identifikation mit dem Produkt
  - ein "Wir"-Gefühl hat sich gebildet
- Auswirkungen aber auch auf
  - Flächenproduktivität und Maschinenauslastung

fraktal, 23, 23.05.1994 GP/LL/LM

brose

Struktur statt Technik

Überschaubarkeit

- **172 Mitarbeiter, davon 106 "Direkte"**
- **30 Kunden (Abladestellen)**
- **52 Lieferanten**
- **46 Produkte**
- **344 Identnummern**
- **12 Montageeinheiten**
- **7914 qm**
- **70 Mio DM Umsatz**

fraktal, 24, 23.05.1994 GP/LL/LM

brose

Struktur statt Technik

Primat des Handelns

nicht alles, was sich vorher einer exakten Bewertung entzieht, darf verworfen werden

deshalb:

Wenn Sie eine neue Fabrik planen dürfen, dann planen Sie eine **Neue Fabrik** !

fraktal, 25, 23.05.1994   GP/LL/LM

Gestaltung von Informationssystemen in der Fraktalen Fabrik

W. Sihn

Gestaltung von Informationssystemen in der Fraktalen Fabrik

W. Sihn, G. Aupperle

1	Schwachstellen traditionell organisierter Unternehmen und ihrer Informationssysteme
2	Die Fraktale Fabrik und ihre Prinzipien
3	Gestaltung von Informationssystemen in der Fraktalen Fabrik
3.1	Funktionsverdichtung und Informationsverarbeitung in einem Fraktal
3.2	Der Wandel der Informationsflüsse
3.3	Informationstechnologien
3.4	Beispiele zur Kommunikation und Informationsverarbeitung in Fraktalen Strukturen
3.5	Innovative Abläufe und Verfahren am Beispiel PPS
4	Mitarbeiter und Teams gestalten Informations- und Kommunikationssysteme
5	Zusammenfassung

1 Schwachstellen traditionell organisierter Unternehmen und ihrer Informationssysteme

Der scharfe Wettbewerb am Weltmarkt in Verbindung mit dem hohen Kostendruck und der Vormachtstellung südostasiatischer Unternehmen führte in den letzten Jahren in vielen Bereichen der europäischen Industrie zu dramatischen Situationen. Auch wenn erste Anzeichen einer konjunkturellen Besserung sichtbar werden, muß man sich die Ursachen für diese Krise nochmals vor Augen führen (Bild "Schwachstellen traditioneller Unternehmensorganisation"). Die Ursachen liegen in nicht unerheblichem Maße in der Organisation, vor allem in der funktionalen Zersplitterung, begründet. Nun liegt mit der Fraktalen Fabrik ein Konzept vor, das einen Lösungsansatz für die o.g. Probleme liefert. Es ist klar, daß auch Fraktale Strukturen Informationssysteme benötigen. Die Gestaltung dieser Informationssysteme ist Gegenstand intensiver Forschungsarbeiten am IPA.

Die Untersuchung bestehender Informationssysteme und das Vergleichen mit neuen Anforderungen ist der erste Schritt zur Neugestaltung. Die Arbeitsteilung der traditionellen Organisationsform spiegelt sich in der funktionalen Zersplitterung der Informationssysteme wider, da diese darauf ausgerichtet sind, diese traditionelle Organisation optimal zu unterstützen (PPS-System, Leitstand, Instandhaltungssystem). Aber auch mit dieser Spezialisierung konnten die Informationssysteme den konventionellen Anforderungen zum großen Teil nicht gerecht werden. Die Schwachstellen sind dem Praktiker und dem Wissenschaftler hinlänglich bekannt (Bild "Schwachstellen von Informationssystemen (Auswahl)"). Vor allem das Zusammenwirken über Schnittstellen (man beachte das Wort "Schittstelle") hinweg war und ist nur ungenügend gelöst, trotz des hohen Aufwands der betrieben wird. Neben EDV-technischen Problemen ist es vor allem das logisch-funktionale Zusammenwirken, das Probleme bereitet. Die Neukonzeption der Organisation macht es erforderlich, die Informationssysteme auf die veränderten, integrierenden Organisationsformen auszurichten und dabei gleichzeitig die Schwachstellen zu beseitigen, die in den Informationssystemen selbst begründet sind.

2 Die Fraktale Fabrik und ihre Prinzipien

In den letzten Jahren haben sich die Ansätze und Konzepte zur Betriebsorganisation stark gewandelt. Vor dem Hintergrund von "Lean Production", immer höherer Marktanforderungen und schärferer Marktbedingungen besann man sich auf die Ressource Mensch und machte die arbeitsteiligen Organisationsformen rückgängig. Dezentrale Strukturen, Segmente, teilautonome und autonome Bereiche und schließlich Fraktale waren die Stationen auf dem Weg zu einer effizienteren und effektiveren Aufbau- und Ablauforganisation. Ausgelöst und begleitet wurde die Entwicklung durch einen Wandel der Werte und der Sicht auf das Unternehmen (Bild "Wandel der Unternehmenswerte" und Bilder "Herkömmliche Sicht - Fraktale Sicht"). Immer stand und steht die Idee im Mittelpunkt, Prozesse ganzheitlich statt arbeitsteilig durchführen zu lassen und damit die zeit- und produktivitätsraubenden Schnittstellen wegfallen zu lassen. Die horizontale Aufgabenteilung ist einer vertikalen Aufgabenintegration und ganzheitlichen Prozessen gewichen. Selbststeuerung des eigenen Bereichs, dispositive Aufgaben und Selbstcontrolling in den Bereichen führen zu zufriedenen und effizienten Mitarbeitern. Das eigenverantwortliche Tun und Schaffen der Mitarbeiter in der Produktion steht im Mittelpunkt und eröffnet dem Menschen Perspektiven zur Selbstverwirklichung. Gleichzeitig setzt dies spezifisches Know-how der Mitarbeiter frei.

Die Idee der Fraktalen Fabrik bündelt diese Entwicklungen zu einem umfassenden Konzept. Fraktale sind nach Definition selbständig agierende Einheiten, deren Ziele und Leistungen eindeutig beschreibbar sind. Sie sind über ein leistungsfähiges Informations- und Kommunikationssystem vernetzt. Sie bestimmen selbst Art und Umfang des Zugriffes auf Daten (Bild "Definition der Fraktalen Fabrik") Gerade diese Selbstbestimmung hat weitreichende Veränderungen für die Informations- und Kommunikationsstruktur jedes Unternehmens zur Folge.

3 Gestaltung von Informationssystemen in der Fraktalen Fabrik

Aus den Gestaltungsprinzipien der neuen Organisationsformen lassen sich direkt Anforderungen an die unterstützenden Informations- und Kommunikationssysteme ableiten, die Informationssysteme richten sich nach der Organisationsform (und nicht etwa umgekehrt, Bild "System follows structure").

3.1 Funktionsverdichtung und Informationsverarbeitung in einem Fraktal

Das Konzept der Fraktalen Fabrik verlagert einen möglichst großen Aufgabenumfang (wo sinnvoll!) an den Prozeß. Daher können in einem (mit maximaler Autonomie ausgestatteten) Fraktal folgende Aufgabengebiete bearbeitet werden (Bild "Aufgaben und Informationsverarbeitung in einem Fraktal"): technisch-orientierte Aufgaben (z.B. Arbeitsplanung, NC-Programmierung), organisatorische Aufgaben (z.B. Auftragssteuerung und Disposition), produktionsunterstützende Aufgaben (z.B. Qualitätssicherung, Instandhaltung usw.) und strategische Aufgaben (z.B. Navigation, nicht auftragsbezogene Selbstorganisation und Selbstoptimierung, Kostencontrolling, Budgetverwaltung).

Die Informationsverarbeitung folgt bei der Bearbeitung all dieser Aufgaben in der Regel folgendem Schema:

- Erkennen des Handlungsbedarfs,

- Auswahl, Filterung und Beschaffung von Informationen und Wissen aus verschiedenen Quellen,

- Aufbereitung dieser Informationen in einer aufgabenorientierten Form, die vom Benutzer bedarfs- und situationsorientiert festgelegt werden kann,

- Generieren von Lösungen (Anwendungskern, Funktionalität),

- Entscheiden gemäß Zielen,

- Handeln, d.h. Umsetzen der gewählten Lösung und

- ggf. Weitergabe von Informationen

Ein Fraktales Informationssystem muß jeden Anwender bei diesem Prozeß in jeder Phase unterstützen, insbesondere bei der Auswahl, Filterung und Beschaffung von Informationen und Wissen (Unterstützung der Erreichung von Synergieeffekten trotz der Bearbeitung gleichartiger Aufgaben an verschiedenen Stellen) aus verschiedenen Quellen, der Aufbereitung dieser Informationen in einer aufgabenorientierten Form und dem Entscheiden gemäß Zielen. Nach dem Bild "Unterstützungsmöglichkeit durch Informationssysteme" kann diese Unterstützung in Systemdienste (Generator für Geschäftsprozesse mit einem Assistenten, siehe 4.), die Anwenderfunktionalität (die Oberfläche, die der Anwender direkt sieht), die Systemfunktionalität (Dienste im Hintergrund) und den eigentlichen Anwendungskern gegliedert werden. Besondere Beachtung gilt hier dem Prozeß der Informationsverarbeitung, der Benutzerschnittstelle und dem Holen der benötigten Daten aus einer Datenbank, das durch ein Werkzeug zum Auffinden und Darstellen der Daten unterstützt werden muß.

3.2 Der Wandel der Informationsflüsse

Aus der Definition der Fraktale und ihrer vernetzten Struktur läßt sich sofort eine Folgerung für den Informations- und Datenfluß, speziell auch für die im Zuge der Auftragsabwicklung benötigten Daten, ziehen: Für Informationsbeziehungen gilt in Zukunft weitgehend ein Holprinzip (Bild "Der Wandel der Informationsflüsse"). Damit wird eine bedarfsgerechte Versorgung ermöglicht, im Gegensatz zum seither vorherrschenden Bringprinzip, bei dem die Einheiten oft mit Daten überflutet werden, ohne dabei die Informationen zu erhalten, die wirklich gebraucht werden. Der revolutionäre Ansatz der Fraktalen Fabrik stellt auch wesentlich andere Anforderungen an die Kommunikations- und Informationsmöglichkeiten in den Fraktalen. Aufgrund der Struktur- und Ablaufdynamik sind Informationsflüsse und Kommunikationskanäle nicht festgeschrieben, sondern können sich im Laufe der Zeit wandeln und sogar neu entstehen. Die Unternehmensgrenze wird durchlässig, externe Kunden, Lieferanten und Dienstleister sind bedarfsorientiert in den Informationsverbund zu integrieren (DFÜ und Kommunikation). Erhöhte

Anforderungen an die Offenheit und die Wachstumsmöglichkeit bzw. die Anpaßbarkeit der Informations- und Kommunikationssysteme sind die Folge.

Ein Kommunikations- und Informationszentrum muß die Beziehungen eines Fraktals zu anderen Fraktalen unterstützen, vorhandene Anwendungen nutzen und ausschöpfen (d.h. die bisher an verschiedenen Orten vorhandenen Informationen zentral im Fraktal verfügbar machen) und neue Anwendungen integrieren. Gerade die veränderte Aufteilung der Aufgaben (tendenziell Mengenteilung statt Artenteilung) bedingt, daß Informationen und Wissen nicht mehr nur an einer Stelle (beispielsweise in der Arbeitsvorbereitung, der Qualitätssicherung oder der Instandhaltung) zur Verfügung stehen müssen, sondern an verschiedenen Fraktalen entlang der Wertschöpfungskette. Damit steigt der Informationsbedarf und der Wissensbedarf in den Fraktalen (Bild "Informations- und Wissensbedarf"). Um das "verstreute Wissen" im Sinne von Synergieeffekten in der Breite zu nutzen, ist ein Wissensmanagement notwendig. Die optimale Datenaufbereitung, und gerade die ist für direkt wertschöpfende Bereiche mit nicht wie bisher spezialisierten Aufgaben besonders wichtig, kann mit humanorientierten Benutzerschnittstellen (Oberfläche usw.) unterstützt werden. Die Gestaltung von Kommunikationsstrukturen und die Versorgung mit den benötigten Funktionalitäten vor allem zur Planung und Steuerung stellen Erfolgsfaktoren für das Fraktal dar.

3.3 Informationstechnologien

Den Anforderungen innovativer Organisationsstrukturen stehen Möglichkeiten neuer Informationstechnologien sowohl im Bereich der Hardware als auch der Software gegenüber. Der Trend zur Dezentralisierung im organisatorischen Bereich deckt sich mit der Entwicklung leistungsfähiger und kostengünstiger Hard- und Software, die eine Datenverarbeitung vor Ort durch die Bereitstellung einer dezentralen Intelligenz erlaubt. Eine umfassende Behandlung würde den Umfang dieses Vortrags bei weitem sprengen (Bild "Neue Informationstechnologien und ihre Nutzung"). Als Schwerpunkte sollen aufgrund der Bedeutung der menschorientierten Kommunikation der Einsatz von Multimedia-Techniken und der geforderten Offenheit des Unternehmens ISDN beleuchtet werden.

Um Kommunikationsvorgänge zu unterstützen, können die unterschiedlichen natürlichen Kommunikationskanäle und -handlungen des Menschen genutzt werden:

- Akustik, d.h. das Sprechen und Hören

- Optik, d.h. das Sehen

- gemeinsames Manipulieren von Objekten (Bsp.: Verschieben von Arbeitsgängen auf einer Plantafel).

Diese Breite von Beziehungen wird von konventionellen Systemen zur Auftragsabwicklung (v.a. Planung und Steuerung) nur unzureichend unterstützt. Getrennte Systeme (Telefon und Monitor der EDV) ermöglichen nur eine nicht-integrierte Kommunikation. Daher sind - neben bekannten - auch neue Möglichkeiten, wie zum Beispiel Multimedia zu nutzen. Diese Möglichkeiten stehen erst seit kurzer Zeit relativ preiswert zur Verfügung, haben aber noch keinen Einzug in Produktionsunternehmen gefunden. Multimedia-Kommunikationssysteme gewinnen zunehmend an Bedeutung. Welche Möglichkeiten sich bieten, wird in 3.4 beispielhaft erläutert. Dabei sind die Fortschritte in der Hardwaretechnik (leistungsfähigere Rechnersysteme), in der Betriebssystemtechnik (Unterstützung von Multimedia-Anwendungen, verteilte Programmausführung) und der Netzwerk/Kommunikationstechnik (schnelle Netzwerktechnologien) Träger dieser Entwicklung.

Ein Anwendungsfeld finden solche Systeme auf dem Gebiet der Videokonferenz. Hierbei wird ausschließlich die Kommunikation in den Vordergrund gestellt. Eine darüber hinausgehende Unterstützung durch zielorientierte Synchronisationsmethoden oder den verteilten Einsatz dezentralisierter Anwendungslösungen ist hierbei meist nicht angedacht. Erste Ansätze in Richtung "Computer Conferencing" sind zwar technisch umsetzbar, aber es fehlt an Methoden und Anwendungsgebieten, die hiervon effizient Gebrauch machen können. Anzuführen ist die ansteigende Kommunikation insbesondere zwischen weit auseinanderliegenden Standorten, die angesichts des europäischen Binnenmarkts, der Öffnung des Ostens und der Globalisierung der Märkte (Global Sourcing) noch zunehmen wird.

Üblich ist seit längerem die Möglichkeit über herkömmliche Telefonnetze oder speziellere Datenkommunikationsnetze (Datex-P, Datex-J) auf entfernte Rechner zuzugreifen (Banken, Versicherungen, Reisebüros usw.). Mit den neuen elektronischen Medien zur Informationsübertragung (im speziellen ISDN) werden

Kommunikationsformen möglich, die wesentlich über die gewohnte Kommunikation, die das Telefon bietet, hinausgehen. Das zur Zeit von der Deutschen Bundespost TELEKOM eingerichtete bundesweite ISDN-Netz bietet die Möglichkeit der gleichzeitigen Übertragung von Sprache, Daten und (bis zu einem gewissen Grade bewegten) Bildern. Gegenüber speziellen Datennetzen bietet ISDN den Vorteil hoher Übertragungsraten über übliche Fernsprechleitungen. Damit wird die Voraussetzung geschaffen, die bisher auf Gruppenebene beschränkte Kommunikation über verschiedene dezentralisierte Unternehmenseinheiten und Gruppen in Form computerunterstützter kooperativer Arbeit ("CSCW") auszudehnen. So können beispielsweise Prozesse der horizontalen Abstimmung zwischen verschiedenen autonomen Gruppen durch den Einsatz dieser Techniken als gruppeninterner Prozeß bearbeitet werden. Dabei sind

- der Austausch beliebiger Informationsarten (Zeichnung, Bild, Ton, Text, Video),

- die gemeinsame Diskussion über Probleme und Ergebnisse auch über die Distanz hinweg,

- der gemeine Einsatz spezialisierter, dezentral zugeordneter Anwendungssoftware zur schnelleren Problemlösung und

- die Schaffung eines kooperativen, zielorientierten Arbeitsklimas

nur einige wenige der zu erreichenden Effekte.

3.4 Beispiele zur Kommunikation und Informationsverarbeitung in Fraktalen Strukturen

Wie die o.g. Anforderungen und die technischen Möglichkeiten Multimedia und ISDN in Lösungen umgesetzt werden können, soll im folgenden anhand eines "Fraktalen Arbeitsplatzes" (Bild "Fraktaler Arbeitsplatz") ohne Anspruch auf Vollständigkeit skizziert werden. Dieser Fraktale Arbeitsplatz muß als DV-technisches Instrument gesehen werden, das das Fraktal in seinem gesamten Aufgabenbereich, speziell in der Informationsbeschaffung und -verarbeitung und Kommunikation, unterstützt. Dieser Aufgabenbereich kann gegliedert werden in

Aufgaben, die nur das Fraktal selbst betreffen, und Aufgaben, die in Zusammenarbeit mit anderen Fraktalen gelöst werden müssen.

Der Zugang zu produktionstechnischen und qualitätstechnischen Informationen aus verschiedenen Quellen (Datenbanken) gibt dem Mitarbeiter im Fraktal Gelegenheit, Entscheidungen fundierter und schneller zu treffen. Folgende Funktionalitäten sollten zur Informationsbeschaffung möglich sein (Möglichkeiten des Multimedia-Einsatzes sind angefügt):

- Zeichnungen sollen aktuell an der Arbeitsstation angezeigt werden können. Zeichnungen erlauben dem Mitarbeiter, sich auf eine Aufgabe vorzubereiten bzw. sich bei Unklarheiten zu informieren.

- Hinweise zu Werkstücken oder Aufträgen (z.B. aus der Konstruktion oder von der vorausgehenden Bearbeitungsstufe) können vom Mitarbeiter direkt, beispielsweise als Sprachinformation, abgerufen werden, beispielsweise auch ein Qualitätssicherungshandbuch oder ein Kundeninformationssystem.

- Normtabellen können vom Mitarbeiter direkt ohne aufwendiges Nachschlagen in Büchern direkt eingesehen werden (Aktualisierung!).

- Aufbereitete Informationen aus Probeläufen, gewünschte Eigenschaften eines Teils, o.ä. können in Form von Diagrammen z.B. grafisch am Schirm angezeigt werden.

- Abfotografierte Darstellungen von Vorgängen, Ist-Situationen oder möglichen Problemen, angereichert durch Skizzen oder Texte zur Erläuterung können eingegeben oder angezeigt werden (Qualitätssicherung).

- Einsatz von Videos zur Schulung.

- Einsatz von Textverarbeitung zur Erstellung und zum Abrufen von Anweisungen, Vorschriften, Hinweisen und Nachrichten von Mitarbeitern untereinander.

- Aufbau eines Briefkasten- und Wiedervorlagesystems erhöht die Spontaneität des Mitarbeiters durch das Verfahren nach dem Motto "Fire and Forget". Der

Mitarbeiter muß eine Idee schnell dokumentieren und weitergeben können und sicher sein, daß sie nicht verloren geht, um sich danach wieder ungestört der Durchführung seiner Aufgaben widmen zu können.

Bei der Durchführung von fraktalübergreifenden Aufgaben speziell der Auftragsabwicklung und damit der Kommunikation und Informationsverarbeitung sind mindestens zwei Fraktale betroffen und beteiligt. Schwerpunkt bildet die Abstimmung von Fraktalen. Um eine fraktalübergreifende horizontale Koordination (siehe 3.5) zu erreichen, müssen folgende Möglichkeiten im Fraktalen Informations- und Kommunikationszentrum verfügbar sein:

- Abruf von Informationen zu Terminen und Prioritäten von Aufträgen:

    - Darstellung von Abhängigkeitsnetzen (Vernetzung von Fertigungsaufträgen zu Kundenaufträgen).

    - Aufbereiten von Terminen von Aufträgen oder Kapazitäts- bzw. Belastungsdiagrammen von Kapazitätseinheiten.

- humanzentrierte Kommunikation zwischen Fraktalen:

    - Sprachein- und -ausgabemöglichkeiten: Speichern, Übertragen und Abrufen von gesprochener Information.

    - Kommunikation über Video, mit der Möglichkeit, Dokumente dem Gesprächspartner zugänglich zu machen (Dokumentenkamera, Dateien, ..).

    - Abstimmung zur Erzielung funktionaler Verbesserungen.

    - zwischenmenschliche Kommunikation zur Verstärkung der Zusammenarbeit.

    - Informationsaustausch bei unterschiedlichen Anwesenheitszeiten von Mitarbeitern (zeitliche Synchronisation).

- Dezentraler Zugriff auf Funktionen der Fertigungssteuerung:

    - horizontale Abstimmung zwischen Bereichen im Rahmen der Planung und Steuerung.

    - Möglichkeit zur Simulation, sobald sich Ereignisse ergeben, die sich auch auf vor- oder nachgelagerte Fraktale auswirken.

    - Absprachen über Verschieben von Arbeitsgängen zur Kostenreduzierung, aus Termingründen oder aus fertigungstechnischen Gesichtspunkten.

Das Instrument ist so zu konzipieren, daß der Mensch im Mittelpunkt der Abstimmung steht. Das Instrument muß von jedem Mitarbeiter genutzt werden können, außerdem sollte ein gemeinsames Arbeiten einer Gruppe von Personen möglich sein.

3.5   Innovative Abläufe und Verfahren am Beispiel PPS

Innerhalb des Aufgabenbereichs von Planung und Steuerung entstehen zwischen und innerhalb von Fraktalen neue, erweiterte Aufgaben; Aufgaben entlang des Auftragsabwicklungsprozesses werden integriert und vernetzt bearbeitet. Produktionsfraktale stimmen sich beispielsweise im Rahmen der Fertigungssteuerung untereinander ab, was eine Abkehr von der zentralen Fertigungssteuerung und die Hinwendung zur "horizontalen Koordination" bedeutet. Für diese Abstimmung kann durch die Vereinbarung einer Lieferbeziehung zwischen einem Kunden- und einem Lieferantenfraktal der Rahmen gesetzt werden (Bild "Horizontale Koordination einer Kunden-Lieferanten Nahtstelle"). Die operative Auftragsabwicklung erfolgt über direkte Abstimmung der Fraktale.

Dies erfordert einerseits neue Funktionalitäten im Planungsprozeß und andererseits die Möglichkeit einer kommunikativen und partnerschaftlichen Problemlösung und Entscheidungsfindung durch eine Gruppe. Unter einer Gruppe sind hier mindestens zwei Personen zu verstehen, die räumlich konzentriert oder räumlich getrennt eine definierte Aufgabe durchzuführen haben. Die Durchführung dieser Aufgaben ist durch entsprechende Instrumente zu unterstützen, die in der

Lage sind, einen interaktiven Planungs- und Steuerungsprozeß in der Gruppe zu ermöglichen ("Group-Planning"). Dabei kommen neuartige Konzepte wie z.B. CSCW zum Einsatz, mit denen ein gemeinsamer Entscheidungsprozeß bzw. ein gemeinsames Planen durch geeignete DV-Instrumente unterstützt werden kann. Dies erhöht den direkten Kommunikationsbedarf zwischen Fraktalen. Der Mensch wird vor der Technik zum bestimmenden Faktor, die technischen Möglichkeiten haben eine unterstützende, aber entscheidende Rolle. Einsatzmöglichkeiten wurden in 3.4 diskutiert.

4 Mitarbeiter und Teams gestalten Informations- und Kommunikationssysteme

Im Rahmen der Selbstorganisation und der Selbstoptimierung gestalten die Fraktale ihre Struktur, ihre Beziehungen zueinander und die zur Aufgabenerfüllung optimalen Verfahren selber. Damit sind sie auch in die Auswahl und die Definition von Informations- und Kommunikationssystemen direkt eingebunden. Deren Gestaltung findet nicht mehr für sondern in Fraktalen Organisationen statt.

Die Einbeziehung der Mitarbeiter bei der Konzeption von Geschäftsprozessen und Methoden und der folgenden Ableitung von Anforderungen beispielsweise an PPS-Systeme wird schon heute erfolgreich praktiziert, beispielsweise durch die Bildung von Arbeitsgruppen mit Mitarbeitern aus dem operativen Bereich in der Konzeptions- und Auswahlphase. Dieses Vorgehen garantiert die Bedarfsorientierung der ausgewählten Systeme und gleichzeitig die Akzeptanz der Benutzer.

Gemäß der Dynamik Fraktaler Strukturen wird dieser Gestaltungsprozeß zukünftig nicht mehr einmalig oder in größerem zeitlichem Abstand durchgeführt werden können. Anstelle eines definierten Bruchs durch die Ablösung eines alten Systems und der Einführung eines neuen steht ein kontinuierlicher Gestaltungsprozeß, der darüber hinaus noch fraktalindividuell (unter der Einhaltung von "Standards" und Rahmenbedingungen) erfolgt. Der Mitarbeiter stellt sich seine Anwendung aus einem vorhandenen Werkzeugkasten aus elementaren Funktionen selbst zusammen (Bild "Benutzerindividuelle Informationsverarbeitung"). Die Zusammensetzung dieser Bausteine zu Geschäftsprozessen erfolgt quer über funktionsorientierte Anwendungen hinweg (Bild "Geschäftsprozesse"). Dadurch wird die Arbeitsteilung der Anwendungen überwunden zugunsten einer integrierten Unterstützung der Geschäftsprozesse in einem Fraktal. Der Ausfall einer Maschine impliziert beispielsweise die Generierung eines Instandhaltungsauftrags, die Umplanung der Maschinenbelegung und die veränderte Steuerung der Auslagerung und der Materialzuführung. Die Definition der Geschäftsprozesse muß durch einen "Assistenten", also ein Softwaremodul, unterstützt werden, wie er beispielsweise in Ansätzen in Programmen zur Tabellenkalkulation (Makro, Diagrammassistent) schon heute verwendet wird. Die Konzeption eines umfassenden Assistenten ist Gegenstand der Forschungs- und Entwicklungstätigkeit. Erste erfolgreiche Ansätze liegen bereits vor, beispielsweise in der schnellen und flexiblen Konfiguration von Menustrukturen von Anwendungen.

5 Zusammenfassung

Fraktale Informations- und Kommunikationssysteme werden den veränderten Organisationsstrukturen folgen, indem sie die heute vorhandene Arbeitsteilung zugunsten einer integrierten Informationsverarbeitung überwinden (Bild "Eigenschaften Fraktaler Informationssysteme"). Die Gestaltung von fraktalindividuellen bedarfsorientierten Anwendungen wird ein kontinuierlicher Entwicklungsprozeß sein, der im wesentlichen vom Mitarbeiter getragen wird. Neue Informationstechniken wie Multimedia und ISDN schaffen die Voraussetzungen für neue Funktionalitäten wie die horizontale Koordination zwischen Unternehmensfraktalen. Dezentrale Informationsverarbeitung mit fraktalindividuellen Methoden auf Basis von dezentraler Intelligenz wird die zukünftige Organisation unterstützen und damit zu einem Erfolgsfaktor Fraktaler Strukturen werden. Entwicklungen für Fraktale Informationssysteme werden momentan am IPA durchgeführt (Bild "Am IPA entwickelte Fraktale Informationssysteme (Auswahl)"). Diese sind aber bei weitem noch nicht abgeschlossen.

Gestaltung von Informationssystemen in der Fraktalen Fabrik

Dr.-Ing. Dipl.-Wirtsch.-Ing. Wilfried Sihn

Leiter der Abteilung Produktionsmanagement und Informationssysteme,
Fraunhofer-Institut für Produktionstechnik und Automatisierung (IPA)

Silberburgstr. 119a
70176 Stuttgart
Telefon 0711/970-1964
Telefax 0711/970-1002

- **Funktionale Zersplitterung der Unternehmensprozesse führt zu Schnittstellenproblemen und hohem Koordinationsaufwand**

- **Fehlendes ganzheitliches Verantwortungsbewußtsein führt zu unnötiger Ressourcenverschwendung** (Verschwendung durch Überproduktion, unnötige Transporte, zu hohe Bestände, Produktion von Ausschuß, überflüssige Kontrollen, überflüssige Fertigungsoperationen)

- **Mangelnde Informationstransparenz führt häufig zu Fehlentscheidungen**

- **Mangelnde Kostentransparenz fördert Fürstentümer und Bereichsegoismen**

- **Mangelnde Anpassungsfähigkeit an veränderte Umweltbedingungen gefährdet den Unternehmenserfolg**

Schwachstellen von Informationssystemen (Auswahl)

- Informationssysteme sind funktionsorientiert und arbeitsteilig.
- Schnittstellen sind unzureichend oder gar nicht überbrückt.
- Ihre Funktionalität reicht einerseits nicht aus und wird andererseits nur zu einem geringen Prozentsatz genutzt.
- Informationssysteme sind nicht benutzerorientiert.
- Datenfriedhöfe statt Auskunftssysteme.
- Speziell PPS: Planung geht vor Steuerung (Regelkreis ist nicht geschlossen), lange Reaktionszeiten, Sukzessivplanung.
- Informationssysteme sind teuer und nicht mehr beherrschbar.
- Die Informationssysteme können nicht (oder kaum) an dynamische Organisationsstrukturen und veränderte Marktanforderungen angepaßt werden.

Abteilung Produktionsmanagement und Informationssysteme

Fraktale Fabrik

Gestaltung von Informationssystemen in der Fraktalen Fabrik

Wandel der Unternehmens-Werte

Zentralismus	→	Dezentralismus
Mißtrauen	→	Vertrauen
Fremdkontrolle	→	Selbstkontrolle
Arbeitsteiligkeit	→	Arbeitsanreicherung
Einzelleistung	→	Teamleistung
Mengenleistung	→	Qualitätsleistung
Macht	→	Kommunikation
Mitteilung	→	Information
Dienststellung	→	Führungsverantwortung
Hierarchie	→	Ablauforganisation
Unternehmenstradition	→	Unternehmenskultur
Spezialisierung	→	Flexibilität
Linie	→	Netzwerk
Determinismus	→	Chaos
Erziehung	→	Motivation
Aufgabenorientierung	→	Beziehungsorientierung

nach OWL.-P. Knauer

HERKÖMMLICHE SICHT

- Das Unternehmen ist die Summe seiner Aktivitäten und strategischen Geschäftsbereiche.

- Das Unternehmen entwickelt sich in einer linearen, stabilen und voraussagbaren sowie kontroll- und steuerbaren Art und Weise.

- Die Organisationsform ist die (Matrix-) Hierarchie.

- Geschäftsbeziehungen mit Lieferanten, Kunden und Konkurrenten sind von der Art des "Nullsummen-Spiels" (was ich gewinne, verlierst du").

FRAKTALE SICHT

- Das Unternehmen ist ein ganzheitliches System mit all seinen Abläufen und Strukturen.

- Das Unternehmen entwickelt sich nicht linear sondern mit nach Wahrscheinlichkeitsgesetzen entstehenden Entwicklungssprüngen und Umwandlungen, die gesteuert aber nicht vorausbestimmt werden können.

- Die Organisationsform ist eine übergeordnete vernetzte Struktur, die den Fabrik-Fraktalen den Rahmen bildet.

- Alle Geschäftsverbindungen sind tatsächlich oder potentiell von der Art des "Kooperativen Spiels" (zusammen gewinnen wir).

HERKÖMMLICHE SICHT

- Es gibt klar definierte Grenzen sowohl zwischen den Firmenbereichen als auch zwischen dem Unternehmen und der Umwelt.

- Informationen werden bedingt durch Hierarchie und momentane Notwendigkeit gezielt und arbeitsteilig aufbereitet (Bring-Prinzip).

- Gewisse Abweichungen vom Plan werden periodisch durch weitere Planungen nachgefahren/korrigiert und durch Vorhalten von Ressourcenbeständen kompensiert.

FRAKTALE SICHT

- Grenzen sind unscharf (fuzzy), durchlässig für Informationen und gekennzeichnet durch ablauffunktionale Verbindungen.

- Informationen sind für alle zugänglich und werden unter Nutzen-Gesichtspunkten eigenständig ausgewertet und aufbereitet (Hol-Prinzip).

- Die Vorgaben/Ergebniserfüllungen werden nicht bis ins Detail geplant. Sich selbst organisierende und selbständig agierende Einheiten stellen die Zwischenergebnisse sicher.

Herkömmliche Sicht - Fraktale Sicht 2

Gestaltung von Informationssystemen in der Fraktalen Fabrik

Ein Fraktal ist eine selbständig agierende Unternehmenseinheit, deren Ziele und Leistung eindeutig beschreibbar sind.

- Fraktale sind selbstähnlich, jedes leistet Dienste.

- Fraktale betreiben Selbstorganisation:
  Operativ: Die Abläufe werden mittels angepaßter Methoden optimal organisiert.
  Taktisch und strategisch: In einem dynamischen Prozeß erkennen und formulieren die Fraktale ihre Ziele sowie die internen und externen Beziehungen.
  Fraktale bilden sich um, entstehen neu und lösen sich auf.

- Das Zielsystem, das sich aus den Zielen der Fraktale ergibt, ist widerspruchsfrei und muß der Erreichung der Unternehmensziele dienen.

- Fraktale sind über ein leistungsfähiges Informations- und Kommunikationssystem vernetzt. Sie bestimmen selbst Art und Umfang ihres Zugriffes auf die Daten.

- Die Leistung des Fraktals wird ständig gemessen und bewertet.

Definition Fraktale Fabrik — Fraktale Fabrik

Gestaltung von Informationssystemen in der Fraktalen Fabrik

Abteilung Produktionsmanagement und Informationssysteme

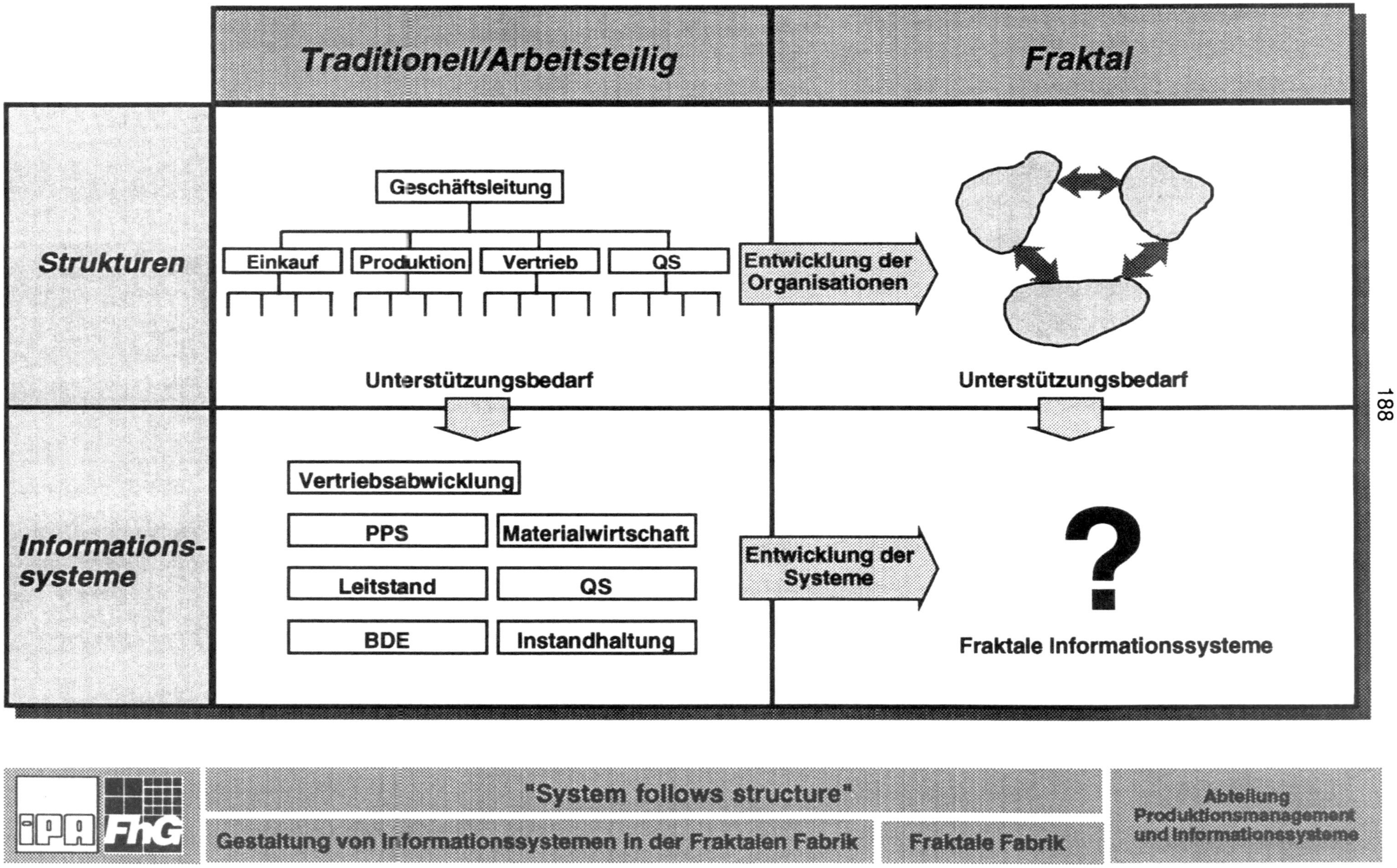
Traditionell/Arbeitsteilig
Fraktal
Strukturen
Geschäftsleitung
Einkauf
Produktion
Vertrieb
QS
Entwicklung der Organisationen
Unterstützungsbedarf
Unterstützungsbedarf
Informations-systeme
Vertriebsabwicklung
PPS
Materialwirtschaft
Leitstand
QS
BDE
Instandhaltung
Entwicklung der Systeme
?
Fraktale Informationssysteme
"System follows structure"
Gestaltung von Informationssystemen in der Fraktalen Fabrik
Fraktale Fabrik
Abteilung Produktionsmanagement und Informationssysteme

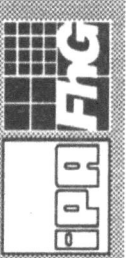

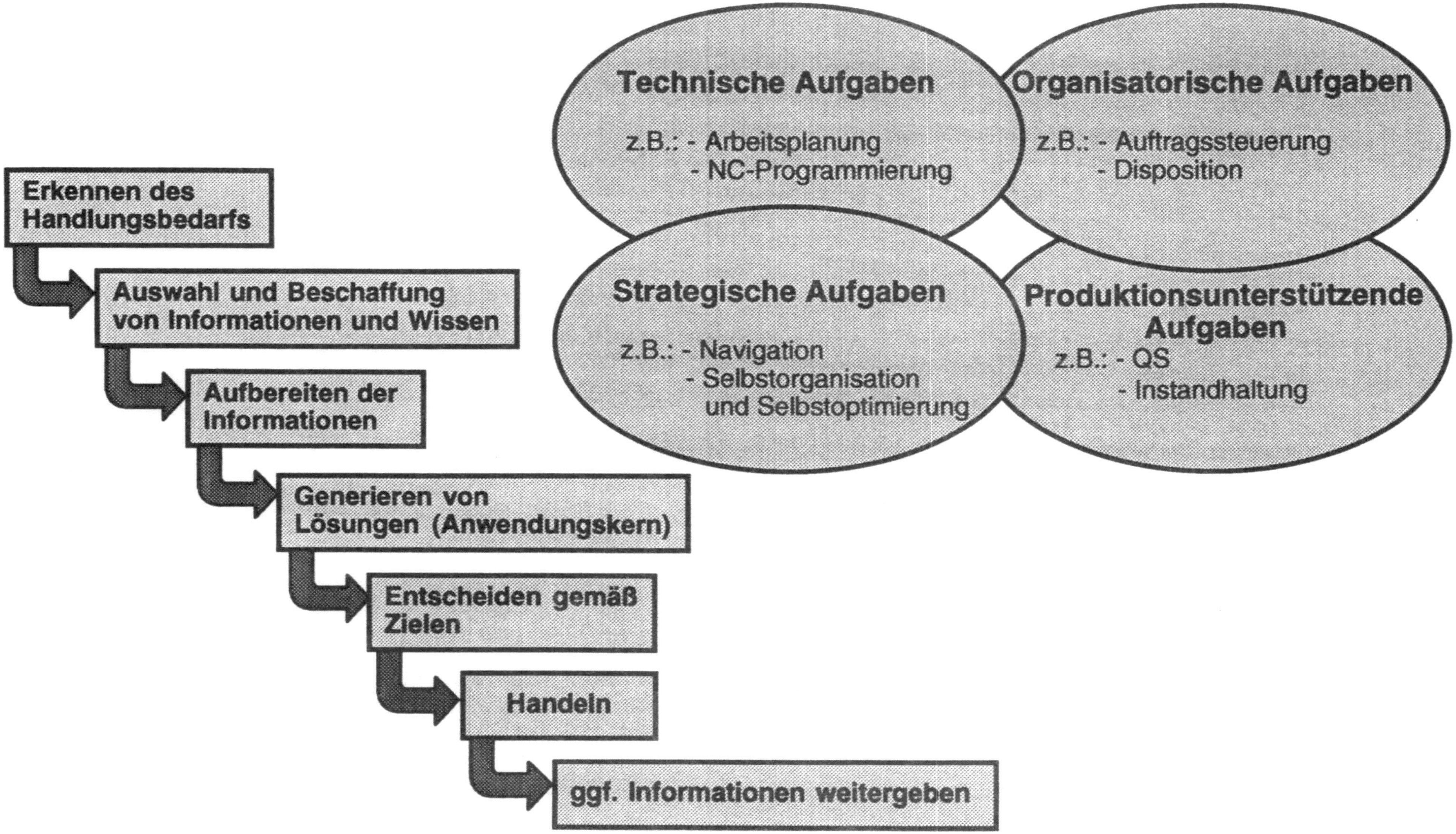

Aufgaben und Informationsverarbeitung in einem Fraktal

Organisatorische Aufgaben
z.B.: - Auftragssteuerung
- Disposition

Produktionsunterstützende Aufgaben
z.B.: - QS
- Instandhaltung

Technische Aufgaben
z.B.: - Arbeitsplanung
- NC-Programmierung

Strategische Aufgaben
z.B.: - Navigation
- Selbstorganisation und Selbstoptimierung

- Erkennen des Handlungsbedarfs
- Auswahl und Beschaffung von Informationen und Wissen
- Aufbereiten der Informationen
- Generieren von Lösungen (Anwendungskern)
- Entscheiden gemäß Zielen
- Handeln
- ggf. Informationen weitergeben

Abteilung Produktionsmanagement und Informationssysteme

Fraktale Fabrik

Gestaltung von Informationssystemen in der Fraktalen Fabrik

Anwenderfunktionalität

Informationsbeschaffung
- Diagnose
- Informationssuche
- Kommunikation
  (Art, Partner, Funktion)
- anwendungsspezifische Funktion

Informationsdarstellung
- Text, Tabelle
- Zeichnung, Grafik
- Multi-Media
- anwendungsspezifische Funktion

Systemfunktionalität

Grundfunktionen
- Berechtigung
- Kopieren, ...

Datenbankfunktionen
- Navigation
  (Wo ist was?)

Assistenzfunktionen
- Benutzerführung
- Aufbereitungshilfe

Anwendungen

Anwendung 1
Fraktalsteuerung

Anwendung 2
Fraktalkoordination

...

Modulare Elementarfunktionen
(Objektverwaltung, Objektmanipulation)

Systemdienste

- **Generator für Geschäftsprozesse**
- **Abarbeitung der Geschäftsprozesse unterstützen (Funktionsfolge)**
- **Hilfsprogramme**
  - Textverarbeitung
  - Tabellenkalkulation
  - Grafik, Zeichnungen
  - Mailing
  - Projektpläne
  - Teamplaner

Unterstützungsmöglichkeit durch Informationssysteme

Gestaltung von Informationssystemen in der Fraktalen Fabrik

Fraktale Fabrik

Abteilung Produktionsmanagement und Informationssysteme

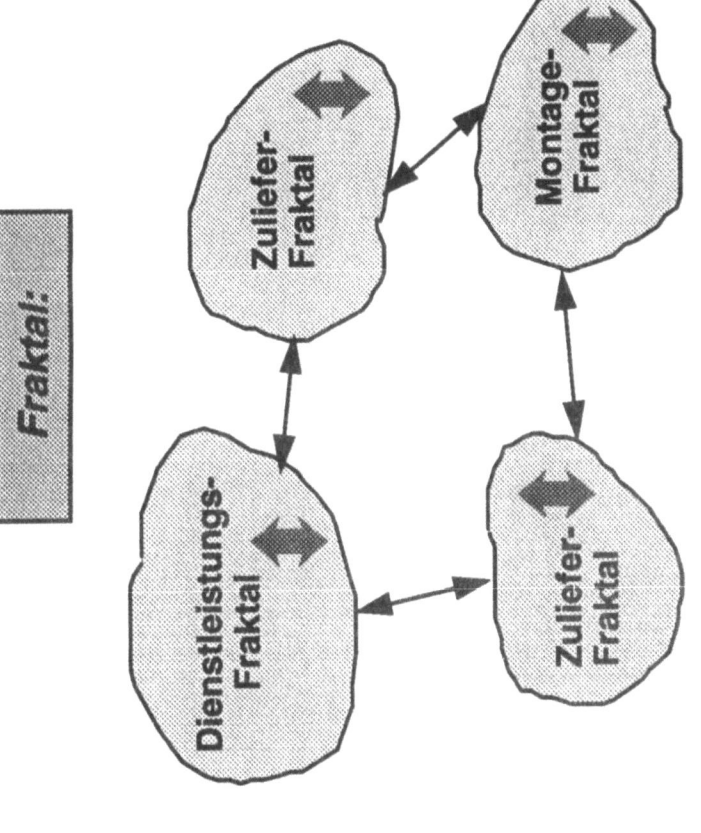
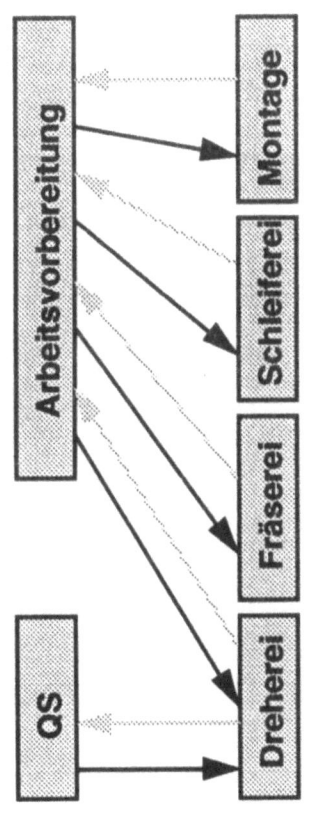

Traditionell:

Instandhaltungsinformationen Instandhaltungswissen

Instandhaltung

Dreherei   Fräserei

Fraktal:

Instandhaltungsinformationen Instandhaltungswissen

Zuliefer-Fraktal 1   Zuliefer-Fraktal 2

Der Informations- und Wissensbedarf in der Fraktalen Fabrik steigt mit zunehmender Dezentralisierung und Aufgabenintegration.

Informations- und Wissensbedarf

Gestaltung von Informationssystemen in der Fraktalen Fabrik | Fraktale Fabrik | Abteilung Produktionsmanagement und Informationssysteme

Anwendungen

- Multi-Media
- Fuzzy-Technik und Neuronale Netze
- Kooperative Software
- ...

Plattform

- Client-Server-Strukturen
- ISDN
- Datenbanken
- Oberflächen (Window-Techniken)
- ...

- Dezentrale Informationsverarbeitung
- Kooperative Informationsverarbeitung
- Systemintegration
- Benutzerindividuelle Informationsverarbeitung und Verfahren
- Benutzerorientierte Informationsverarbeitung
- Kommunikation weit entfernter Partner
- Planung und Steuerung auf Basis unscharfer Daten

Neue Informationstechnologien und ihre Nutzung
Gestaltung von Informationssystemen in der Fraktalen Fabrik
Fraktale Fabrik
Abteilung Produktionsmanagement und Informationssysteme

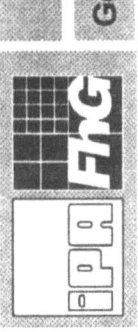

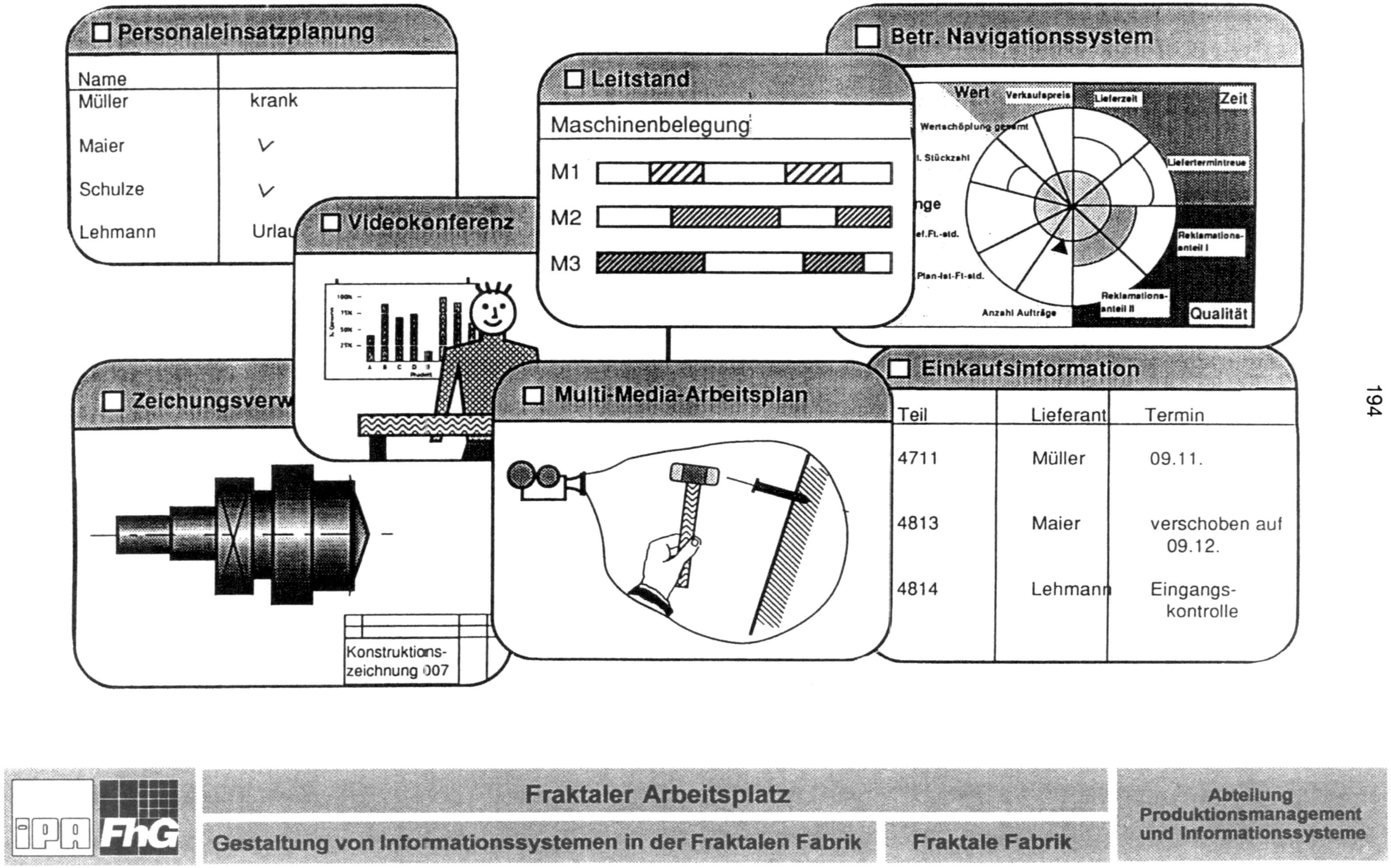
Personaleinsatzplanung
Name
Müller krank
Maier V
Schulze V
Lehmann Urlau
Videokonferenz
Leitstand
Maschinenbelegung
M1
M2
M3
Betr. Navigationssystem
Wert
Verkaufspreis
Lieferzeit
Zeit
Wertschöpfung gesamt
Liefertermintreue
Reklamations-anteil I
Reklamations-anteil II
Anzahl Aufträge
Qualität
Zeichnungsverw
Konstruktions-zeichnung 007
Multi-Media-Arbeitsplan
Einkaufsinformation
Teil Lieferant Termin
4711 Müller 09.11.
4813 Maier verschoben auf 09.12.
4814 Lehmann Eingangs-kontrolle
IPA FhG
Fraktaler Arbeitsplatz
Gestaltung von Informationssystemen in der Fraktalen Fabrik
Fraktale Fabrik
Abteilung Produktionsmanagement und Informationssysteme

Kunden-Fraktal

- Auftragsbildug
- Ressourcenbelegung
- Bedarfsrechnung
- Verfügbarkeitsprüfung

Liefervereinbarung (auftragsneutral)

- Menge (Produkte, Mengenintervalle pro Zeiteinheit)
- Zeit (Lieferzeit pro Produkt)
- Qualität

Koordination (auftragsbezogen)

- Planbedarfe und Planverfügbarkeit
- Ist-Verfügbarkeit

Liefer-Fraktal

- Auftragsbildung
- Ressourcenbelegung
- Bedarfsrechnung
- Verfügbarkeitsprüfung

Abteilung Produktionsmanagement und Informationssysteme

Fraktale Fabrik

Horizontale Koordination einer Kunden-Lieferanten-Nahtstelle

Gestaltung von Informationssystemen in der Fraktalen Fabrik

- Informationen sind als elementare Objekte hinterlegt (Ressorce, Auftrag,...)
    → "Informationsdatenbank"

- Elementarfunktionen operieren auf diesen Objekten (anlegen, ändern, sortieren, strukturieren,....)
    → "Werkzeugkasten"

- Der Anwender stellt sich aus dieser Informationsbank und dieser Funktionsbank *seine* Anwendungen individuell zusammen.

- Ein "Assistent" (Software) zeichnet Geschäftsprozesse auf und stellt diese bedarfsorientiert und situationsbezogen zur Verfügung.

Benutzer-individuelle Informationsverarbeitung

Gestaltung von Informationssystemen in der Fraktalen Fabrik

Fraktale Fabrik

Abteilung Produktionsmanagement und Informationssysteme

Anwendung 1 (z.B. PPS)
modularer Aufbau

Anwendung 2 (z.B. Instandhaltung)
modularer Aufbau

Anwendung 3 (z.B. Materialwirtschaft)
modularer Aufbau

Geschäftsprozeß 1
Geschäftsprozeß 2

Definition von "Geschäftsprozessen" über Anwendungen hinaus

Abteilung Produktionsmanagement und Informationssysteme

Geschäftsprozesse

Fraktale Fabrik

Gestaltung von Informationssystemen in der Fraktalen Fabrik

IPA FhG

- Dezentrale Intelligenz auf Basis einer Client/Server-Struktur

- Unternehmensdatenbank (logisch <u>eine</u> Datenbank)

- Graphische Oberfläche, Multimedia

- Einfachste Bedienung ("Plug and Go")

- Hol-Prinzip für Informationen (Bedarfsorientierung)

- Vernetztes Zusammenwirken verschiedener Anwendungen

- Beherrschbarkeit statt undurchschaubarem Automatismus

- Jeder Anwender stellt seine benötigte Funktionalität aus Elementarfunktionen zu Prozessen zusammen

- Fraktalspezifische Verfahren (Trend: weniger Algorithmus, Freiräume für den Mitarbeiter, mehr Mitarbeiterorientierung)

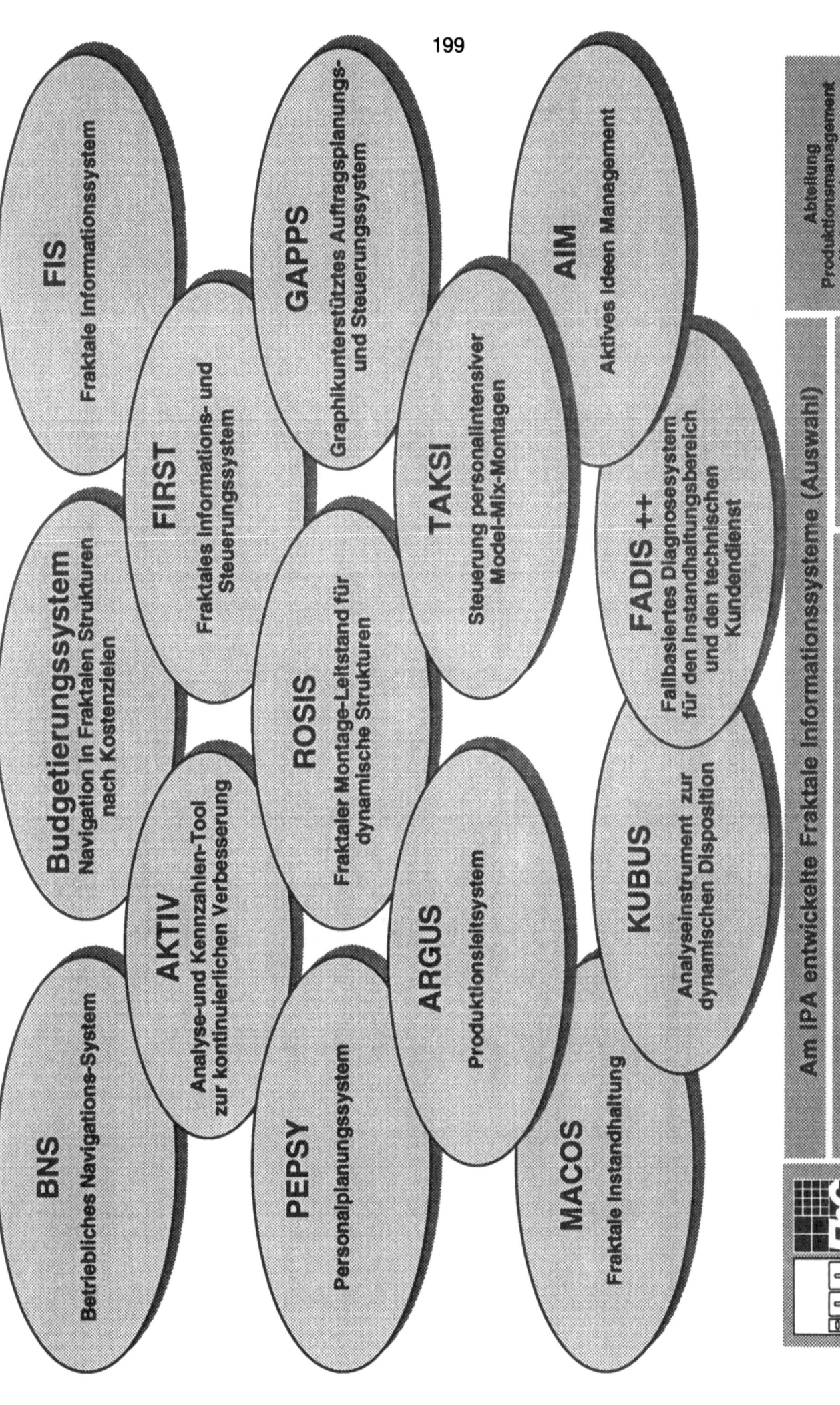

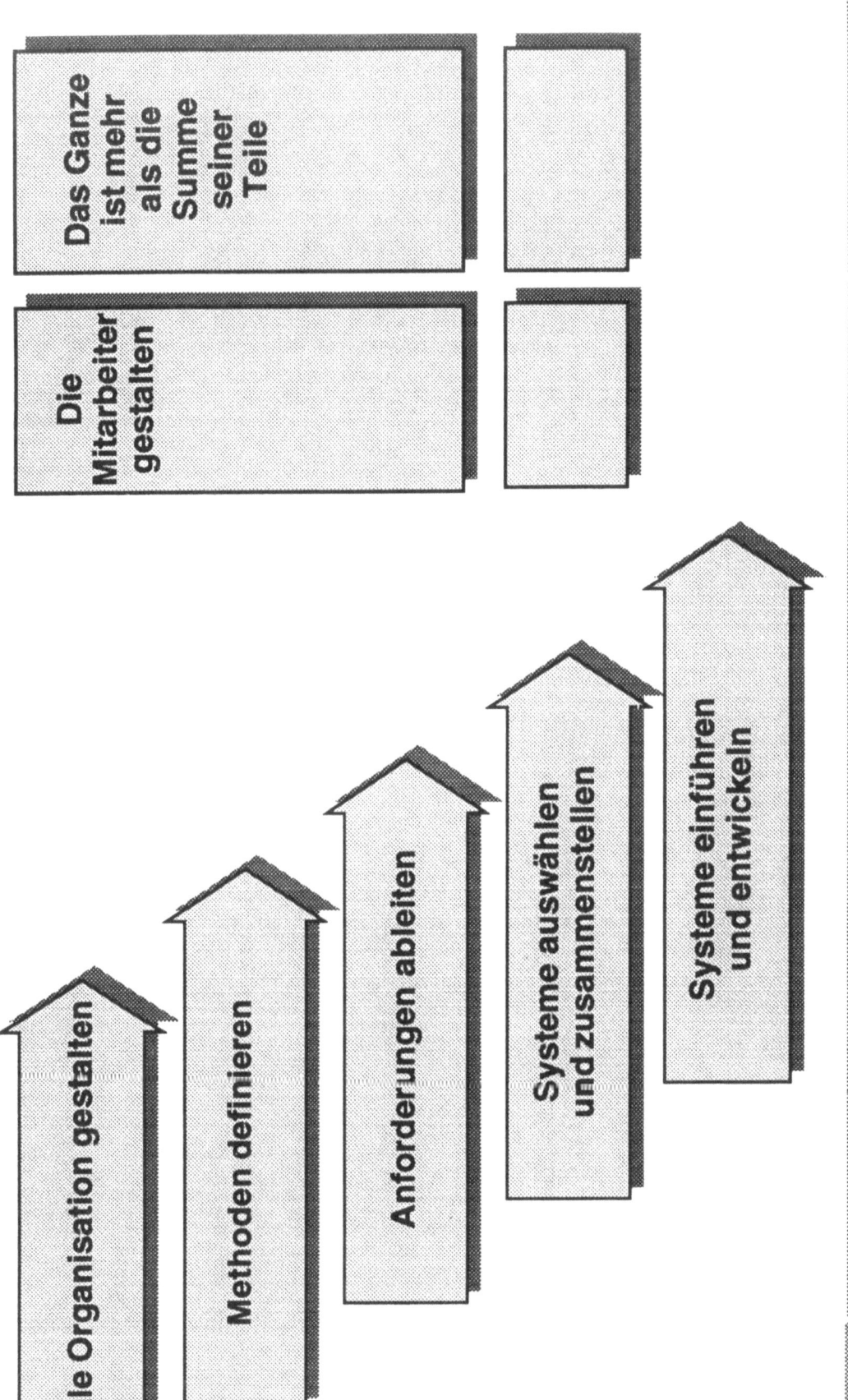

Zielorientierte Selbststeuerung teilautonomer Arbeitsgruppen auf der Basis eines Budgetierungssystems bei einem Hersteller von Großpressen

J. Faulstich

Zielorientierte Selbststeuerung teilautonomer Arbeitsgruppen auf der Basis eines Budgetierungssystems bei einem Hersteller von Großpressen

Referent
Dipl.-Ing. (FH) J. Faulstich

Fraktale Strukturen

○ Selbstorganisation

○ Selbstoptimierung

○ Zielorientierung auf allen Ebenen

○ Ergebnisrückführung

○ Kunden- / Lieferanten-beziehungen

○ Strukturdynamik

Fraktale Strukturen

17.Juni 1994   Seite 1

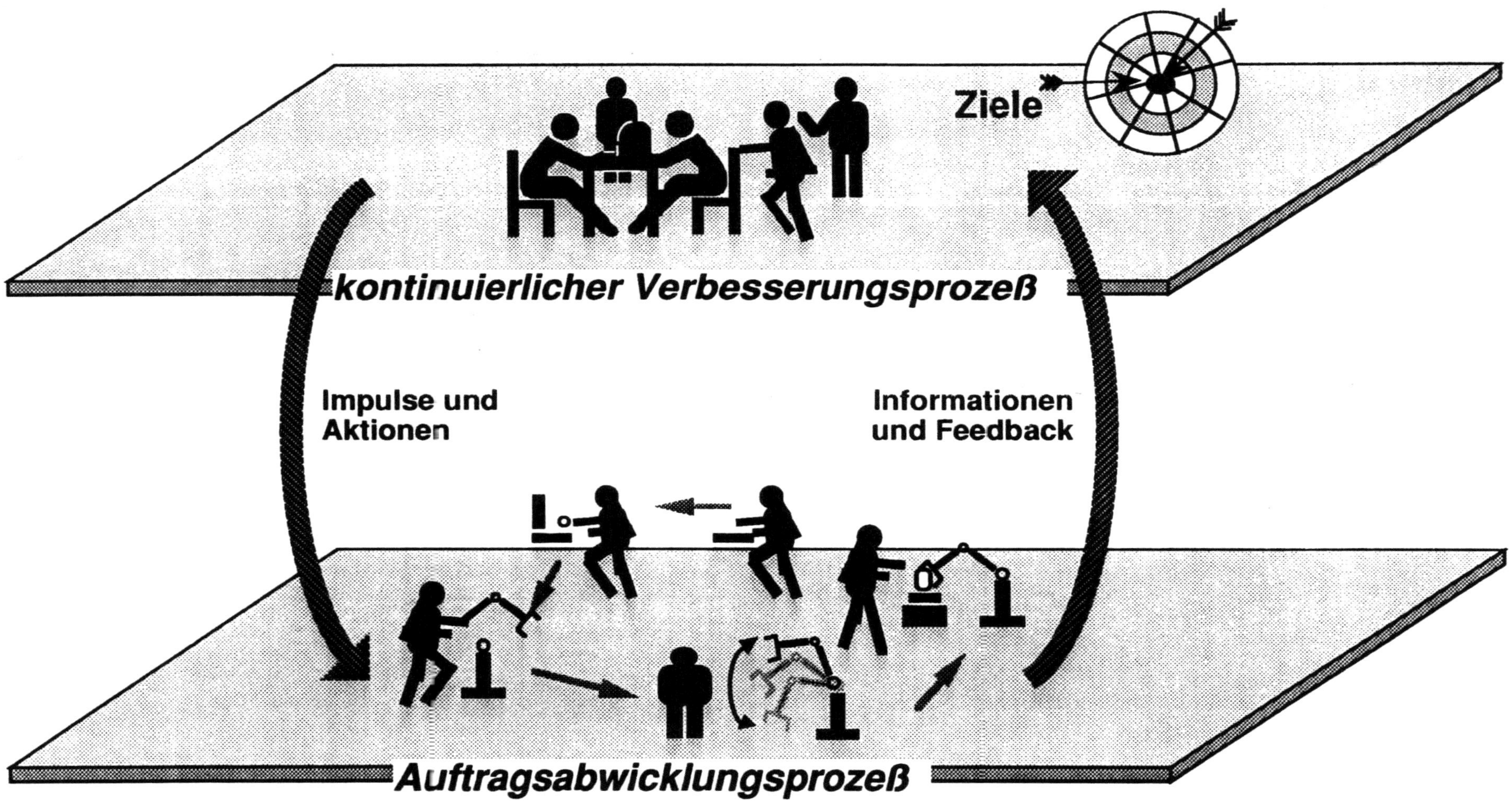

Fraktalaufgaben auf zwei Prozeßebenen

Fraktalorganisation und Zielsystem

Fertigung Mechanik
Leitung: Hr. Richard
Ziele:
Kosten: −35% bis 06/94
DLZ: −30% bis 06/94
Qualität: +x% sofort

Fertigung F
Leitung: Hr. Faulstich
Ziele:
Kosten: −30% bis 06/94
DLZ: −30% bis 06/94
Qualität: +x% sofort

Fertigung Zusammenbau
Leitung: Hr. Schönheit
Ziele:
Kosten: −30% bis 06/94
DLZ: −25% bis 06/94
Qualität: +x% sofort

Fertigung Körperbau
Leitung: Hr. Plonka
Ziele:
Kosten: −30% bis 06/94
DLZ: −20% bis 06/94
Qualität: +x% sofort

Fraktal Säge
Fraktalleiter: Hr. Lange
Ziele:
Kosten: −35% bis 06/94
DLZ: −30% bis 06/94
Qualität: +x% sofort

Fraktal Großbohrwerke
Fraktalleiter:
Ziele:
Kosten: −30% bis 06/94
DLZ: −20% bis 06/94
Qualität: +x% sofort

Fraktal Schweißnahtvorb.
Fraktalleiter:
Ziele:
Kosten: −30% bis 06/94
DLZ: −20% bis 06/94
Qualität: +x% sofort

Fraktal Portalfräsen
Fraktalleiter: Hr. Heyne
Ziele:
Kosten: −15% bis 06/94
DLZ: −10% bis 06/94
Qualität: +10% bis 06/94

Fraktal Blechschneiden
Fraktalleiter: Hr. Siegel
Ziele:
Kosten: −30% bis 06/94
DLZ: −20% bis 06/94
Qualität: +x% sofort

Fraktal PC 3
Fraktalleiter: Hr. Höppner
Ziele:
Kosten: −30% bis 06/94
DLZ: −20% bis 06/94
Qualität: +x% sofort

Fraktal Schweißen
Fraktalleiter: Hr. Escher
Ziele:
Kosten: −15% bis 06/94
DLZ: −10% bis 06/94
Qualität: +10% bis 06/94

Fraktal Montage
Fraktalleiter:
Ziele:
Kosten: −30% bis 06/94
DLZ: −25% bis 06/94
Qualität: +x% sofort

Fraktal E-Technik
Fraktalleiter:
Ziele:
Kosten: −30% bis 06/94
DLZ: −25% bis 06/94
Qualität: +x% sofort

17. Juni 1994

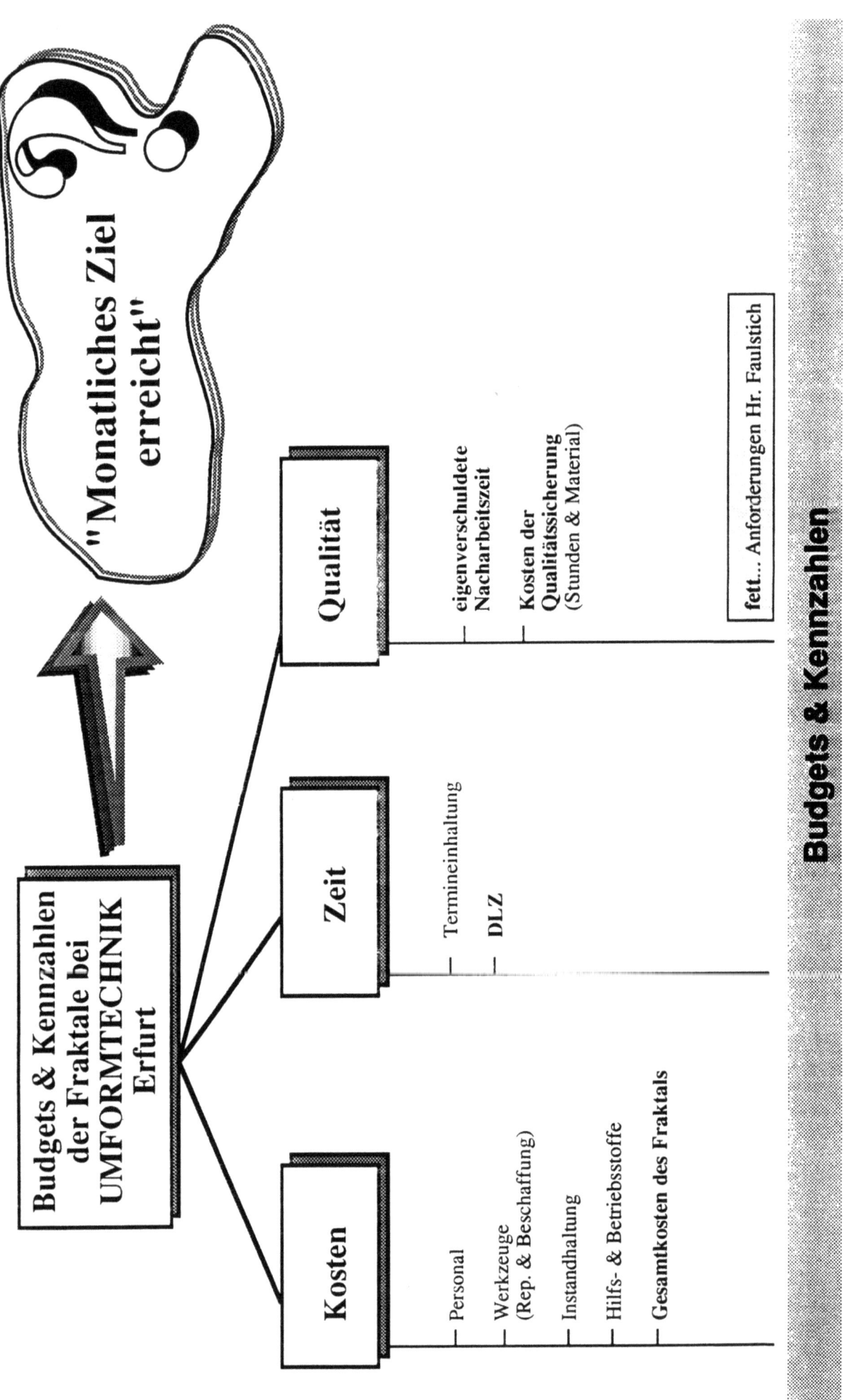

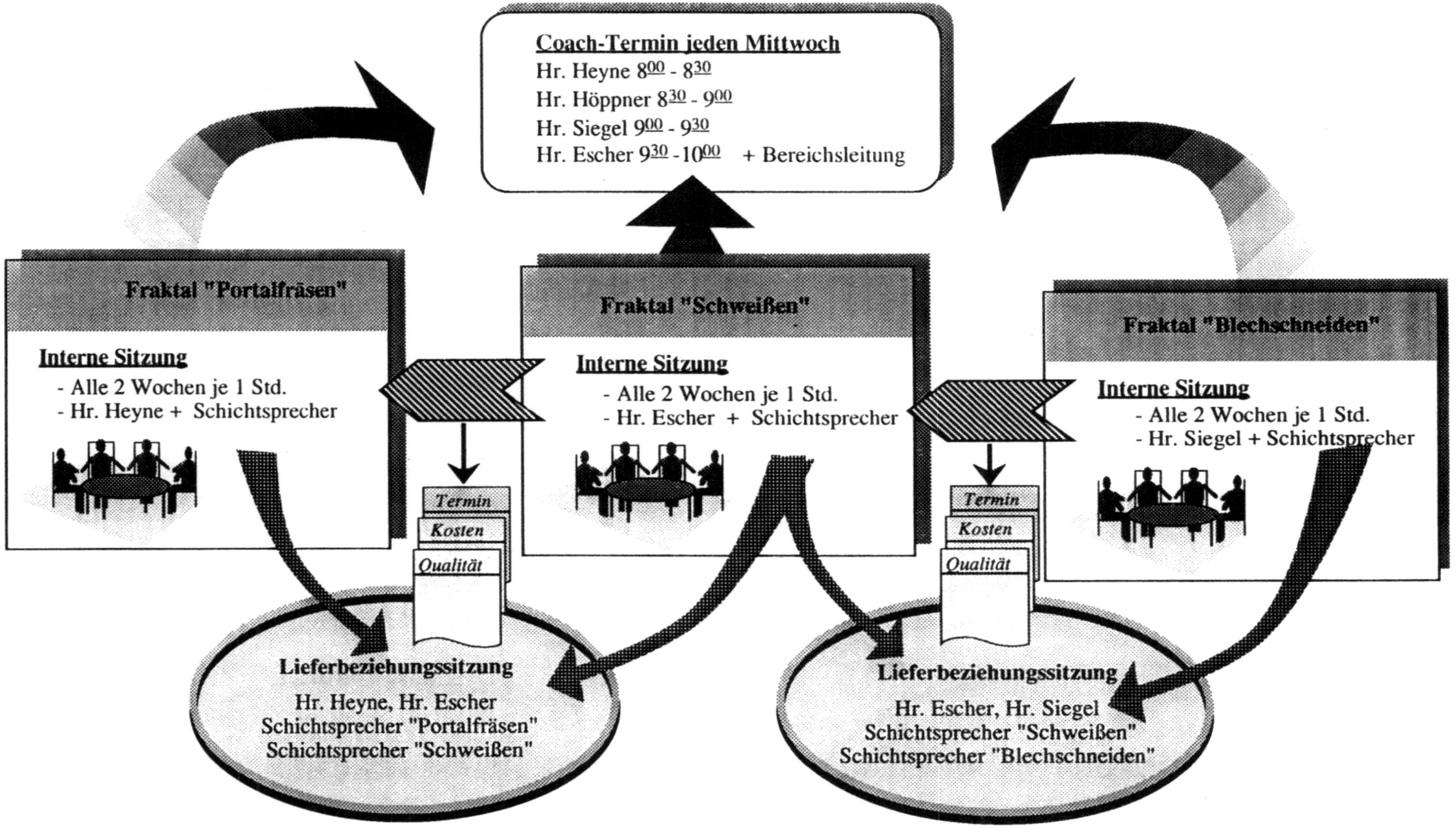

Fraktalsitzungen im Körperbau FK

Coach-Termin jeden Mittwoch
- Hr. Heyne 8:00 - 8:30
- Hr. Höppner 8:30 - 9:00
- Hr. Siegel 9:00 - 9:30
- Hr. Escher 9:30 - 10:00 + Bereichsleitung

Fraktal "Blechschneiden"
Interne Sitzung
- Alle 2 Wochen je 1 Std.
- Hr. Siegel + Schichtsprecher

Fraktal "Schweißen"
Interne Sitzung
- Alle 2 Wochen je 1 Std.
- Hr. Escher + Schichtsprecher

Fraktal "Portalfräsen"
Interne Sitzung
- Alle 2 Wochen je 1 Std.
- Hr. Heyne + Schichtsprecher

Lieferbeziehungssitzung
Hr. Escher, Hr. Siegel
Schichtsprecher "Schweißen"
Schichtsprecher "Blechschneiden"

Lieferbeziehungssitzung
Hr. Heyne, Hr. Escher
Schichtsprecher "Portalfräsen"
Schichtsprecher "Schweißen"

Termin / Kosten / Qualität

17. Juni 1994

ERFURT · IPA FhG

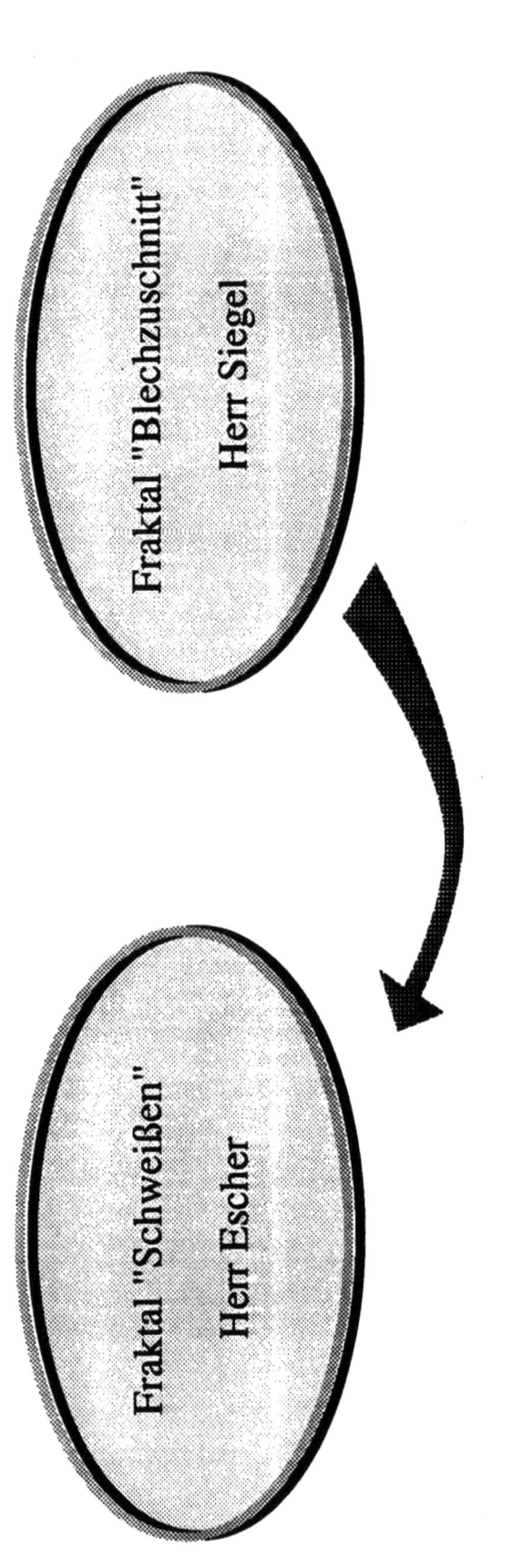

Fraktal "Blechzuschnitt"
Herr Siegel

Fraktal "Schweißen"
Herr Escher

Wir vereinbaren:

"Reduzierung der Kommissionierzeit auf 15 Tage bis Juni `94"

Liefervereinbarung

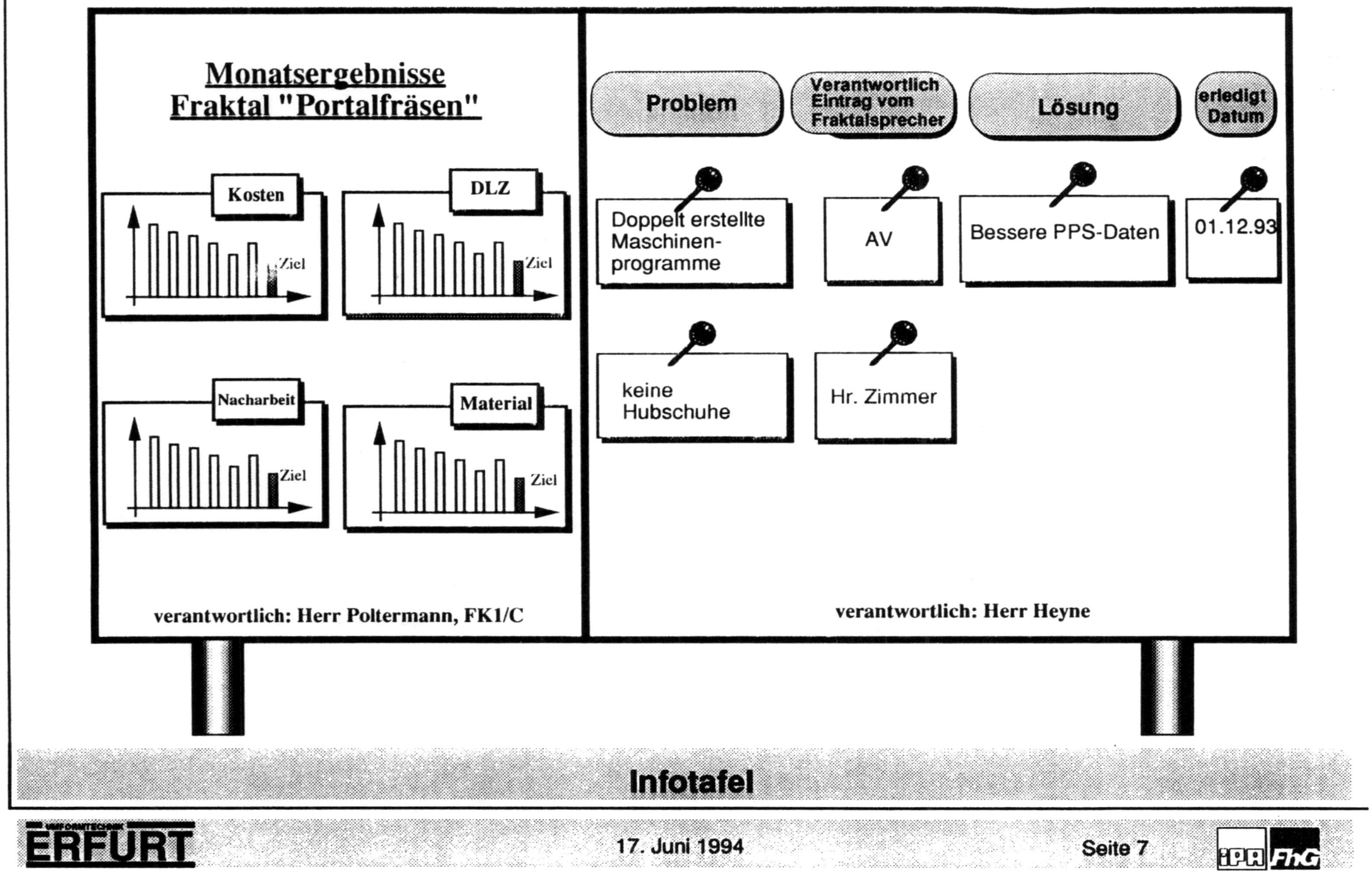
Monatsergebnisse
Fraktal "Portalfräsen"
Kosten
Ziel
DLZ
Ziel
Nacharbeit
Ziel
Material
Ziel
verantwortlich: Herr Poltermann, FK1/C
Problem
Verantwortlich Eintrag vom Fraktalsprecher
Lösung
erledigt Datum
Doppelt erstellte Maschinenprogramme
AV
Bessere PPS-Daten
01.12.93
keine Hubschuhe
Hr. Zimmer
verantwortlich: Herr Heyne
Infotafel
ERFURT
17. Juni 1994
Seite 7

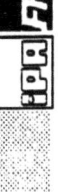

Prämiengestaltung

- Leistungsanteil = Komp. "A"

    - Einheitliche Lohnlinie pro Fraktal anwenden

    - Prämienanfangs- und Endleistung definieren

- Kostenanteil = Komp. "B"

    Zu beachten:

    - Kosten für Normalfertigung

        -» (Normalverbrauch von Werkzeugen, Hilfsstoffen, Qualität, Durchlaufzeit etc. ...)

    - Reduzieren der Produktionskosten

        -» kontinuierliche Verbesserung der Produktionsabläufe

Prämiengestaltung

17.Juni 1994 Seite 8

Die Budgets

- Transparenz, Voraussetzung für effektive Arbeit im Fraktal (Kontostand, Zu- und Abgänge)

- Budgetbemessung fraktalspezifisch

- Budgetkonten, auf Normalverbrauch eingestellt, entsprechend den Vorgaben, z.B. für
  - » Maschinen,
  - » Werkzeuge,
  - » Instandhaltung,
  - » Hilfsstoffe,
  - » Personal,
  - » Qualität,
  - » Durchlaufzeit,
  - » Materialbestand im Fraktal.

Budgets

Zielerreichung durch ein Konzept zur Budgetierung

- Berechnung Budgetvorgaben
  (abhängig von Vorgabezeiten aus PPS-System)

- Ableitung notwendiger Budgetvorgaben für Zielsystem

- Messung Budgetverbräuche durch Rückmeldungen

- Vergleiche aus den Fertigungsfraktalen

- Informations-Aufbereitung für Fertigungsfraktale

- Schaffung Anreizsystem zur Budgetunterschreitung durch Mitarbeiterpartizipation

Zielerreichung

Budgetierung / Nutzen / Prämierung

- Nutzen:
    - » Unternehmensziele werden Mitarbeiterziele
    - » Motivation zur Zielerreichung
    - » Transparenz über aktuelle Ressourcenverbräuche
    - » Verantwortungsvoller Umgang mit den Ressourcen

- Einsparung an Ressourcen dienen Unternehmen und Mitarbeitern

- Kopplung von Budgeteinsparung und Mitarbeiterprämierung

- Entwicklung der Komponenten eines Prämiensystems

Budgetierung

Grobvorgehensweise

- **Budgetverfolgung**
  (Anforderung an PPS-System)

- **Budgetvorgaben**
  (Methoden zur Berechnung)

- **Segment-Feinsteuerung**

- **Budget-Verbrauchserfassung**

- **Budget-Verarbeitung**
  (im Fraktal)

- **Budget-Kontrolle**
  (im Fraktal)

Grobvorgehensweise

Detail-Vorgehensweise

- Budgetverfolgung
  (PPS-System-Anforderung)

  – Definition
    » Zeitraum für Informationsübergabe
    » geplante Kapazität (Belastung)
    » Fertigstellungstermin
    » Übergabestatus an Budgetierungsprogramm
    » Abruf nach Auswahlkriterien (verschiedene Zeiträume, Belegungseinheiten, Stichtage etc.)
    » Maßnahmen zur Datensicherheit

  – Identifikation
    » Belegungseinheit
    » Kunden-, Fertigungsauftrag
    » Position (Z.-Nr., AG-Nr.)
    » Rückmeldenummer

Detail-Vorgehensweise

 17.Juni 1994 Seite 13

Detail-Vorgehensweise

- Konzeption der Fraktal-Feinsteuerung

    - Anforderung an Datenübernahme aus PPS

    - Funktionale Grobauslegung des Budgetierungssystems

    - Beschreibung des Feinpflichtenheftes für Einzelfunktionen

    - Hardwarekonzeption, Softwarerealisierung

Detail-Vorgehensweise Fraktal

 17.Juni 1994   Seite 14

Detail-Vorgehensweise

- Berechnungsvorschriften für Einzelbudgets

⇨ Kosten pro Zeiteinheit

- Werkzeugkosten nach Wiederbeschaffung und Instandhaltung

- Instandhaltungskosten (Vorgaben nach VDMA)

- Personalkosten nach Projektierung

Detail-Vorgehensweise Berechnung

17. Juni 1994

Detail-Vorgehensweise

- Fraktal-Feinsteuerung

    - Eckwerte für Planungsperioden berücksichtigen

    - Belastungsausgleich zwischen Belegungseinheiten durchführen

    - alternative Prozeßabläufe durchführen

    - Auftragsdaten verwalten

    - Ausgangsdaten zur Budgetabrechnung (Vorgabezeit, Fertigstellungstermine für Belegungseinheiten) melden

Detail-Vorgehensweise Feinsteuerung

Detail-Vorgehensweise

- Budget-Verbrauchserfassung

  – Leistungsverrechnung innerhalb des Unternehmens, »Dienstleistungscharakter mit Verbuchung zwischen Kostenstellen«

  – Kostenerfassung für Werkzeuge und Instandhaltungsleistungen bei Betriebsmitteln

  – Kostenerfassung für Hilfs- und Betriebsstoffe

  – Einbuchung Fremdleistungen für
   »Instandhaltung«
   »Outsourcing«

Detail-Vorgehensweise Verbrauch

Detail-Vorgehensweise

- **Budget-Verarbeitung**
  (im Fraktal)

    - Budgetfortschreibung
      (durch aktuelle Auftragsdisposition)

    - Budgetjournal
      (Führung und Kontrolle)

    - statistische Auswertung
        » Budgetverbräuche für Prämienintervalle «
        » zur Planung im Controlling «

    - Verwaltung Kapazitäten/ Belastungen
      (für Belegungseinheiten)

    - Berechnung Budgetvorgabewerte

    - Verwaltung und Freigabe der Budgets zur Abrechnung

    - "Trimmen" der Budgets

Detail-Vorgehensweise Verarbeitung

17. Juni 1994   Seite 18

Detail-Vorgehensweise

- **Budget-Kontrolle**
  (im Segment)

    - Voraussetzung ist Budget-
      Transparenz für die Gruppe
      (Kontostand, Zu- und Abgänge)

    - Notwendige Informationen

        » über Randbedingungen für
          Entscheidungen im Segment

        » über mögliche Entscheidungs-
          spielräume

        » über mögliche Auswirkungen von
          zu treffenden Entscheidungen

        » aktueller Stand der Budgets

Detail-Vorgehensweise Kontrolle

17. Juni 1994   Seite 19

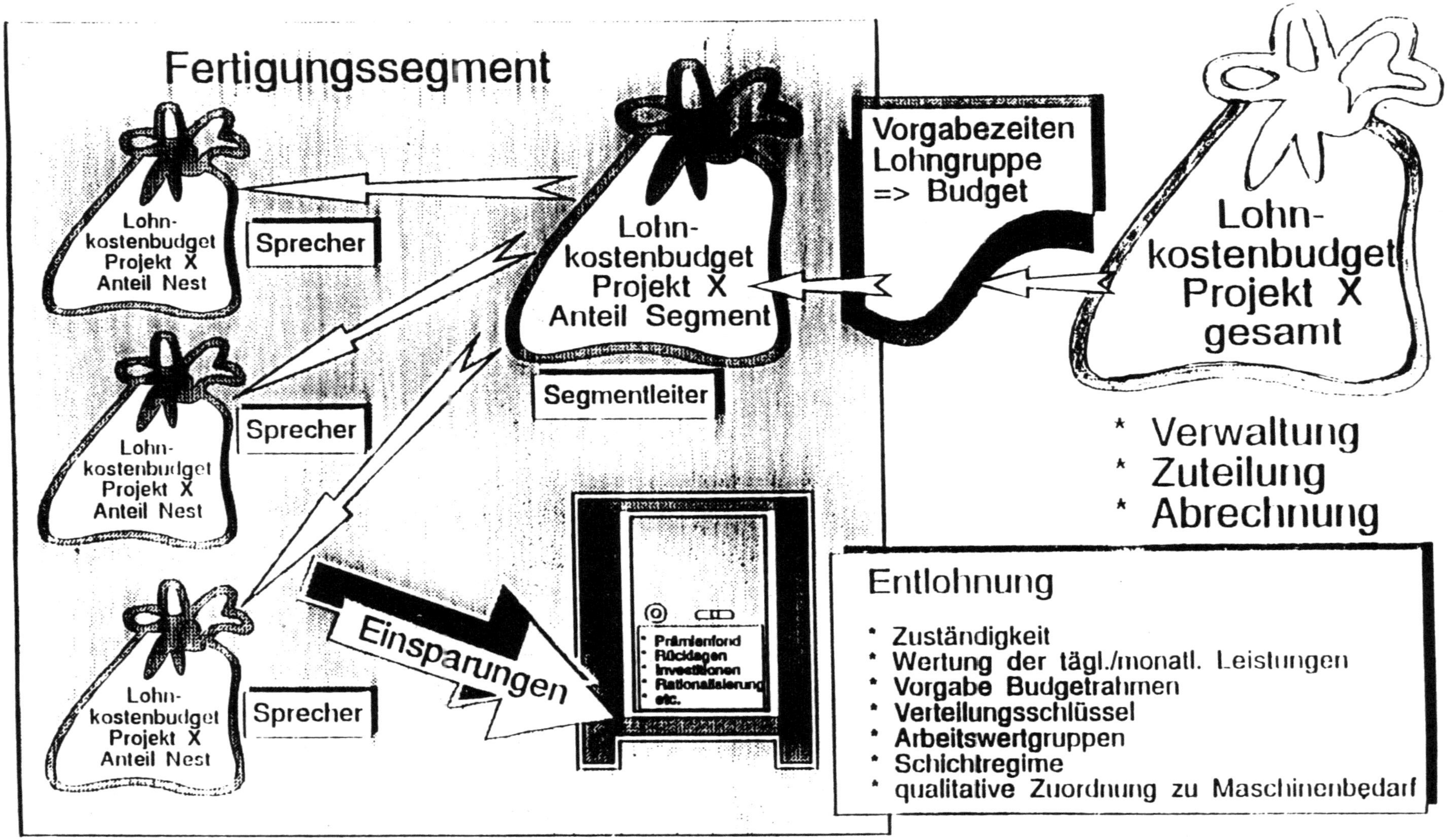

Bildung von Budgetkonten
Lohnbudget

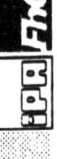

Budgetaufstellung Werkzeugverbrauch

- Ermittlung Basisdaten, Dimensionierung Kostenbudgets für Werkzeugverbrauch und -instandsetzung

- Ermittlung Abläufe für Werkzeugbestellung, -bereitstellung, -instandsetzung und -kostenabrechnung

- Budgettopf für Werkzeuge beinhaltet zwei Bestandteile

    » Beschaffung Neuwerkzeuge
    » Werkzeuginstandsetzung

- Ständiger Vergleich Plan-/ Istkosten über Schlüssel pro 1000 h Fertigungsaufwand

- Controlling erfaßt Kosten permanent

Budgetaufstellung 1

Budgetaufstellung Werkzeugverbrauch

- Bemessungsgrundlage

  - entsprechend Werkzeuggeometrie, Lebensdauer in Abhängigkeit vom Normalverschleiß

  - resultierende Stand- und Instandsetzungszeiten

  - Beschaffungskosten für Neuwerkzeuge

  - An repräsentativen Werkzeugen Werkzeugverschleiß ermitteln und die daraus resultierenden Instandhaltungskosten

  - Instandsetzungen im Normalbereich (unterhalb zulässigem Verschleiß) werden über Standards abgerechnet

  - Erhöhter Werkzeugverschleiß wird >durch die Werkzeugwirtschaft< dem Verursacher gesondert in Rechnung gestellt »d.h. zusätzliche Instandhaltungszeit führt zu erhöhtem Wertverlust des Werkzeuges«

Budgetaufstellung 2

Fraktale Strukturen im Großhandel - Bestandsoptimierung bei LAPPKABEL

A. Lapp

Siegbert Lapp

Friedrich Arnold

Juni 1994

LAPP GRUPPE

Standortbestimmungen

- weltweite Entwicklung, Produktion und Vertrieb von Kabel und Leitungen bis 1 kV

- Lichtwellenleiter und Netzwerktechnik

- Maschinen und Geräte zur Kabellagerung und Kabelverarbeitung sowie kabeltechnisches Zubehör

- große Kundennähe und Beratung

- hoher Lieferservice

Strategische Ausrichtung

- gutes Leistungsangebot auf dem Schwerpunkt der Signal- und Datenübertragung

- weltweiter Berater- und Lieferservice durch modernste Logistik und Beschaffung auf allen Absatzmärkten

- Durch Produktentwicklung in den eigenen Werken erheben wir speziell bei unseren geschützen Markennamen, wie z.B.

    - ÖLFLEX®
    - SKINTOP®
    - UNITRONIC®
    - HITRONIC®

  den Anspruch auf Marktführerschaft in international bedeutenden Industriemärkten.

LAPP - Gruppe

Land	Gesamt	Hersteller	Verbraucher
BRD	6	5	1
Großbritannien	2		2
Benelux	1		1
Skandinavien	5	2	3
Schweiz	1	1	
Italien	1		1
Frankreich	2	1	1
Ungarn	1	1	
USA	3	1	2

U. I. LAPP GmbH & Co. KG	Bestandsmanagement	Stand: 26.05.1994

Umsatz der U. I. Lapp GmbH & Co. KG Stgt. weltweit

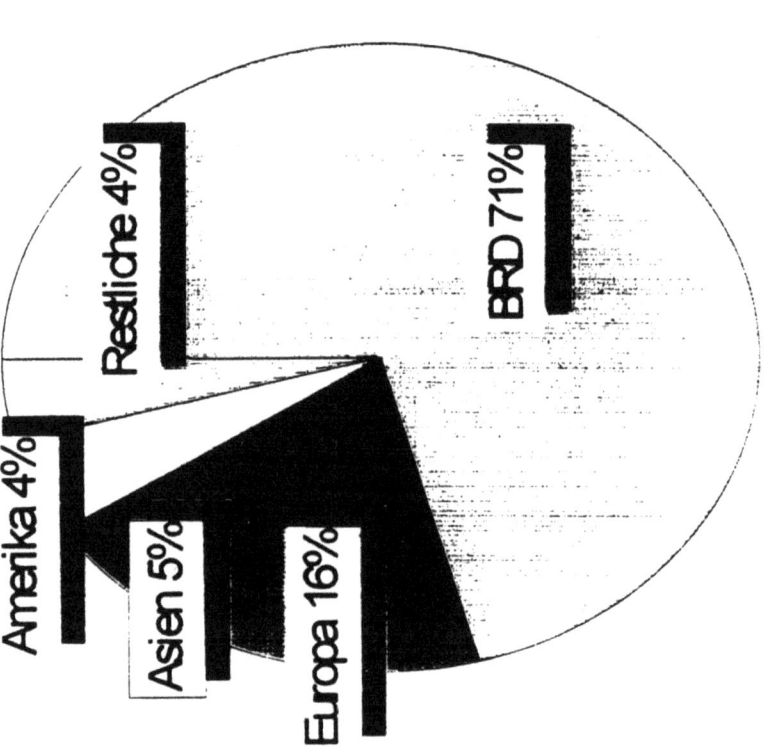

| U. I. LAPP GmbH & Co. KG | Bestandsmanagement | Stand: 26.05.1994 |

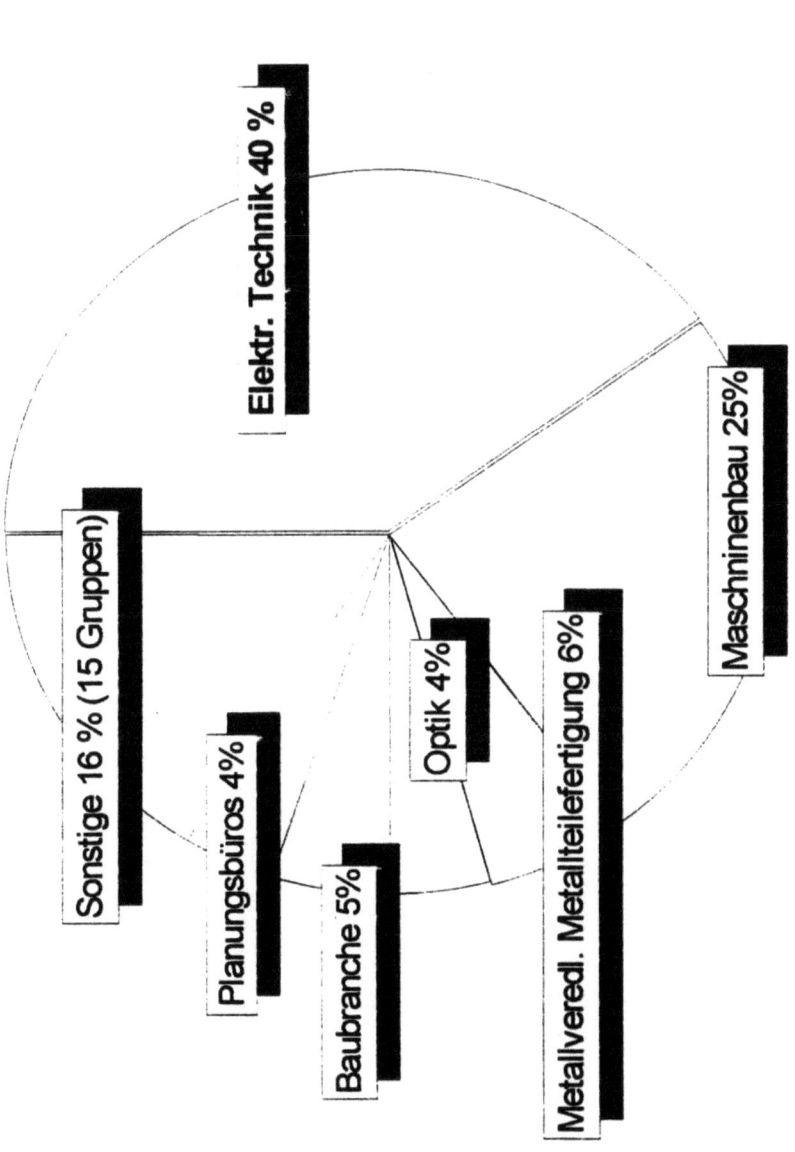

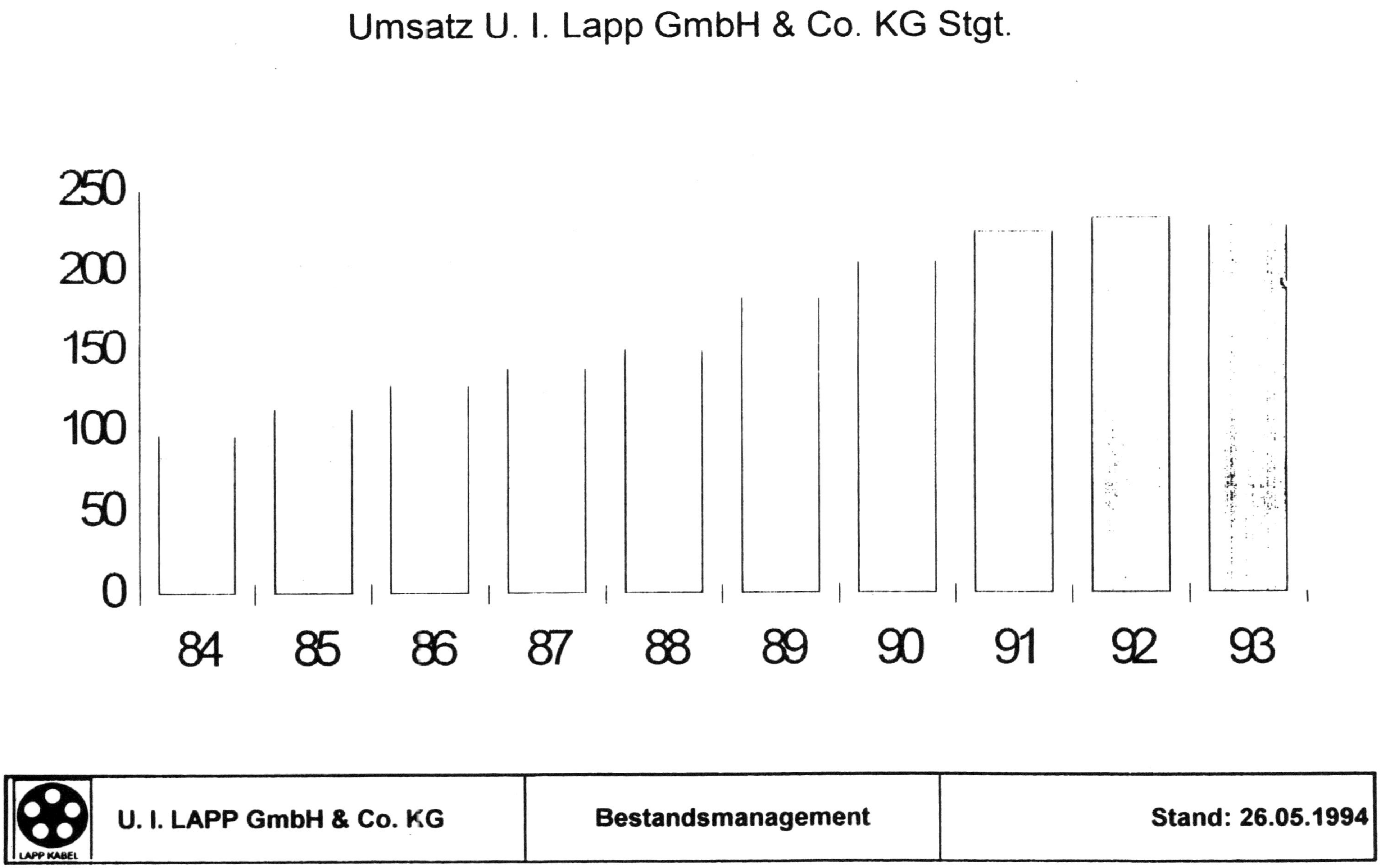

Umsatz U. I. Lapp GmbH & Co. KG Stgt.

U. I. LAPP GmbH & Co. KG	Bestandsmanagement	Stand: 26.05.1994

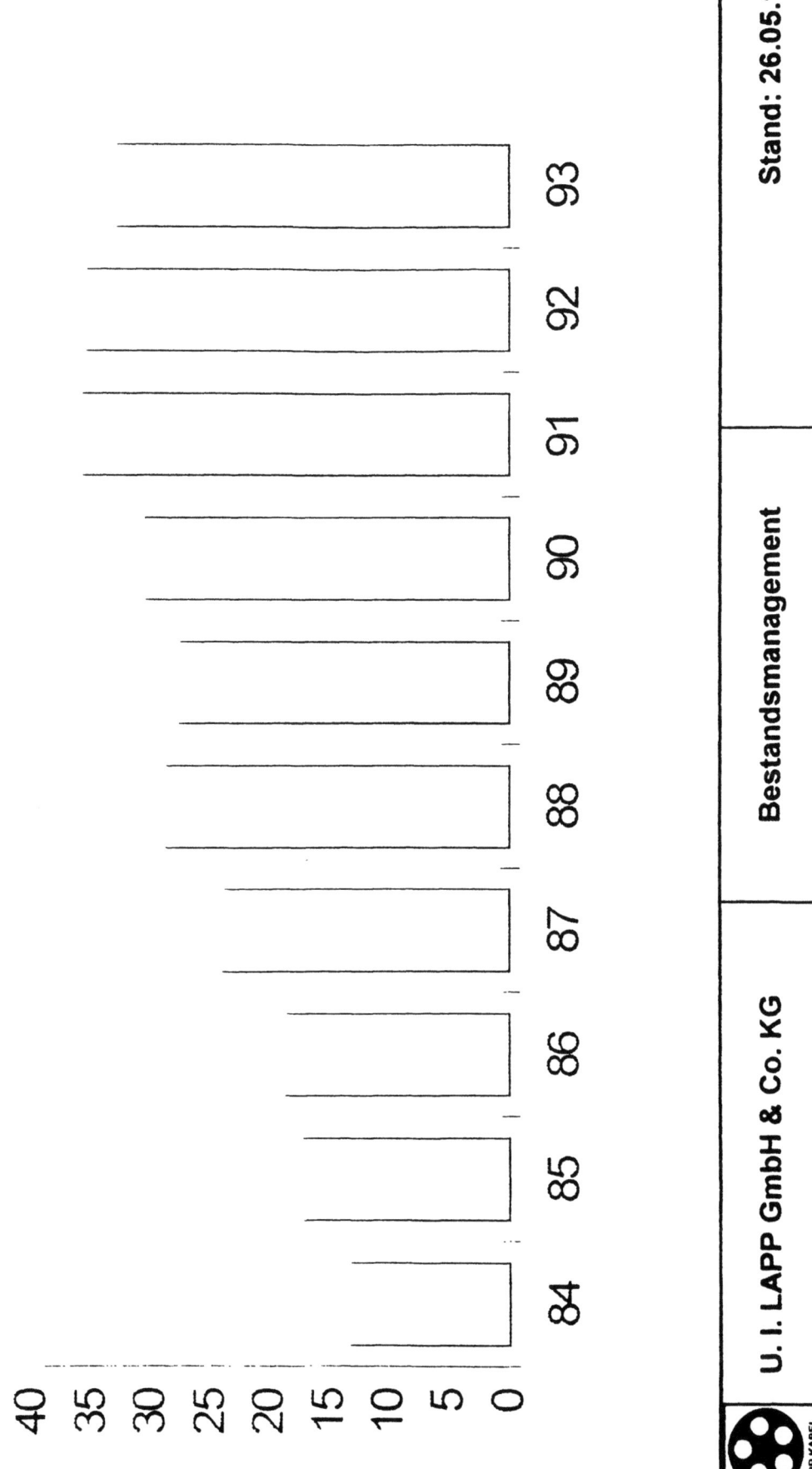

Anzahl Artikel U. I. Lapp GmbH & Co. KG Stgt.

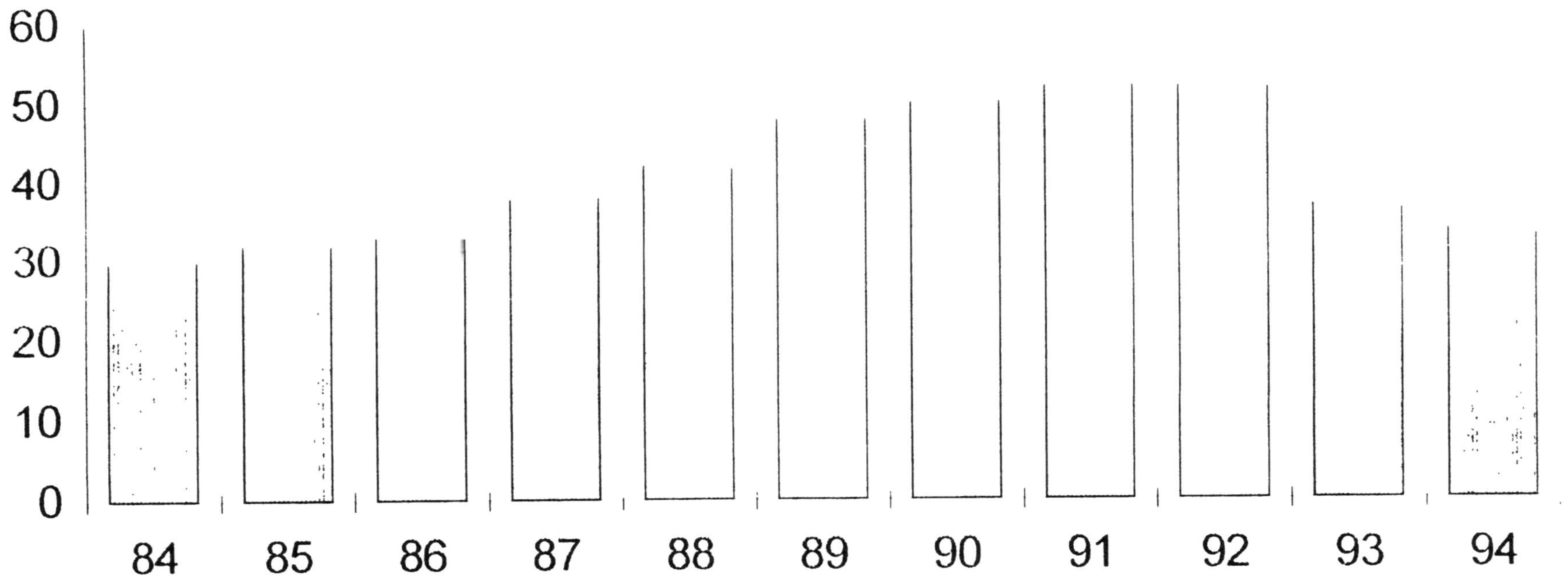

| U. I. LAPP GmbH & Co. KG | Bestandsmanagement | Stand: 26.05.1994 |

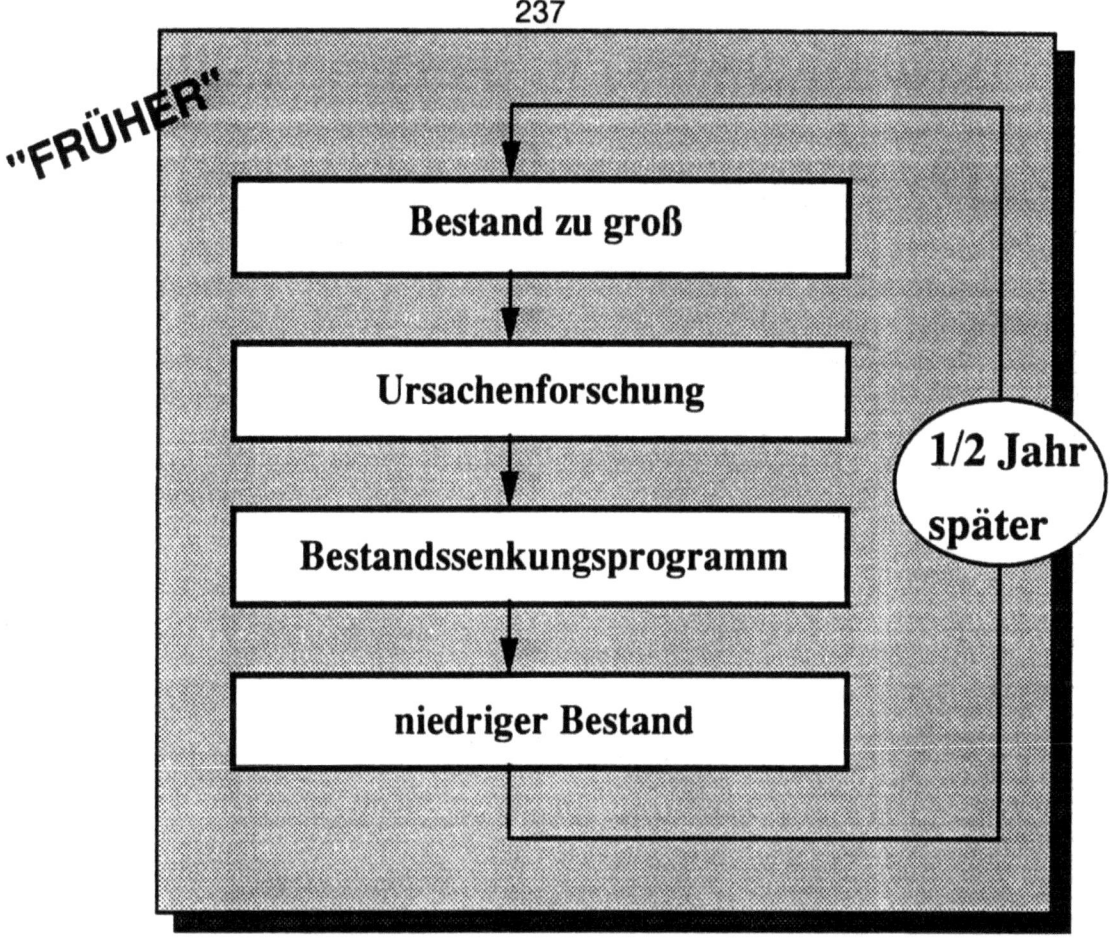

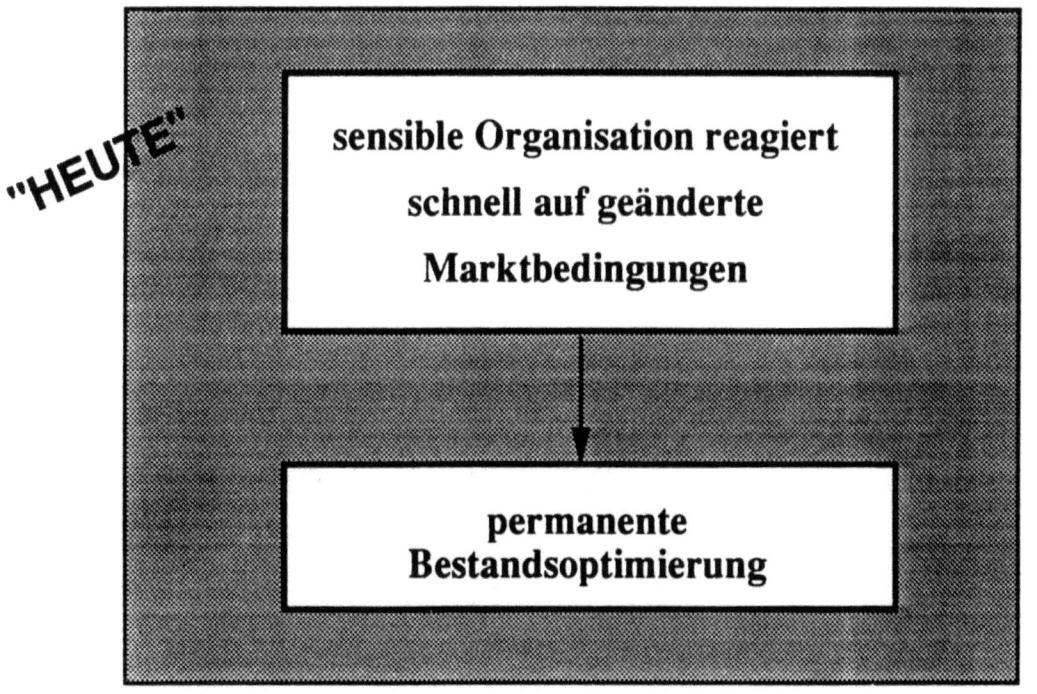

Früher — Heute

 17. Juni 1994

Kontinuierliche Bestandsoptimierung

1994

5
- Internalisierung der dynamischen Strukturierung
- Unternehmenskultur

4 Navigationsprozeß der Fraktale

3 Organisationsentwicklungsphase

2 Systementwicklungsphase

1 Projektverankerungsphase

Initialisierung im Unternehmen

1992

Entwicklungsprozeß zum Fraktalen Unternehmen bei der Fa. LAPP

17. Juni 1994

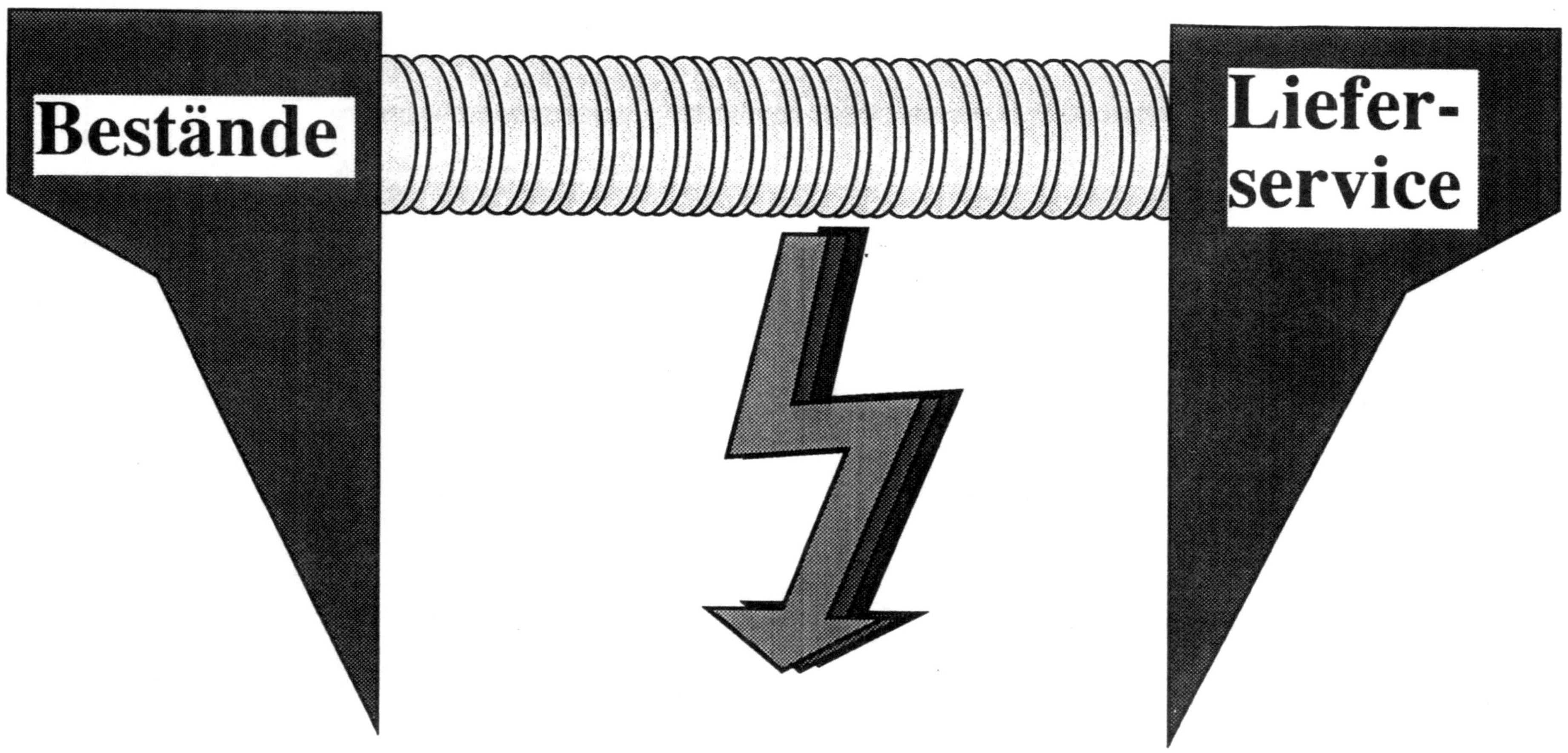

Liefer-service ↔ Bestände

Unternehmensziele

17. Juni 1994

LAPPKABEL

Ziele
des BMS aus der Auftaktsitzung

- Kurvenverlauf der vergangenen Absatzentwicklung
- 20 % weniger Lagerbestand bei gleichem Umsatz
- Erhöhung der Umschlagshäufigkeit
- Sinkende Kosten bei steigendem Umsatz
- **Leistungsfähiges Kurzfristprognosesystem**
- Vertrieb nennt erwartete Umsatzzahlen der Zukunft
- **Unterstützung der Absatzprognose**
- Aufzeigen von Prognosen und Einflußparametern
- Simulation von Bedarfs- und Bestandsverläufen
- **Bestandsstrukturen aufzeigen**
- Übersichtliche Grafiken
- Neues Instrument ohne neue Leute
- Bedienerfreundlichkeit
- Schulung am BMS
- Kommunikation zwischen Verkäufern verbessern
- **Kommunikation zwischen Einkauf und Vertrieb**
- Glückliche Mitarbeiter

Ziele des BMS

LAPPKABEL 17. Juni 1994

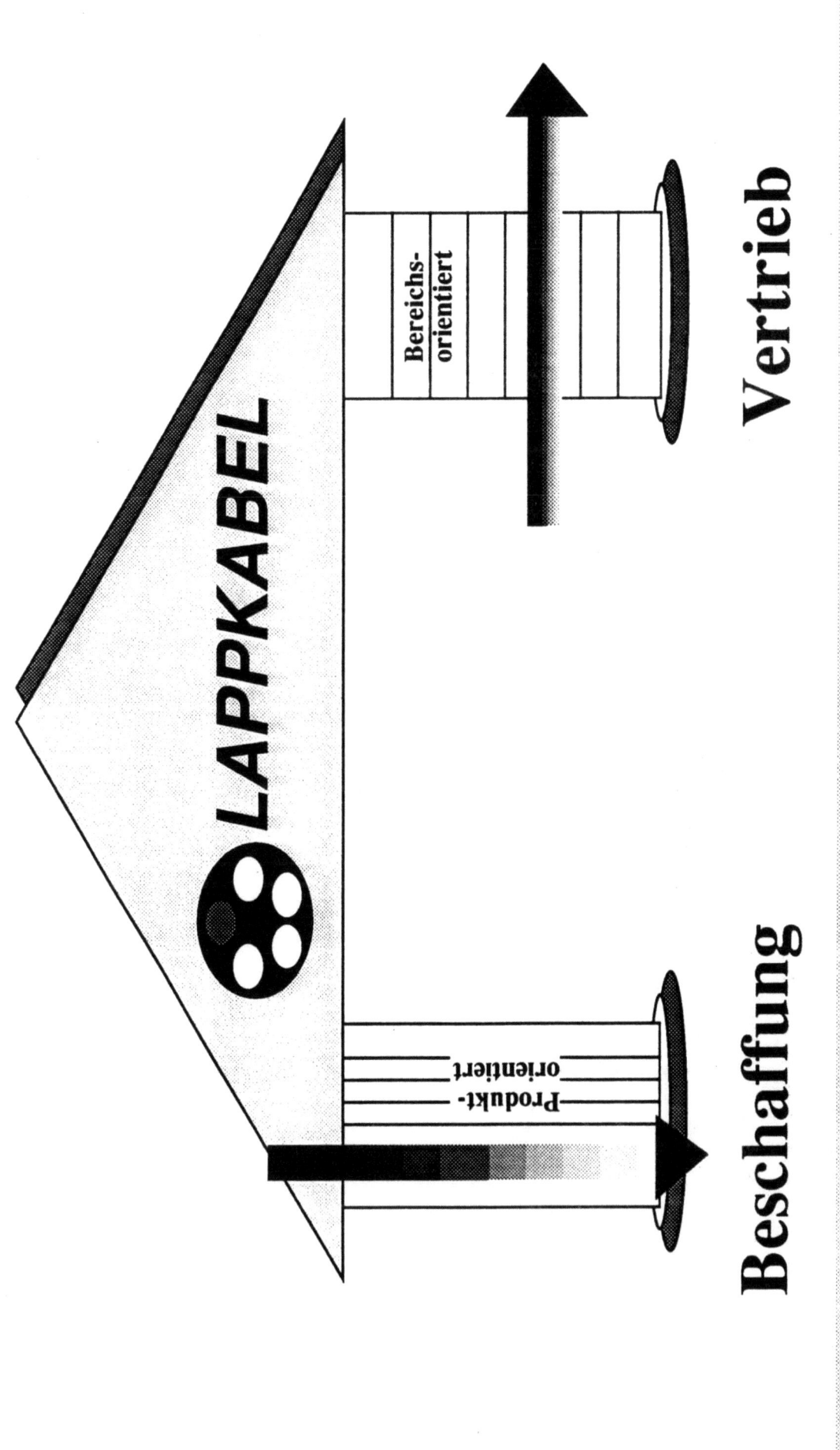

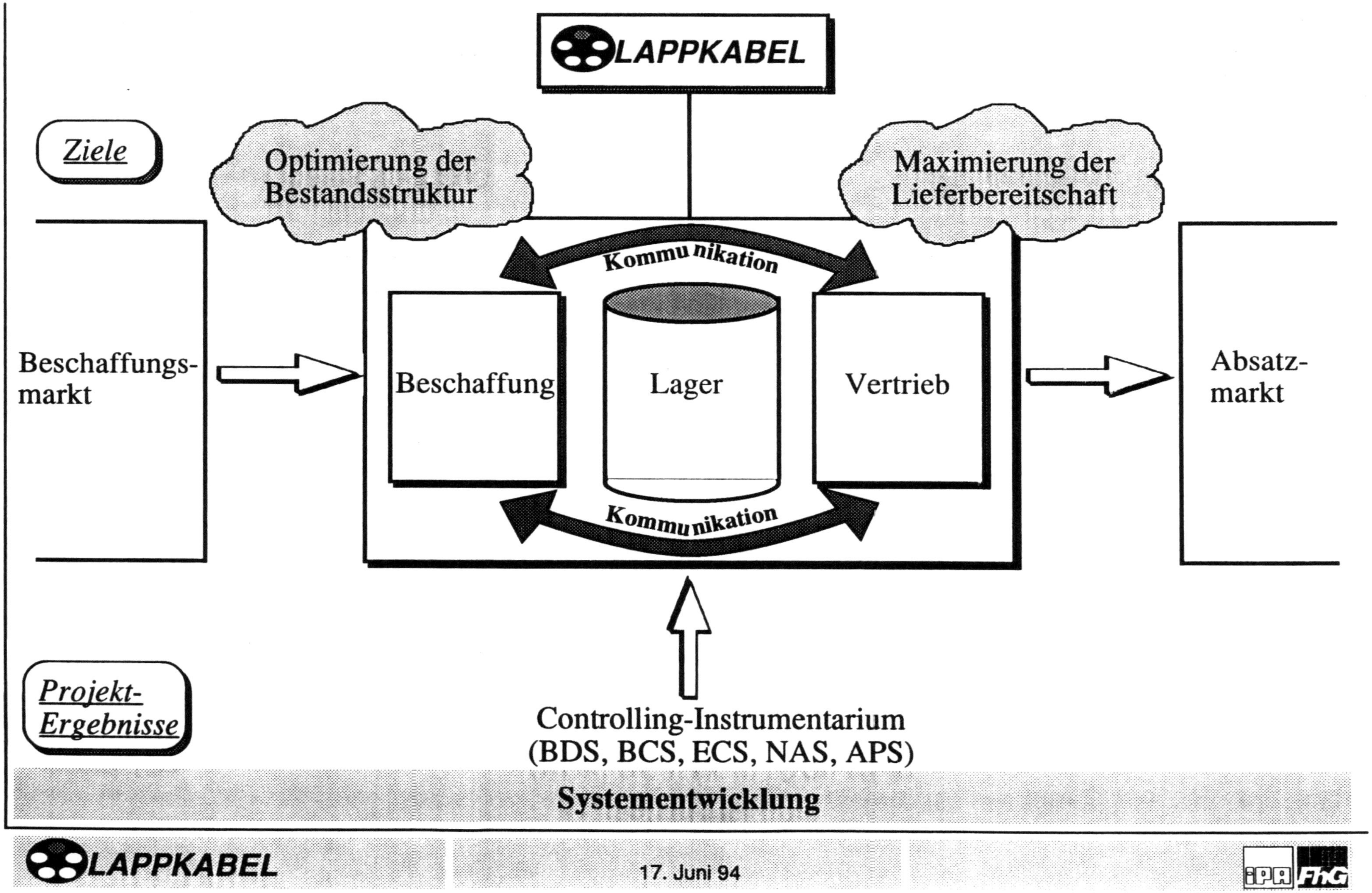

LAPPKABEL

Ziele

- **Maximierung der Lieferbereitschaft**
- **Optimierung der Bestandsstruktur**

Absatz-markt

Vertrieb

Kommunikation — Lager — Kommunikation

Beschaffung

Beschaffungs-markt

Controlling-Instrumentarium (BDS, BCS, ECS, NAS, APS)

Systementwicklung

Projekt-Ergebnisse

LAPPKABEL

17. Juni 94

Nutzen des Controlling-Instrumentariums

- Werkzeug zur Selbstkontrolle (BCS/NAS)

- Bestandsstrukturen transparent machen (BCS)

- Schnelles Auffinden von Bestandspotentialen (BCS)

- Standardberichtswesen (BCS)

- Optimierung der Bewirtschaftungsparameter (BCS, BDS)

- Abbildung von Zielen (BCS, APS)

- Sortimentsbereinigung (NAS)

- Einbezug von Vertriebs-Know how (APS)

- Visualisierung der Absatz- und Umsatzverläufe

- Einbindung des Produktmarketing (APS)

Projektnutzen

17. Juni 1994

Erfolgsvoraussetzung für das BMS

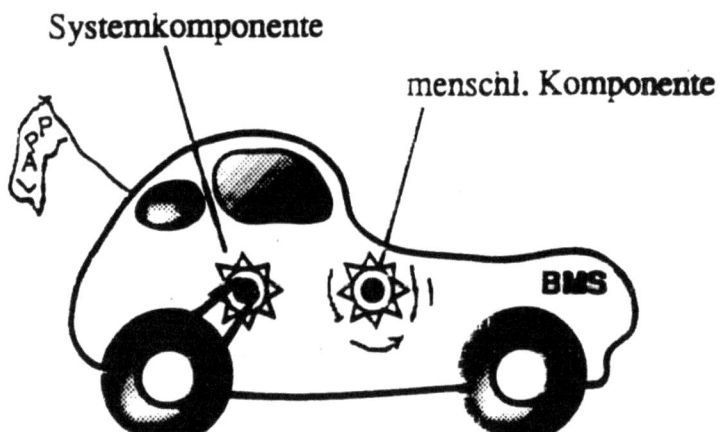

Ineinandergreifen von System und Mensch!

Mensch und System

17. Juni 1994

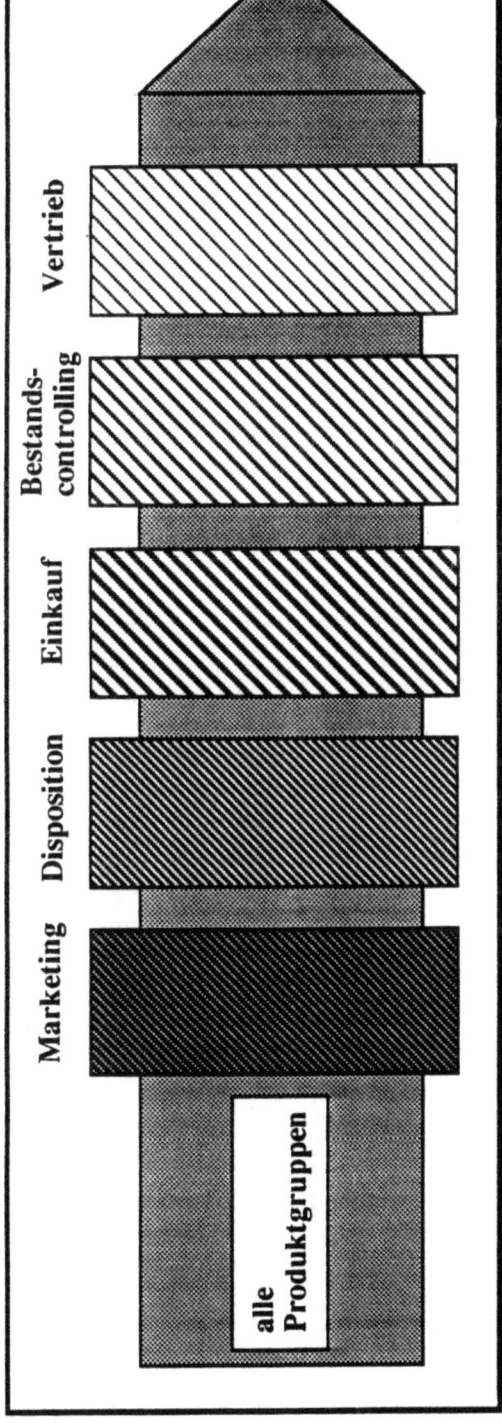
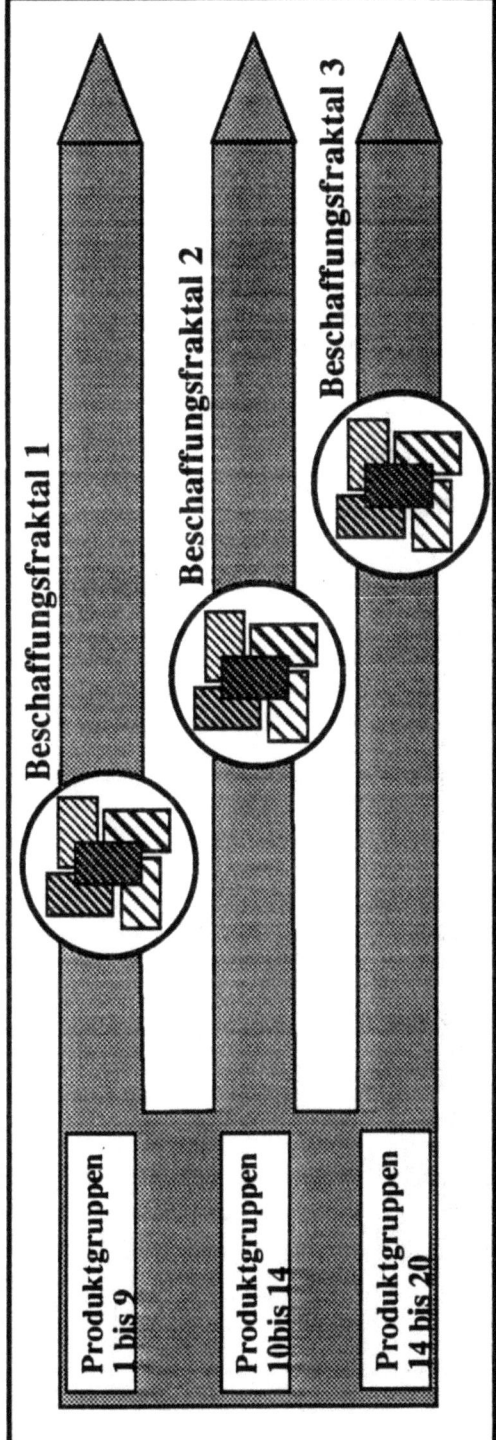

Fraktalbildung bei einem Großhändler

17. Juni 1994

Zielgrößen für Beschaffung und Vertrieb
(abgeleitet aus den Kenngrößen zur kurzfristigen Unternehmenssteuerung)

Einkauf :   Bestand

                EK-Preise

                Lieferservicegrad Beschaffungsseite

Verkauf: Umsatz

                Abverkauf

                Umsatz Neuprodukte

                Lieferservicegrad Absatzseite

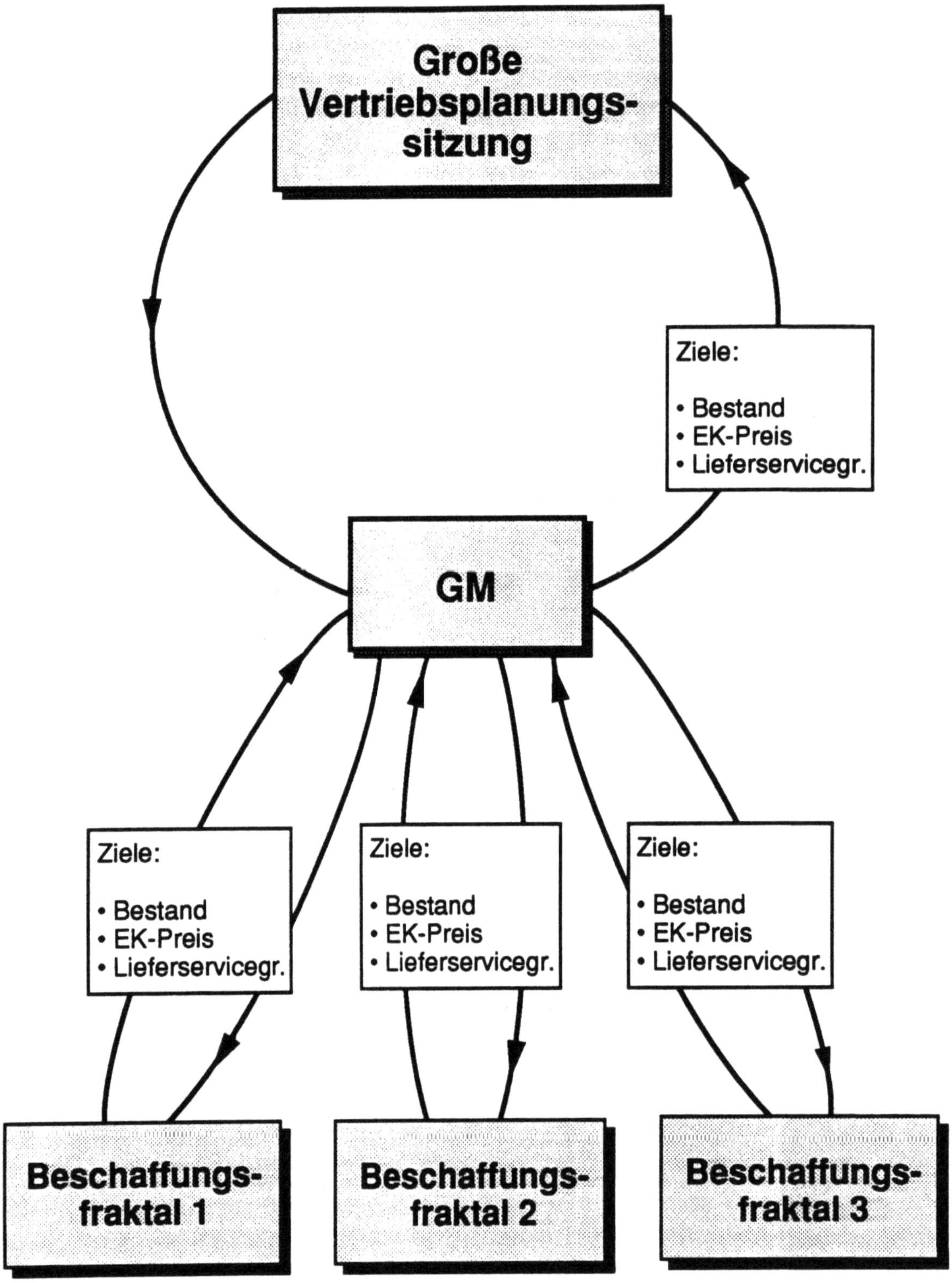

Regelkreis in Materialwirtschaft

```
                    Große
              Vertriebsplanungs-
                   sitzung

                                    Ziele:
                                    • Bestand
                                    • EK-Preis
                                    • Lieferservicegr.

                     GM

       Ziele:          Ziele:          Ziele:
       • Bestand       • Bestand       • Bestand
       • EK-Preis      • EK-Preis      • EK-Preis
       • Lieferservicegr.  • Lieferservicegr.  • Lieferservicegr.


  Beschaffungs-    Beschaffungs-    Beschaffungs-
   fraktal 1        fraktal 2        fraktal 3
```

17. Juni 1994

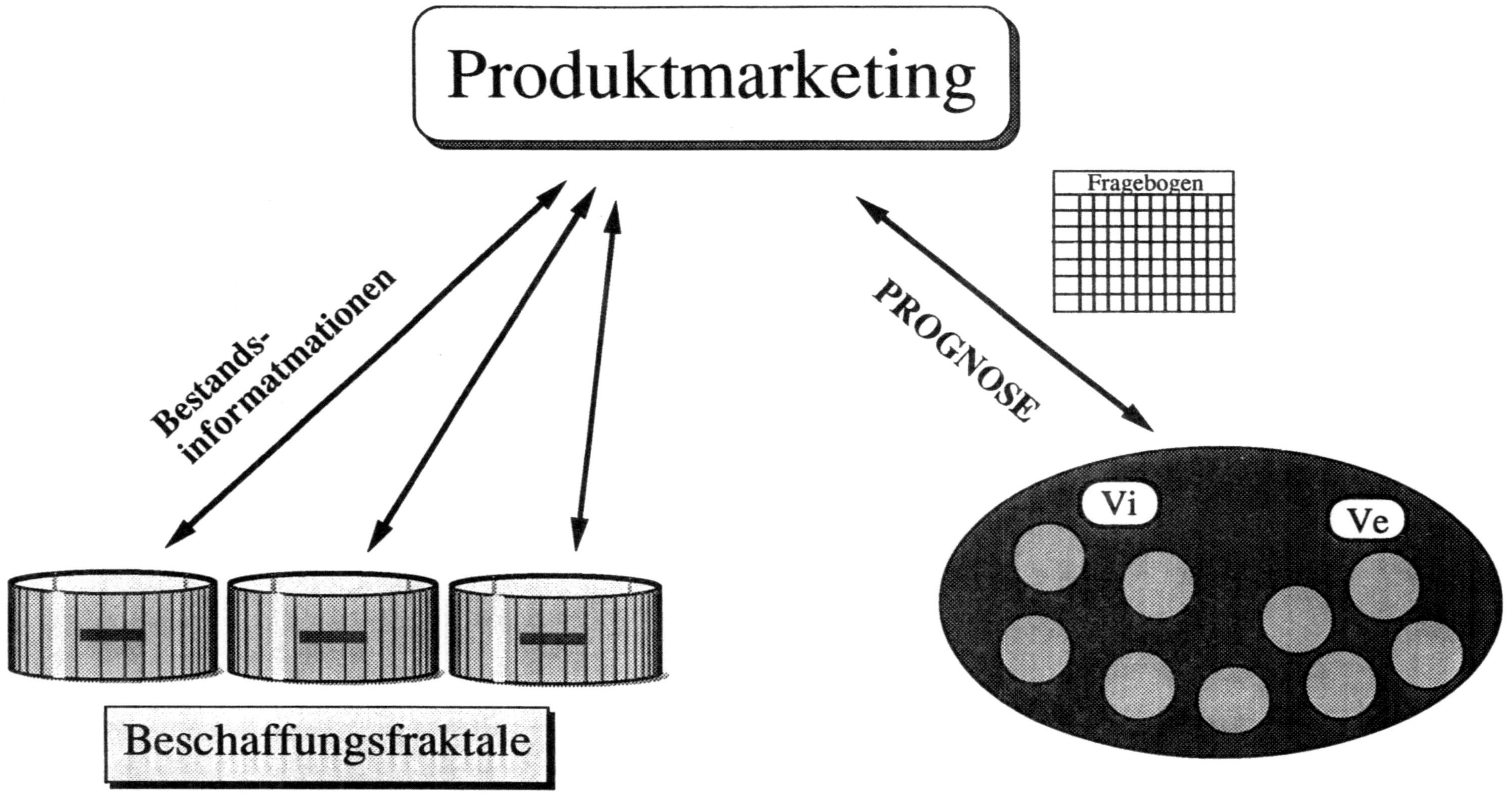

Beschaffungsfraktale

Kontinuierliche Bestandsoptimierung

 **1994**

5
- Internalisierung der dynamischen Strukturierung
- Unternehmenskultur

4 Navigationsprozeß der Fraktale:
- Teilautonomie
- Zielorientierung
- Selbstorganisation
- Selbstoptimierung

- Integrationsworkshop
- Moderation
- Coaching

3 Organisationsentwicklung
- Fraktalbildung

- Abteilungsübergreifende Projektarbeit
- Abteilungsübergreifende Kommunikation

2 Systementwicklungsphase
- Bestandsmanagementsystem
- Vertriebspronosesystem
- Einkaufscontrollingsystem

- Strategie
- Projektziel
- Unternehmenszielsystem

1 Projektverankerungsphase

Initialisierung im Unternehmen

 **1992**

Entwicklungsprozeß zum Fraktalen Unternehmen bei der Fa. LAPP

 17. Juni 1994

Projekterledigung

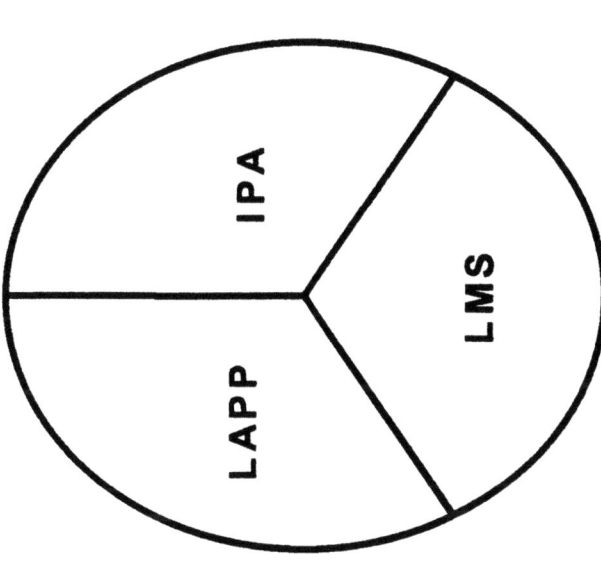

| U. I. LAPP GmbH & Co. KG | Bestandsmanagement | Stand: 26.05.1994 |

MODULE

NAS	=	Nutzwertanalyse
APS	=	Absatz Planungssystem
BDS	=	Disposition
BCS	=	Bestandscontrolling
ECS	=	Einkaufscontrolling
LCS	=	Leistungscontrolling
GPS	=	Grafisches Prognosesystem
LIM	=	Logistik Info Manager

U. I. LAPP GmbH & Co. KG	Bestandsmanagement	Stand: 26.05.1994

ABSATZPLANUNG Fa. LAPP

Stand 30.04.1994

Produkgruppe 09 TEMPERATURBESTÄNDIGE LEITUNGEN

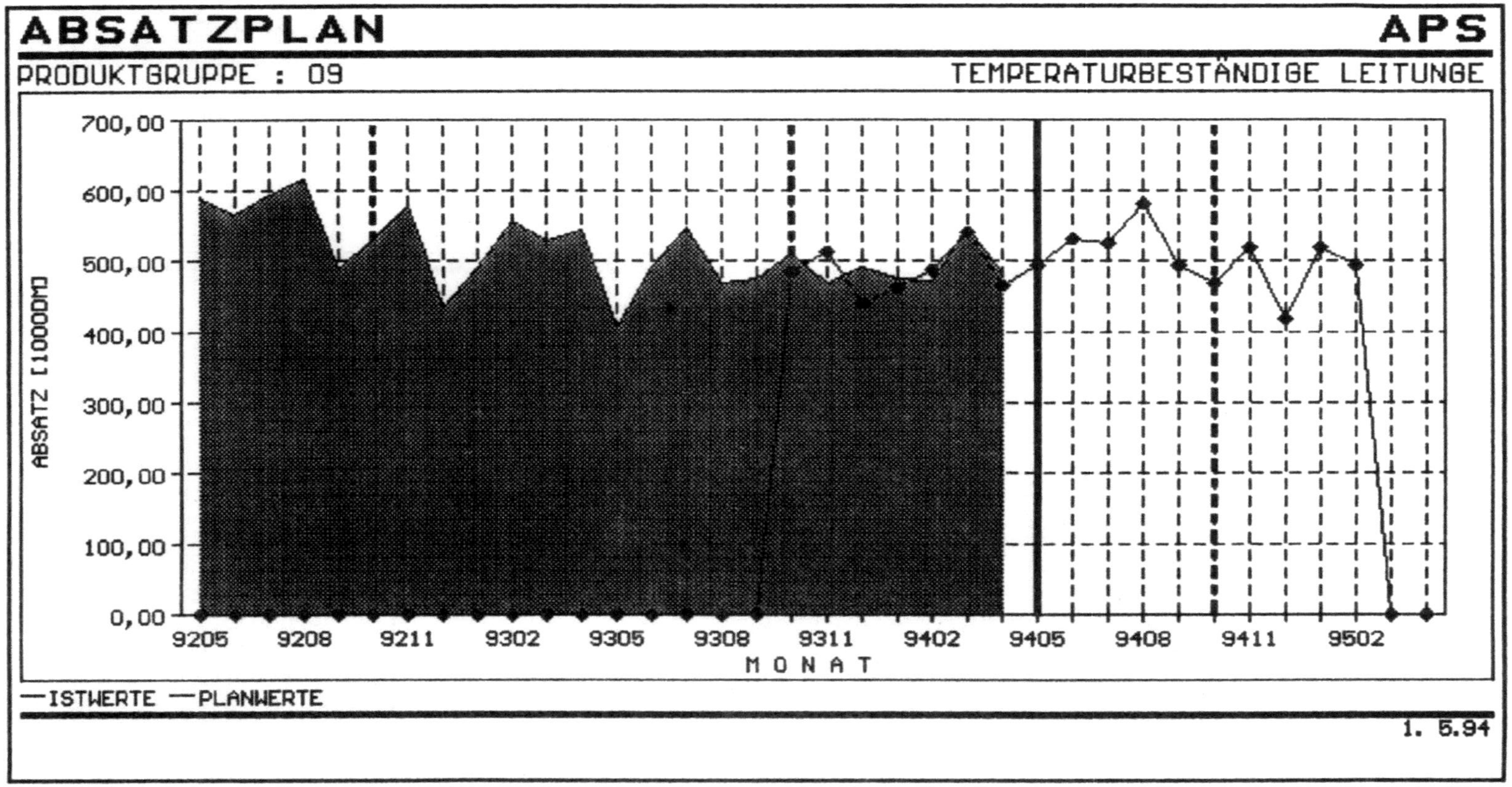

Stand: 26.05.1994

Bestandsmanagement

U. I. LAPP GmbH & Co. KG

Bestandsanalyse FA. LAPP

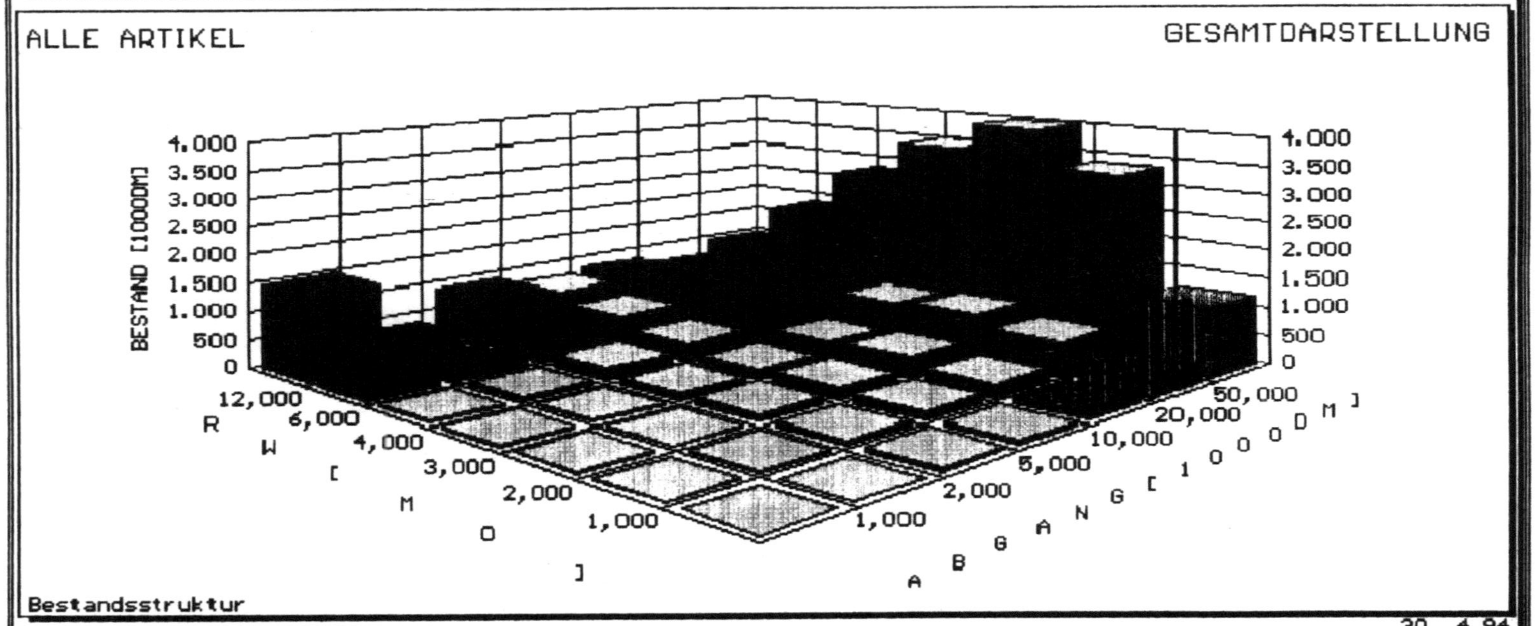

SEGMENTIERUNG — GESAMTDARSTELLUNG

- Abverkauf / Übereichweiten
- Übereichweiten / Zu hohe Mindestmengen
- Zu kleine Reichweiten

| U. I. LAPP GmbH & Co. KG | Bestandsmanagement | Stand: 26.05.1994 |

Bestandssegmentierung Fa. LAPP

Stand 30.04.1994
Produkgruppe 12 DATENLEITUNGEN

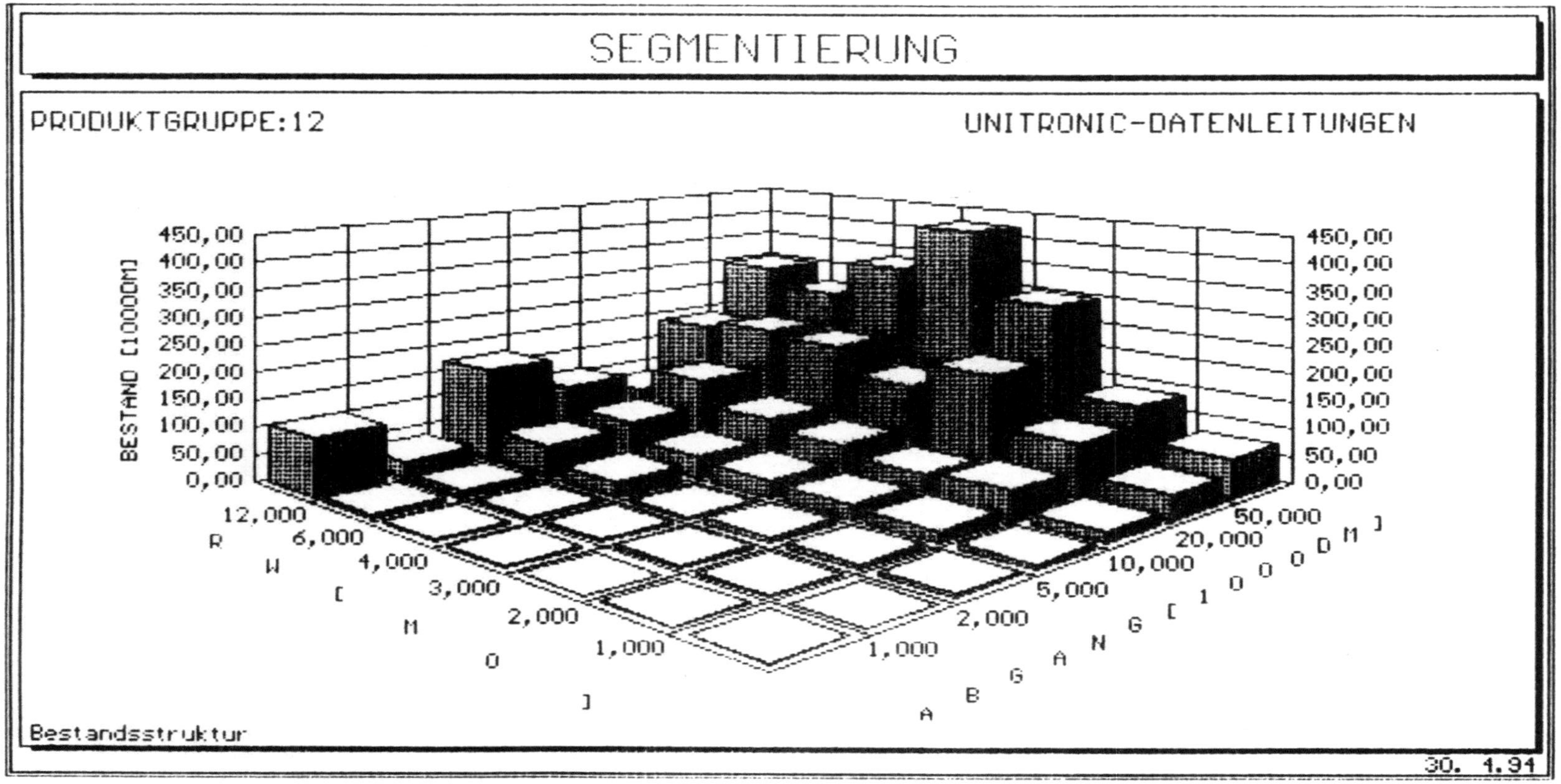

| U. I. LAPP GmbH & Co. KG | Bestandsmanagement | Stand: 26.05.1994 |

BESTANDSCONTROLLING FA. LAPP

Stand 30.04.1994

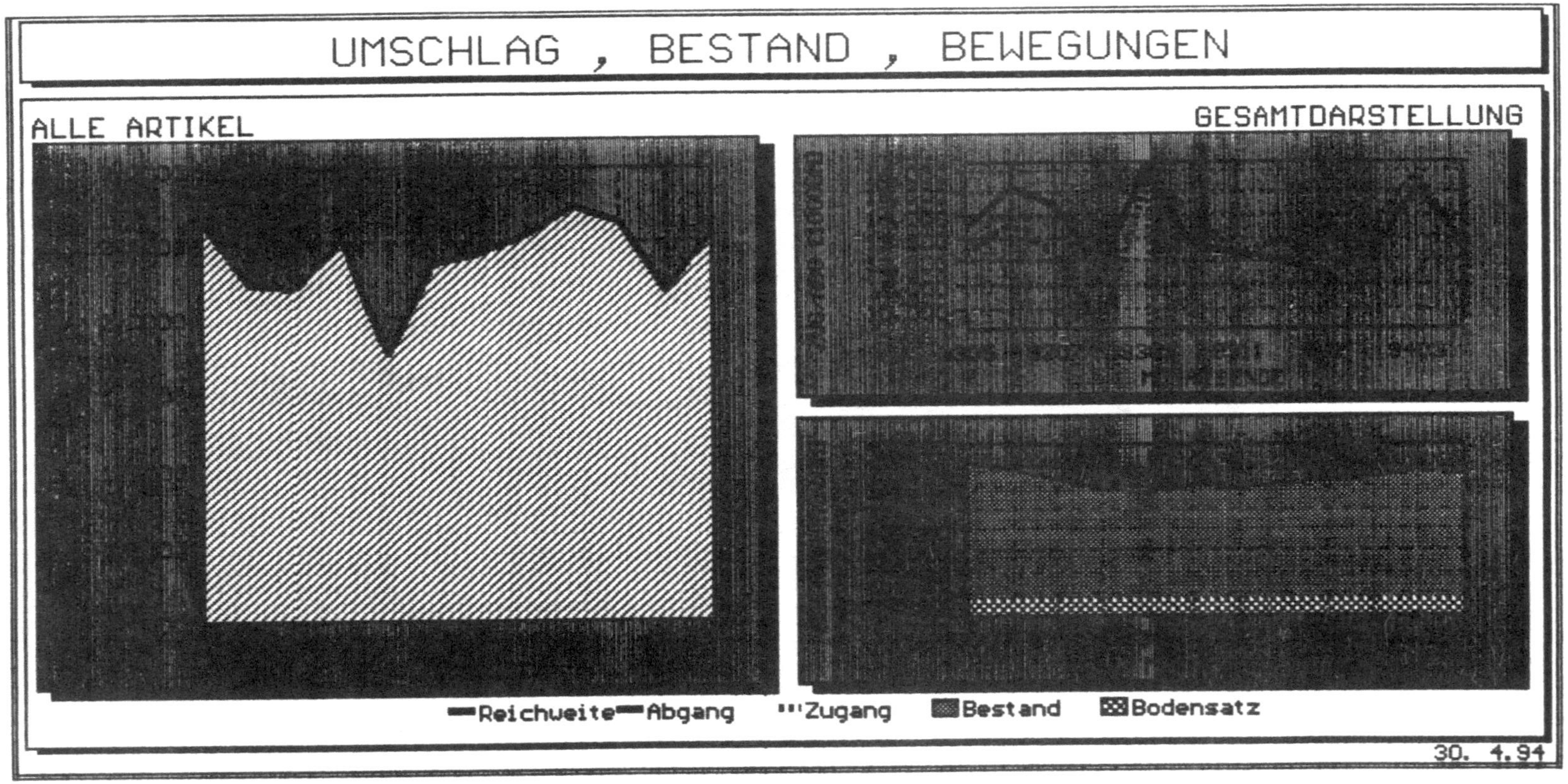

UMSCHLAG, BESTAND, BEWEGUNGEN

GESAMTDARSTELLUNG

ALLE ARTIKEL

— Reichweite — Abgang ··· Zugang ▓ Bestand ▒ Bodensatz

30. 4.94

|  | U. I. LAPP GmbH & Co. KG | Bestandsmanagement | Stand: 26.05.1994 |

BESTANDSCONTROLLING FA. LAPP

Stand 30.04.1994

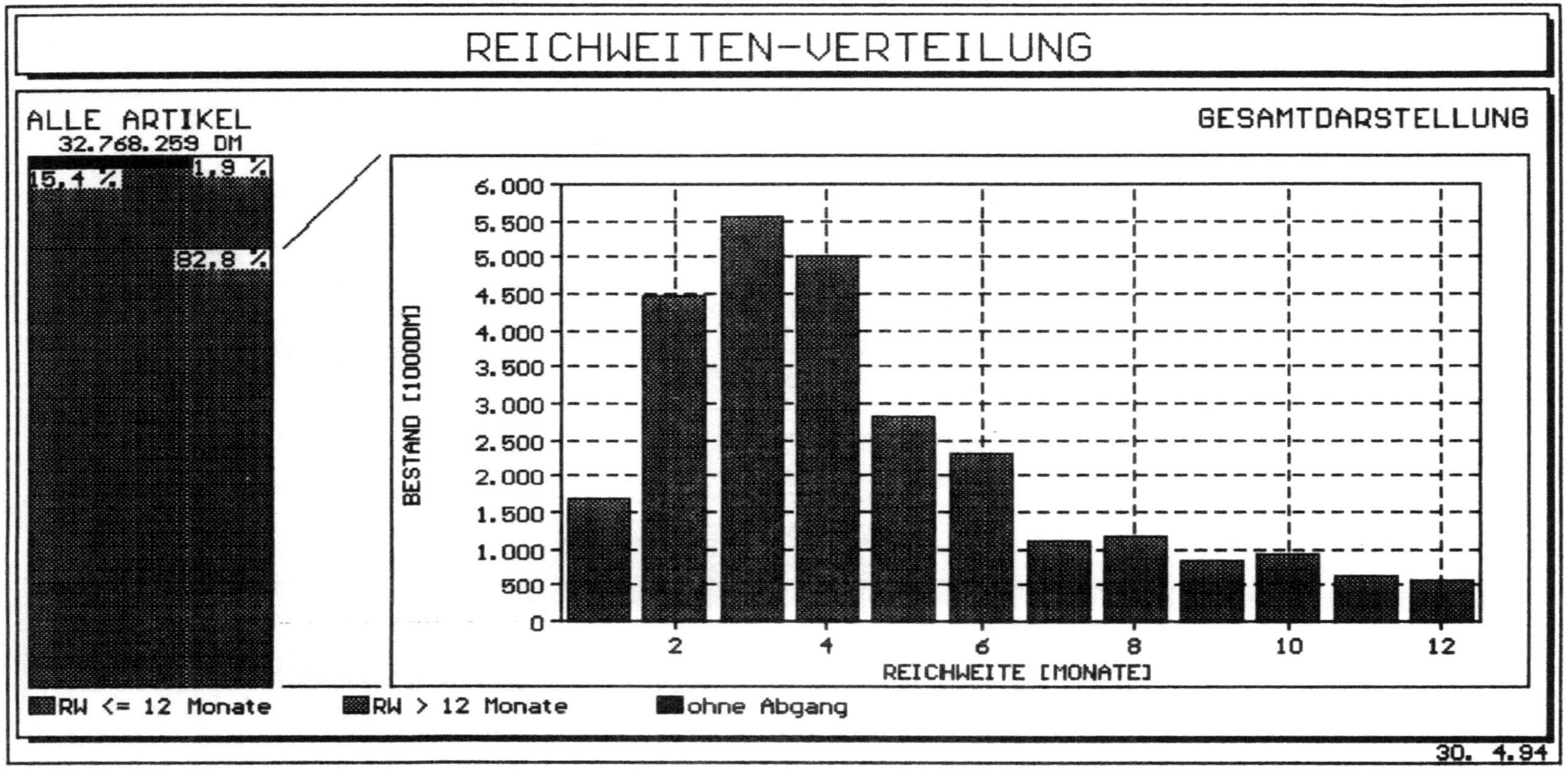

EINKAUFSCONTROLLING FA. LAPP

Stand 30.04.1994

ECS				GESAMTINFO
GRAFIK TABELLEN REPORT				

ALLE ARTIKEL — ANZAHL ARTIKEL : 35144

	ANZAHL		WERT [DM]	MENGE [MEH]		
BESTELLUNGEN :	40660		158.240.967	269.995.238		
BEST.OFFEN :	8074		30.740.032	61.705.103		
IN VERZUG :	272		1.119.738	501.773		
WIE VEREINB. :	2491	6 [%]	9.702.692	19.579.722	7	[%]
LIEFERFÄHIG :	36781	90 [%]	141.325.169	246.476.356	91	[%]
LIEFERUNGEN :	39838		120.267.848	224.136.229		
DAVON ZU FRÜH:	24103	61 [%]	74.049.161	142.193.952	63	[%]
DAVON ZU SPÄT:	4491	11 [%]	10.824.229	11.357.034	5	[%]
LIEF.WUNSCH :	40521		123.056.214	224.446.951		
TERMINTREU :	10501	26 [%]	33.047.760	66.712.768	30	[%]

92.12.01 - 94.04.30   AUSWAHL DURCH PFEILTASTEN ODER BUCHSTABEN , ENDE MIT ESC   MEM:944292

U. I. LAPP GmbH & Co. KG | Bestandsmanagement | Stand: 26.05.1994

VERTRIEBSCONTROLLING FA. LAPP

Stand 30.04.1994

```
LCS                                                         GESAMTINFO

GRAFIK  TABELLEN  KENNZAHLEN  REPORT

ALLE PRODUKTE                          ANZAHL PRODUKTE :  34675

ZEITRAUM: 92.12.01 - 94.03.31    TERMINTREUE   ZU FRÜH:  7 [Tage]
                                               ZU SPÄT:  7 [Tage]
B E S T E L L U N G E N

                ANZAHL              WERT [DM]         MENGE [MEH]

BESTELLUNGEN :  17697               22.088.262        22.507.484
BEST.OFFEN   :  10661               19.825.709        20.329.249
IN VERZUG    :   1567                3.161.830         2.287.001

L I E F E R U N G E N

                ANZAHL              WERT [DM]         MENGE [MEH]


92.12.01 - 94.03.31                                   MEM:974632

AUSWAHL DURCH PFEILTASTEN ODER BUCHSTABEN , ENDE MIT ESC
```

U. I. LAPP GmbH & Co. KG	Bestandsmanagement	Stand: 26.05.1994

260

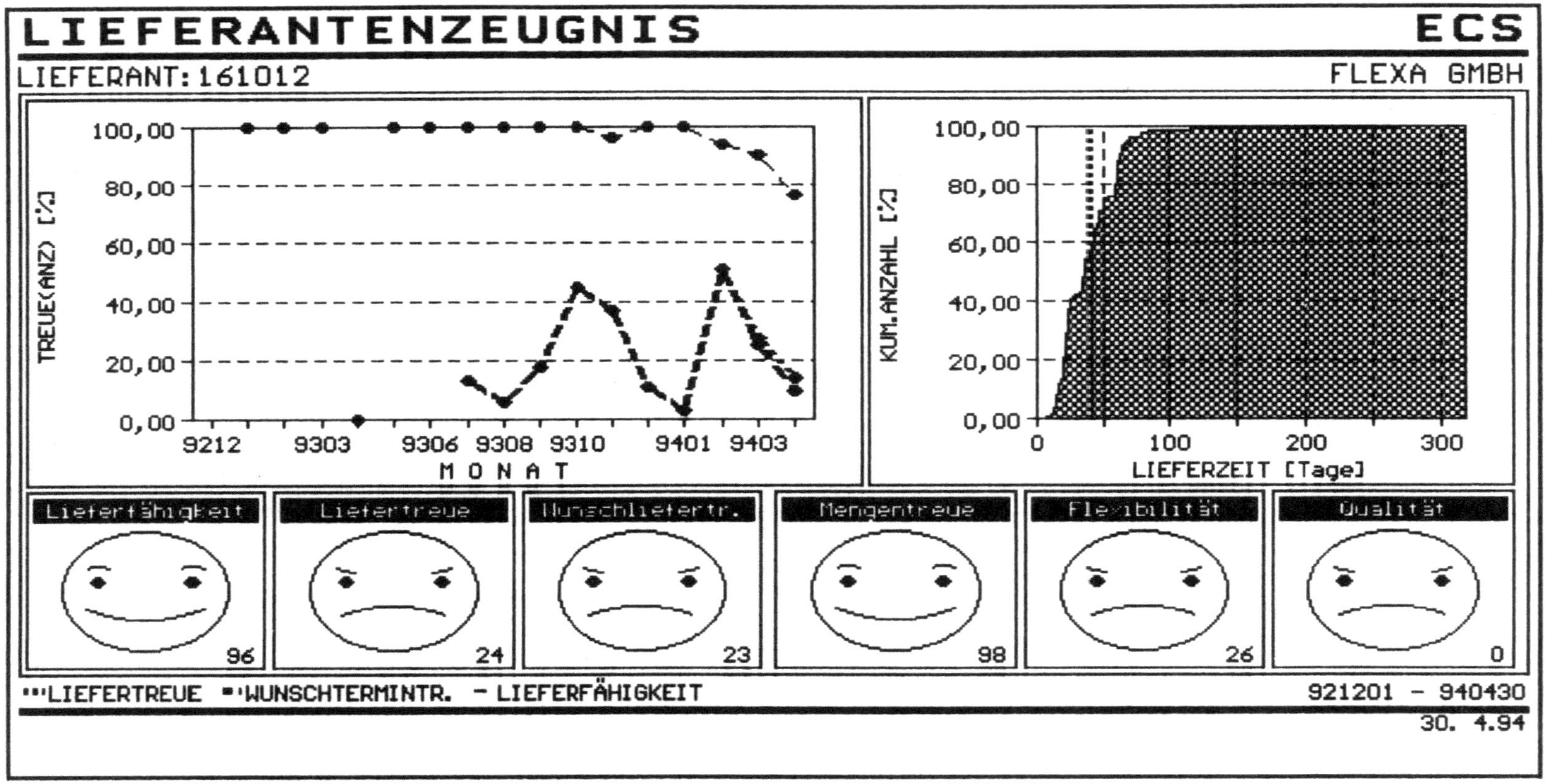

Dezentrale Anlagen- und Prozeßverantwortung bei einem Unternehmen der Automobilzulieferindustrie

B. Brodbeck

Dezentrale Anlagen- und Prozeßverantwortung (DAPV) bei einem Unternehmen der Automobilzulieferindustrie

IPA- Arbeitstagung Juni 94

Dr. Bernd Brodbeck   MAHLE GmbH Rottweil

MAHLE

1. Ausgangssituation
2. Vorgehensweise
3. Zielstruktur
4. DAPV- Konzept
5. Pilotbereich
6. Ausblick

Gliederung

1. Ausgangssituation

Die Situation der deutschen Automobilzulieferer ist bestimmt durch drei wesentliche Faktoren:

- weltweiter Rückgang des Absatzmarktes,
- der von den Endabnehmern erzeugte Kosten- und Termindruck,
- sowie zunehmender Konkurrenzkampf zwischen den international agierenden Unternehmen selbst.

Alle drei Faktoren zusammen stellen die langfristige Existenz der Zulieferer- und Ausrüstungsunternehmen am Standort Bundesrepublik immer mehr in Frage.

Selbst eine positive Entwicklung der Konjunktur, die in der Vergangenheit immer wieder aus Krisen geholfen hat, kann bei den jetzigen langanhaltenden Strukturproblemen allein keine Verbesserung bringen.

Neben Standortnachteilen, die volkswirtschaftliche Ursachen haben und ebenso erheblicher Korrekturmaßnamen bedürfen, müssen die Wettbewerbsnachteile der Unternehmen durch Maßnahmen überwunden werden, die weit über das Maß bisher üblicher Korrekturen in Form von klassischen Rationalisierungsmaßnahmen hinausgehen Bild 1.

Produktivitätssteigerungen, in der Regel erreicht durch Automatisierung in direkten Bereichen, sind weitgehend ausgereizt. Hier können wir auch international immer noch eine Spitzenposition beanspruchen. Betriebliche Strukturen, die geschaffen wurden, das bisherige Wachstum und immer komplexere Systeme zu beherrschen, haben zu verstärkter Unbeweglichkeit und steigenden Kosten, in der Regel Personalkosten, geführt.

Der Erfolg unserer Unternehmen auf den in- und ausländischen Märkten hängt im wesentlichen von

- wettbewerbsfähigen **Preisen,**
- bedarfsgerechter **Lieferfähigkeit** und
- hoher **Produktqualität** ab.

Der Hersteller wird nun stärker mit der Notwendigkeit konfrontiert, dem Kunden eine nachweisbare Sicherheit zu geben, daß er in allen Phasen der Produktentwicklung und der Herstellung Qualität und Liefertermin sicherstellen kann.

Klassische Organisationen, wie sie auch bei MAHLE entstanden sind, weisen eine häufig strenge vertikale und horizontale Arbeitsteilung sowohl im Konzern als auch in den Produktionswerken auf (Bild 2).

Diese Trennung der Verantwortung bezüglich

- Planung und
- Ausführung sowie bezüglich
- Produktionsmenge,
- Produktqualität und
- Kosten

ist ein wesentlicher Grund für die aktuelle Problemsituation. Die vorhandene Kreativität, das Wissen der Mitarbeiter und deren Potentiale können bei den bisherigen **Organisationsstrukturen** nur unzureichend erschlossen werden.

Bereits vor dem Krisenjahr 1993 wurde bei der MAHLE GmbH entschieden, durch konzernweite Strukturmaßnahmen die Voraussetzungen für dezentrale Verantwortung und Kompetenz in den Werken zu schaffen.

Diese Maßnahmen, die im wesentlichen eine Spezialisierung der Werke für einzelne Produktgruppen (**Segmente**) sowie eine Verlegung von Funktionen von der Zentrale in die Werke beinhalten, konnten bis heute weitgehend abgeschlossen werden.

Darüber hinaus wurde in 1993 damit begonnen, in den Werken durch eine weitergehende **Segmentierung** und einer konsequenten Orientierung an den **Schlüsselprozessen** Organisations- und Informationsstrukturen zu schaffen, bei denen das Innovations- und Erfahrungspotential der Mitarbeiter im Vordergrund standen. Ende 1993 entschied MAHLE, sich an dem Verbundprojekt

"Optimierung der Organisations- und Informationsstruktur in indirekten Bereichen von Unternehmen der Automobilzulieferindustrie am Beispiel der Instandhaltung und Qualitätssicherung"

zu beteiligen. Das Verbundprojekt, an dem sich neben MAHLE drei weitere Automobilzulieferfirmen beteiligen, wird unter der Leitung vom **Fraunhoferinstitut für Produktionstechnik und Automatisierung (IPA)** durchgeführt und vom **Wirtschaftsministerium des Landes Baden-Württemberg** gefördert.

Der folgende Beitrag befaßt sich mit den Strukturmaßnahmen der Firma MAHLE im Produktionswerk Rottweil sowie mit ersten Ergebnissen aus dem Verbundprojekt.

2. Vorgehensweise

Lean Production, Lean Management, Segmentierung, Fraktale Fabrik sowie die einschlägigen Methoden aus Fernost wie Kaizen u. a. wurden auch bei MAHLE auf allen Ebenen diskutiert und inzwischen auch die wesentlichen Grundsätze praktiziert.

Sehr schnell wurde dabei erkannt, daß es sich hierbei um keine Methoden und Techniken handelt, die man einfach nachmacht um erfolgreich zu sein, sondern daß jeder seinen eigenen Weg finden muß anhand wesentlicher Grundsätze, die alle "Rezepte" mehr oder weniger beinhalten. Man wird dabei auch feststellen, daß es häufig nur darum geht, Fähigkeiten und Eigenschaften, die in der Vergangenheit vorhanden waren, wieder zu entdecken und zu mobilisieren.

Von besonderer Bedeutung ist die **Teamarbeit** in allen Bereichen, d. h. bereichsübergreifendes Denken und Handeln, geringere Arbeitsteilung (weg vom Taylorismus).

Ein Element, das bei allen Erfolgsrezepten im Mittelpunkt steht, und das ich neben den anderen Grundsätzen besonders hervorheben möchte, ist **der Mensch als Mittelpunkt des Arbeitsprozesses**.

Neben der konsequenten Segmentierung und Dezentralisierung **DAPV**, erweitert um die Grundsätze der **Fraktale**, stellen bei MAHLE **TQM-** (Total Quality Management) und **QOS-** (Quality Operating System) Programme im Mittelpunkt der Geschäftspolitik.

Inhaltliche und grundsätzliche Überdeckungen der Programme sind dabei nur von Vorteil (Bild 3).

Eine werksübergreifende Projektorganisation muß sicherstellen, daß die verschiedenen Aktivitäten terminlich und inhaltlich aufeinander abgestimmt sind. Durch ein umfassendes Schulungsprogramm für Mitarbeiter aller Disziplinen und Hierachieebenen werden die Mitarbeiter mit den Zielen und Projekten vertraut gemacht sowie Methoden und Techniken vermittelt. Aus dem umfangreichen Schulungsprogramm seien hier einige Themen beispielhaft aufgeführt:

- Projektmanagement,
- QOS - Systematik und Methode,
- Moderationstechnik,
- Problemlösungstechnik,
- FMEA.

Eine wesentliche Voraussetzung für den Erfolg der Projekte ist die **Einbindung des Betriebsrats**. Information und Beratung, aktive Mitarbeit sowie fallweise Mitbestimmung, sind Voraussetzung für eine vertrauensvolle Zusammenarbeit.

Der Faktor Zeit, der zu einer zügigen Umsetzung der Maßnahmen zwingt, sollte nicht dazu verleiten, das Informations- und Mitbestimmungsrecht des Betriebsrates zu übergehen.

Umfassende und offene Information insbesondere über die strategischen Ziele eines Unternehmens sind die Basis für eine kooperative Zusammenarbeit.

3. Zielstruktur

Grundvoraussetzung für das Funktionieren dezentraler Organisationen ist eine **Orientierung an Zielen**. Eine mehrstufige Zielhierarchie mit zunehmendem Detaillierungsgrad stellt sicher, daß alle beteiligten Funktionen eines Unternehmens zur Erreichung des obersten Zieles, nämlich der **Verbesserung des Kundennutzens** beitragen. Die absolute Kundenorientierung steht im Vordergrund aller Anstrengungen, wobei neben dem Verhältnis zum externen Kunden dem **internen Kunden-/ Lieferantenverhältnis** besondere Bedeutung zugemessen wird.

<u>Bild 4</u> zeigt das Zielsystem des Werkes Rottweil der Firma MAHLE, <u>Bild 5</u> die auf die operative Ebene heruntergebrochenen Ziele am Beispiel der Qualität. Mit zunehmendem Detaillierungsgrad, vorgegeben durch quantitative und terminierte Ziele, ist darauf zu achten, daß durch Orientierung an den übergeordneten Zielen eine gesamtheitliche Harmonisierung erreicht wird. Die Sicherstellung dieser gesamtheitlichen Harmonisierung ist die wesentliche **Führungsaufgabe** auf allen Ebenen. Eine Reduzierung der Schnittstellen (besser Nahtstellen) sowie eine Reduzierung der Hierarchieebenen erleichtert diese Aufgabe.

Drei Ebenen

- Unternehmen,
- Werk,
- Segment,

müßten dabei ausreichend sein.

4. DAPV-Konzept

Nach Durchführung einer Zustandsanalyse des Produktionswerkes Rottweil mit dem Schwerpunkt Ablauf- und Aufbauorganisation und der Verabschiedung des Zielsystems wurde das **DAPV-Konzept** erstellt. Neben der Entwicklung der Werkstruktur (Organisations- und Informationsstruktur) wird dann in einem für das Werk und das Gesamtunternehmen repräsentativen Pilotbereich das Konzept umgesetzt (Bild 6).

Bei Projektbeginn war vorgesehen, die Dezentralisierung am Beispiel Instandsetzung und Qualitätssicherung zu untersuchen. Aufgrund vieler Funktionsüberschneidungen und des Anspruchs ein Pilotsegment komplett zu realisieren, entschloß man sich, die "Dienstleistungsbereiche "Arbeitsvorbereitung und Logistik" mit in die Untersuchungen aufzunehmen (Bild 7).

Das Produktionswerk Rottweil produziert Kleinkolben, PKW- und NKW-Kolben vom Rohteil (in der Regel Alu-Kokillenguß) über die Feinbearbeitung, Beschichtung, Bestückung versandfertig. Zubehör wie Kolbenbolzen, Sicherungs- und Kolbenringe werden zugeliefert.

Darüber hinaus beliefert das Werk Rottweil andere MAHLE-Werke und Endkunden mit Gußrohlingen sowie mit Halbfabrikaten (AL-Stangenabschnitten).

In der Regel ist die Fertigung einstufig. Zunehmend an Bedeutung gewinnt die Produktion des sogenannten MAHLE-Ferrothermkolbens, der aus einem Schmiedestahloberteil und einem AL-Guß-Unterteil besteht, die über den Kolbenbolzen miteinander verbunden sind (Bild 8).

Eine zentralisierte Fertigungssteuerung (Reihenfolgeplanung, Maschinenbelegung, Fertigungsfreigabe, Terminüberwachung) für die sehr unterschiedlichen Produkte verursachte geringe Steuerungsverantwortung auf der Fertigungsebene und hohen logistischen Planungsaufwand. Steuerung und Terminverantwortung liegen beim indirekten Verwaltungs- und Management-Personal. Die Fertigungsfreigabe erfolgt je Fertigungsbereich.

Hohe Umlaufbestände, hohe Durchlaufzeiten sowie hoher Koordinationsaufwand an der Schnittstelle zwischen

- Disposition und
- Steuerung

in den Fertigungsbereichen, Kontrolle und Rohherstellung bestimmten die Auftragsabwicklung. Zunehmend kurzfristige Kundenabrufe, kleinere Losgrößen, erforderten entweder größere Fertigwarenläger, um die Lieferfähigkeit sicherzustellen oder die Bildung **prozeßorientierter Produktionseinheiten mit Integration der Steuerungsverantwortung**. Selbststeuerung nach Zwangsfluß und Holprinzip sowie ein straffes Bestandscontrolling stellen das Grundprinzip dar (Bild 9).

Erste organisatorische Maßnahme ist die Aufteilung des Werkes in **Fraktale**, d.h. kleine Fabriken, die nach den Grundsätzen der **Teamorganisation** geführt werden.

Zum Meister, Vorarbeiter und Werker kommen Fertigungsplaner, -steuerer, Arbeitsvorbereiter, Disponenten, Qualitätssicherer und Instandsetzer. Dieses **Produktionsteam** hat alle Funktionen, Kompetenzen und Verantwortung um sich selbst zu steuern und das Produkt dem nächsten Fertigungsschritt (interner Kunde) oder dem externen Kunden termingerecht und in geforderter Qualität zur Verfügung zu stellen (im Sinne von **TQM**).

Entsprechend der Struktur wurde eine neue Aufbauorganisation geschaffen mit den Zielen Bilder 8, 9, 10):

- klar definierte Prozeßbereiche,
- strafferer, "flacher" Informationsfluß,
- Grundlage für effiziente Ablauforganisation,
- Teambildung,
- Eigenverantwortung und Motivation fördern,
- richtiger Mann am richtigen Ort,
- Voraussetzung für dynamische Anpassungsfähigkeit schaffen,
- externe Anforderungen optimal erfüllen,
- Reduzierung der Schnittstellen,
- bei verbleibenden "Nahtstellen" Kunden-Lieferanten-Beziehung aufbauen.

Neben den produkt-prozeßorientierten Segmenten in der Fertigung und der funktions-prozeßorientierten Gießerei werden weiterhin erheblich verkleinerte "zentrale" **Servicesegmente** die segmentübergreifende Aufgaben als Dienstleistung übernehmen.

Die Gründe für die Beibehaltung kleiner Dienstleistungssegmente sind zum einen wirtschaftliche Überlegungen (z. B. Maschinenpark für Werkzeugbau, Fachwissen des Instandsetzungspersonals Elektriker), zum anderen Funktionen, die bei allen Segmenten identisch sind (z.B. Personalabteilung).

Koordinierende Aufgaben können sowohl als übergeordnete Aufgabe aus einem Segment heraus (z. B. Investitionsplanung, Personalplanung) als auch von der zentralen Dienstleistung (z.B. zentrale Logistik) wahrgenommen werden.

Eine "totale" Segmentierung ohne zentrale Dienstleistungsfunktion ist in der Regel nicht durchführbar. Die Verbindung zu den ebenfalls stark reduzierten Bereichen in der Konzernzentrale wird sowohl aus den Segmenten als auch aus den zentralen Funktionen aufrechterhalten.

Die Tätigkeiten der **Konzernzentrale** konzentrieren sich hauptsächlich auf strategische sowie werksübergreifende, koordinierende Aufgaben.

Ein Schwerpunkt des DAPV-Konzeptes ist die Untersuchung der Aufgabenverteilung zwischen Produktionsfraktal und zentralen Bereichen <u>(Bilder 11, 12)</u>.

Die daraus resultierende Struktur ist in den <u>Bildern 13, 14</u> dargestellt.

Eine entscheidende Rolle spielen in der neuen Organisation die **Lenkungsteams**. Das operative Geschäft in den Produktionsfraktalen, die verantwortlich sind für Kosten, Qualität und Termin für den Wertschöpfungsprozeß, wird vom Lenkungsteam (auch **Steuergruppe**) gestaltet. **Dienstleistungsfraktale** haben Kosten-, Qualitäts- und Terminverantwortung für **Produkt- und Prozeßinnovation**.

Dieses Geschäft wird i.d.R. in zeitlich begrenzten Projekten unter Einbeziehung von Mitarbeitern aus den Produktionsfraktalen, der Konzernzentrale und evtl. externen Beratern getätigt.

5. Pilotbereich

Bereits Anfang 1993 haben wir entschieden, den **Bereich Kleinkolben** nach den Grundsätzen der Segmentierung zu organisieren.

Die Gründe hierfür waren, daß dieser Bereich wenig Bezug zu anderen Produktbereichen hatte sowie andere logistische Voraussetzungen, da die Kleinkolben nicht an Kunden aus der Automobilindustrie geliefert werden. Der Kunde bei Kleinkolben ist nicht der externe Kunde, sondern ein anderes MAHLE-Werk, das die Kolben zusammen mit Zylindern montiert an den Endkunden liefert. Darüber hinaus zwangen wirtschaftliche Gründe zu schnellen, unkonventionellen Maßnahmen. Der Fertigungsbereich war geprägt durch eine starke horizontale und vertikale Arbeitsteilung.

Auch in den Fertigungsbereichen (Gießerei, mechanische Fertigung) waren die Aufgaben qualifikations- und funktionsbedingt stark zergliedert. Insgesamt war der Fertigungsprozeß vom Schmelzen bis zum Versand in über **40 Teilfunktionen** aufgegliedert.

Nicht berücksichtigt sind dabei die Funktion Vertrieb, Entwicklung und Konstruktion, die nicht am Fertigungsstandort vertreten sind.

<u>Bild 15</u> zeigt die Struktur des Produktionsbereiches Kleinkolben vor und nach der Segmentierung.

Bisher wurden folgende Maßnahmen durchgeführt:

- Integration des Bestückens im Werk Rottweil,
- Integration des Wareneingangs für Zubehörteile im Werk Rottweil,
- Zusammenfassung Endprüfung und Bestücken,
- Logistische Verantwortung bis zum Versand in einer Hand,
- Weitgehende Integration der "Hilfsfunktionen" im Segment,
- Räumliche Integration aller Funktionen und Personen in der Produktion (Meisterbüro),
- Zusammenfassung von Arbeitsvorbereitung, Fertigstellung und Disposition bei einer Person (Vertreterregelung im Segment),
- Höherqualifizierung der Maschinenbediener zum Selbsteinsteller,
- Einführung eines Segment-Controllings,
- Reduzierung der Funktionen im Vertriebs-, Entwicklungs- und Konstruktionsbereich.

Durch diese organisatorischen Maßnahmen, verbunden mit einer straffen Projektorganisation, die auch bereits laufende Rationalisierungsprojekte (i.d.R. Ratio-Investitionen) integriert, konnten in diesen Bereichen bereits erhebliche Verbesserungen erzielt werden, z.B.

- Positives Betriebsergebnis im 1. Quartal 1994,
- Überwindung gravierender Lieferrückstände,
- Halbierung der Anzahl der Funktionen (durch Zusammenfassung und Entfall),
- Reduzierung der Durchlaufzeit um 30 %,
- Reduzierung der Bestände um 30 %,
- Reduzierung der Anzahl der Mitarbeiter bei erhöhtem Umsatz.

Da sich die Anzahl der Mitarbeiter durch die Integration (Umsetzung) aus der Zentrale ins Segment teilweise erhöhte, war es erforderlich, das Segment bei der **Werksumlage** zu entlasten, um nicht durch kalkulatorische Fehler das Ergebnis des Segments Kleinkolben negativ zu beeinflussen.

Weitere Verbesserungen werden erbracht durch die Einführung **bedarfsgerechter Arbeitszeiten**, weitere **Qualifizierung** der Mitarbeiter zur Verbesserung der Einsatzflexibilität sowie ein bedarfs- und leistungsgerechtes **Entlohnungssystem** (Bild 16).

6. Ausblick

Nach ca. einem Jahr Erfahrung mit der Segmentierung und einem halben Jahr **Arbeit im Rahmen der DAPV-Projektarbeit** haben wir entschieden, den eingeschlagenen Weg konsequent fortzusetzen. Eine zügige Segmentierung aller Bereiche wird in den nächsten Monaten vollzogen.

Die dafür erforderlichen **räumlichen Voraussetzungen** (Arbeitsplätze für integrierte Mitarbeiter) sowie **Schulungsmaßnahmen** für Teamarbeit (Moderationstechnik, Projektmanagement, Problemlösungstechnik) und geänderte Aufgabeninhalte werden durchgeführt. Eine segmentbezogene **Kostenrechnung und -controlling** wird eingeführt, um Erfolge und Rückschläge zu erkennen und z. B. auszuschließen, daß ein Bereich zu Lasten anderer Produktions- oder Servicebereiche subventioniert wird.

Ein umfassendes offenes und **einfaches Berichtswesen**, basierend auf schnellen Regelkreisen auf Prozeßebene, soll ein zielgerichtetes Handeln aller Beteiligten und ein schnelles Feedback sicherstellen.

Der menschliche Anpassungsprozeß, Umzug in das Segment ("hinunter in die Fertigung"), Teamarbeit im Produktionsteam, stellte sich anfangs schwierig dar, jedoch konnten im Pilotprojekt schon nach Wochen neue Aufgaben **gemeinsam** bearbeitet werden. Nach 2 Monaten hatten alle gelernt, daß sie ihre Probleme nur gemeinsam als Team lösen konnten.

Man stellt fest, daß die **Angst vor Veränderungen** ein großes Problem ist. Dabei ist es häufig schwieriger von Vertrautem loszulassen, als neue Dinge anzupacken. Der Verzicht auf **Statussymbole**, was bei gravierendem Strukturwandel immer wieder erforderlich wird, muß akzeptiert werden. Dabei ist entscheidend für den Erfolg, für zukünftige Strukturen und Aufgaben zu motivieren, ja zu begeistern.

Diese **Akzeptanz**, Begeisterung, Identifizierung mit den gemeinsamen Zielen sowie ein umfassendes Beherrschen der Methoden und Techniken (teilweise unter Verzicht auf Anwendung herkömmlich meist fachlichen Wissens) ist eine **Voraussetzung für Führungskräfte der Zukunft,** um den nächsten Schritt, nämlich die Einbeziehung aller Mitarbeiter (**Gruppenarbeit**) vollziehen zu können.

Bei MAHLE ist geplant, die strukturellen Maßnahmen in diesem Jahr abzuschließen und die umfassende Umsetzung auf allen Ebenen unter Einbeziehung aller Mitarbeiter in den folgenden Jahren. Eine parallele Einführung in den anderen Werken ist vorgesehen.

MAHLE

- Bild 1: Kosten-, Qualitäts-, Zeitnachteile
- Bild 2: Instanzen der Unternehmenshierarchie
- Bild 3: Segmentierung
- Bild 4: Ganzheitliches Unternehmenszielsystem
- Bild 5: Strukturierung des Zielsystems Werk Rottweil
- Bild 6: DAPV Projektplan Ablauf
- Bild 7: DAPV Projektplan Untersuchungsschwerpukte
- Bild 8: Produktsegmente Werk 5
- Bild 9: Aufgabenintegration in der Produktion
- Bild 10: Produktionssegmente Werk 5
- Bild 11: Aufgabenvert. zwischen Prod.fraktal u. zentr. Ber.
- Bild 12: Dezentrale Inst. Aufgaben und -Funktionen
- Bild 13: Werksstruktur in Fraktalen
- Bild 14: Gliederungsprinzipien der Produktionsstruktur
- Bild 15: Segmentierung Kleinkolben
- Bild 16: Arbeitszeiten, Entlohnung

Abbildungen

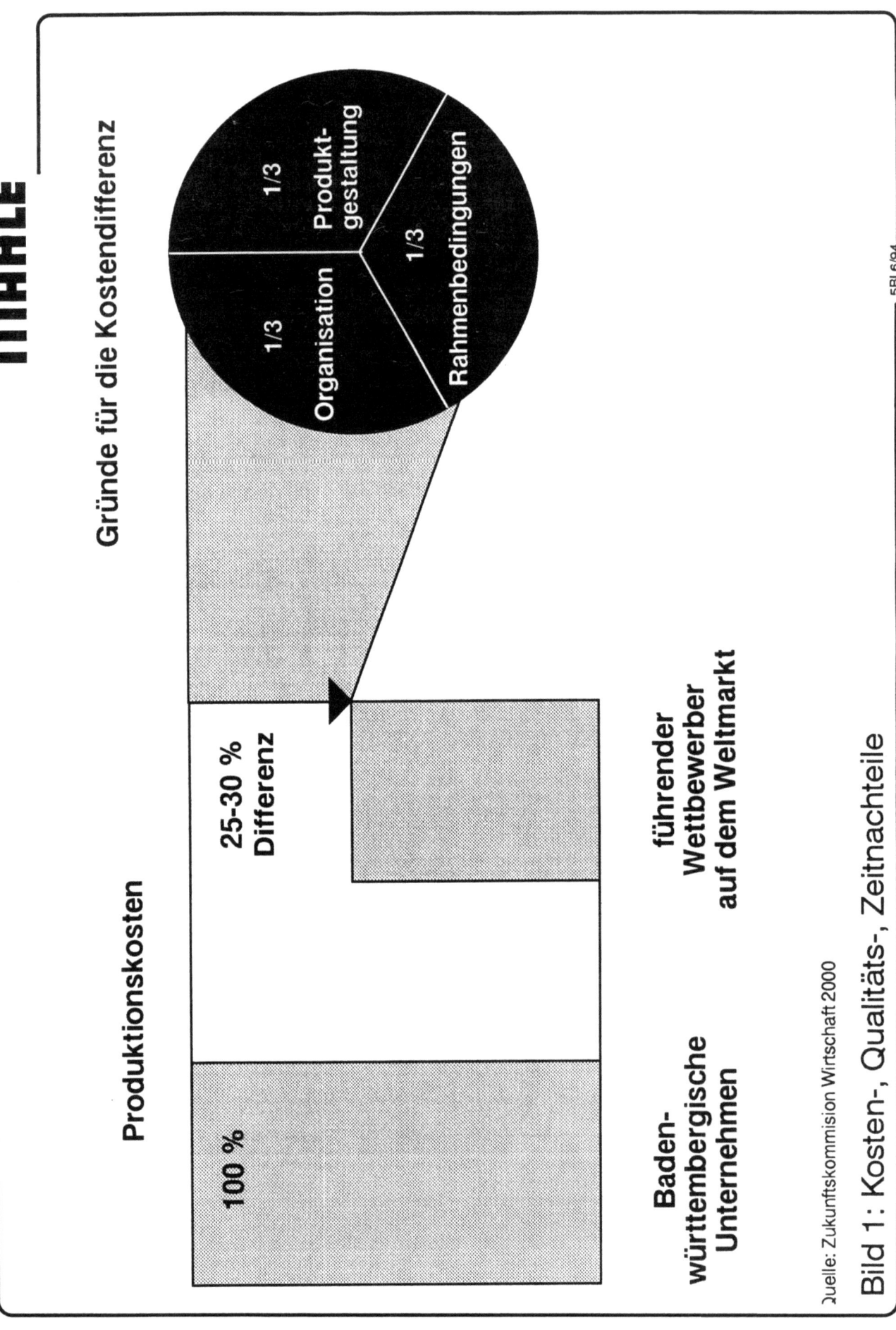

Bild 1: Kosten-, Qualitäts-, Zeitnachteile

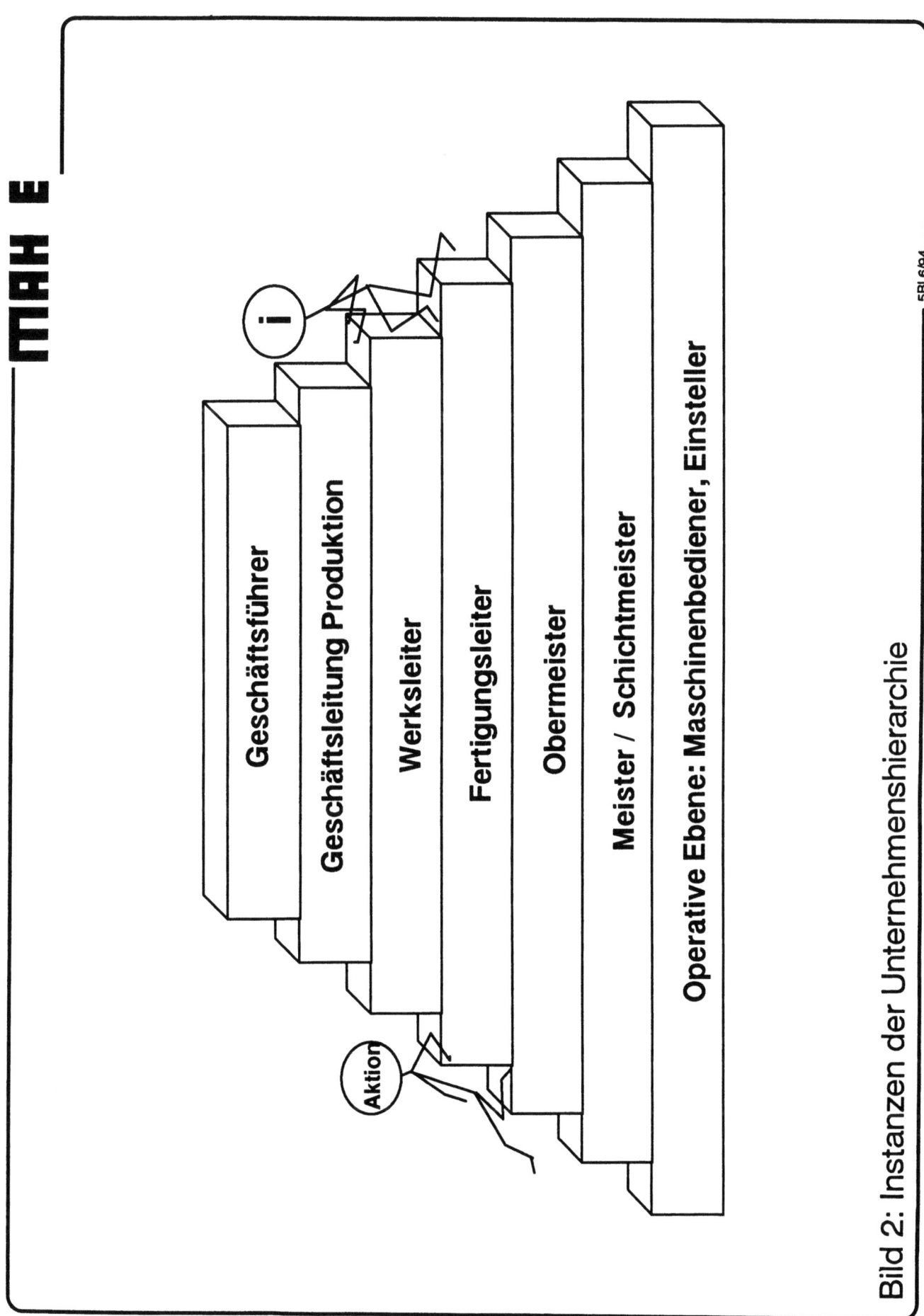

Bild 2: Instanzen der Unternehmenshierarchie

- Elemente der Segmentierung
  - Team-, Gruppenarbeit in allen Bereichen
  - Grundsatz: der Mensch im Mittelpunkt
  - Verantwortung, Kompetenzen nach "unten" verlagern
  - Flache Hierarchie
  - Frühzeitige Problemlösung, Fehlerbeseitigung
  - Offener, umfassender Informationsfluß
  - Engere Zusammenarbeit aller Bereiche
  - Perfektion als oberstes Ziel
    - Null Fehler
    - keine Lagerbestände, Puffer
    - hohe Flexibilität

- Definition Fraktal (nach Warnecke)
  - Selbstähnlichkeit
  - Selbstorganisation, Selbstorganisation
  - Zielorientierung
  - Dynamik

- Grundsätze TQM, QOS
  - Kundenorientierung (auch intern)
  - Zielorientierung nach meßbaren Größen
  - Orientierung an Schlüsselprozessen
  - Absolute Orientierung an erweitertem Qualitätsbegriff

Bild 3: Segmentierung

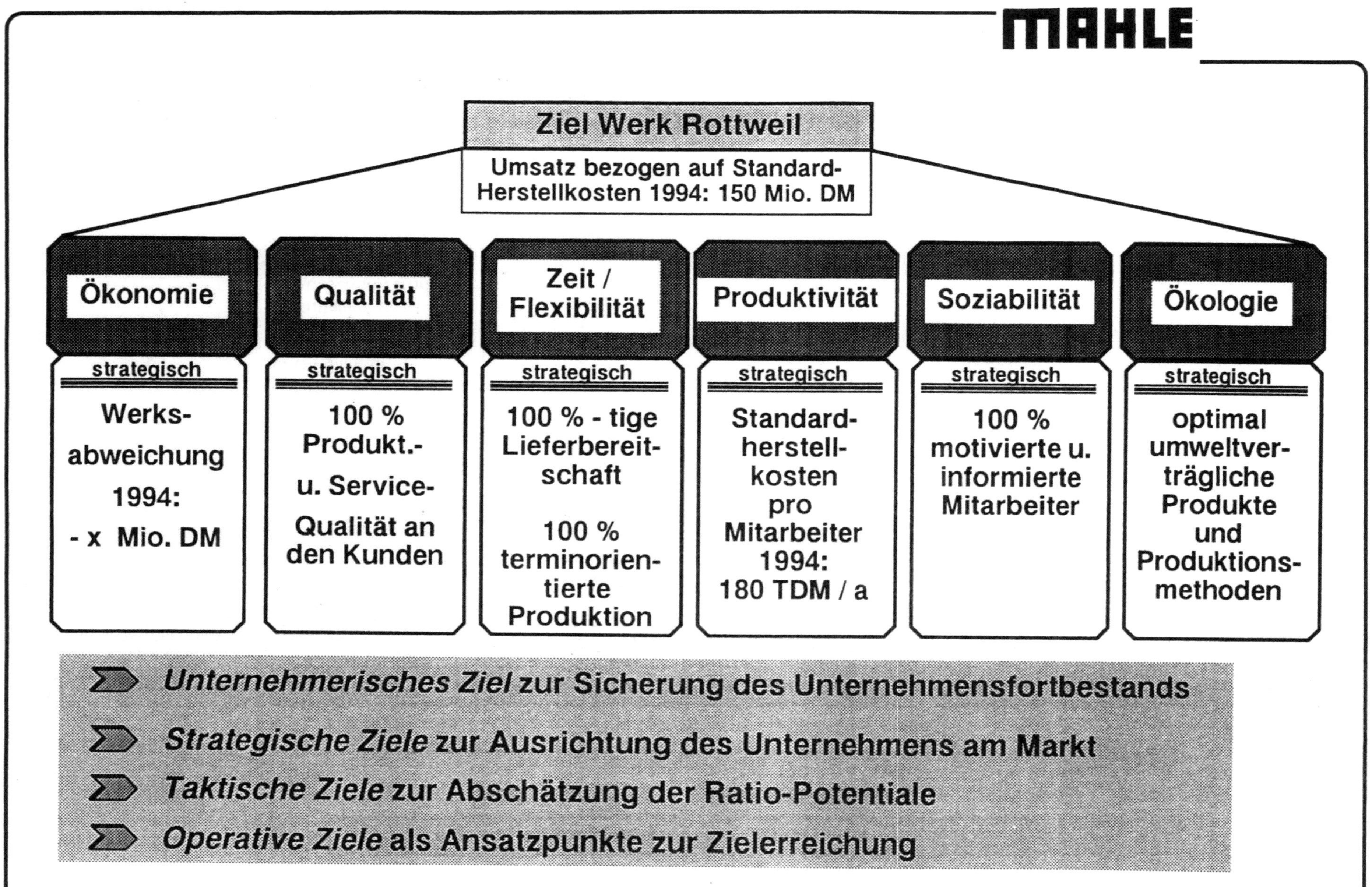

Bild 4: Ganzheitliches Unternehmenszielsystem

MAHLE

Zielsystem Werk Rottweil

Werksleistung   1994: 150 Mio. DM
                 1995: 170 Mio. DM

Ökonomie	Qualität	Zeit/Flexibilität	Produktivität	Soziabilität	Ökologie
strategisch	**strategisch**	**strategisch**	**strategisch**	**strategisch**	**strategisch**
Werksabweichung 1994: - x Mio. DM 1995: - x Mio. DM	100% Produkt- u. Service-Qualität am Kunden (intern und extern) 0-Fehler beim Kunden	100%-tige Lieferbereitschaft 100%-tige termintreue und bestandsminimierte Produktion	Wertschöpfung pro Mitarbeiter auf Plan-HK bezogen: 1994: 180TDM/a 1995: 205TDM/a	100% motivierte und informierte Mitarbeiter	100%-tige Erfüllung der gesetzlichen Anforderungen
taktisch	**taktisch**	**taktisch**	**taktisch**	**taktisch**	**taktisch**
. . . . .	➢ Qualitätsbewußtsein steigern (0-Fehler) ➢ Fehlerfrüherkennung verbessern ➢ Kunden-Lieferantenbeziehung aufbauen ➢ Q-Funktion dezentralisieren ➢ Weitergabe von 100 % Gutteilen ➢ Ausschuß verringern • AA von 1,5 auf 1 % • RA von 1,5 auf 1 % • MA von 1,9 auf 1 % • NA von 2,9 auf 2 %	. . . . .	. . . . .	. . . . .	. . . . .
operativ	**operativ**	**operativ**	**operativ**	**operativ**	**operativ**

Bild 5: Strukturierung des Zielsystems Werk Rottweil

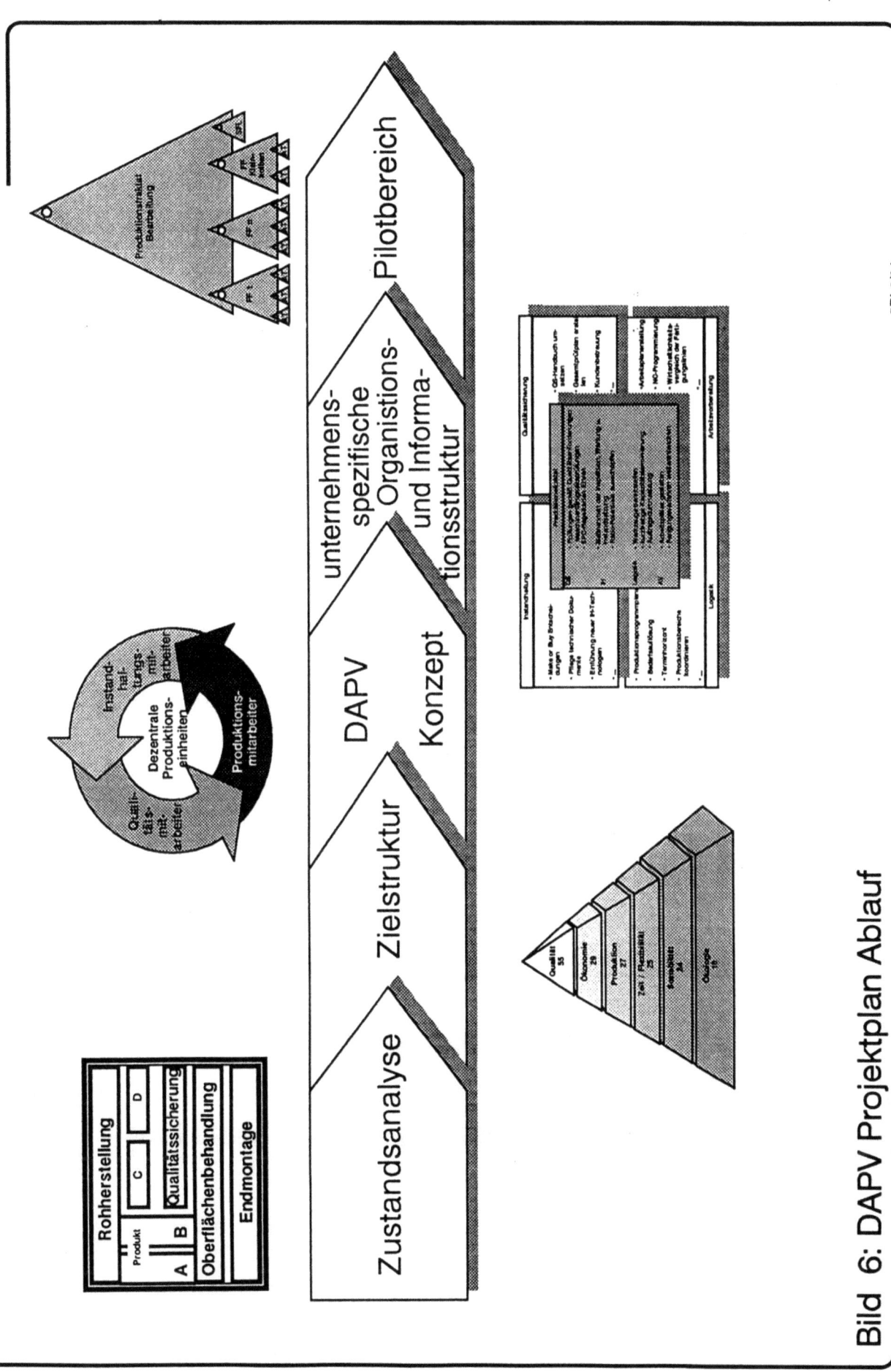

Bild 6: DAPV Projektplan Ablauf

MAHLE

- Aufgaben- und Funktionsstruktur
  - Arbeitsinhalte, Arbeitsumfang, Verantwortung, Befugnisse

- Personalstruktur
  - Qualifkation, Teamgeist, Motivation

- Informationsstruktur
  - Quellen, Senken, Schnittstellen, Umfang, Holprinzip

- Randbedingungen
  - Anreizsysteme, betr. Vorschlagswesen, KVP, Leistungsvisualisierung

- Organisationsstruktur
  - Produktionsteams
  - QS-, Inst.-, Logistik-, Planungs- Center

- Informationsstruktur
  - kleine und schnelle Regelkreise
  - funktions- und prozeßorientierte Informationserfassung und -bereitstellung

Bild 7: Projektplan Untersuchungsschwerpunkte

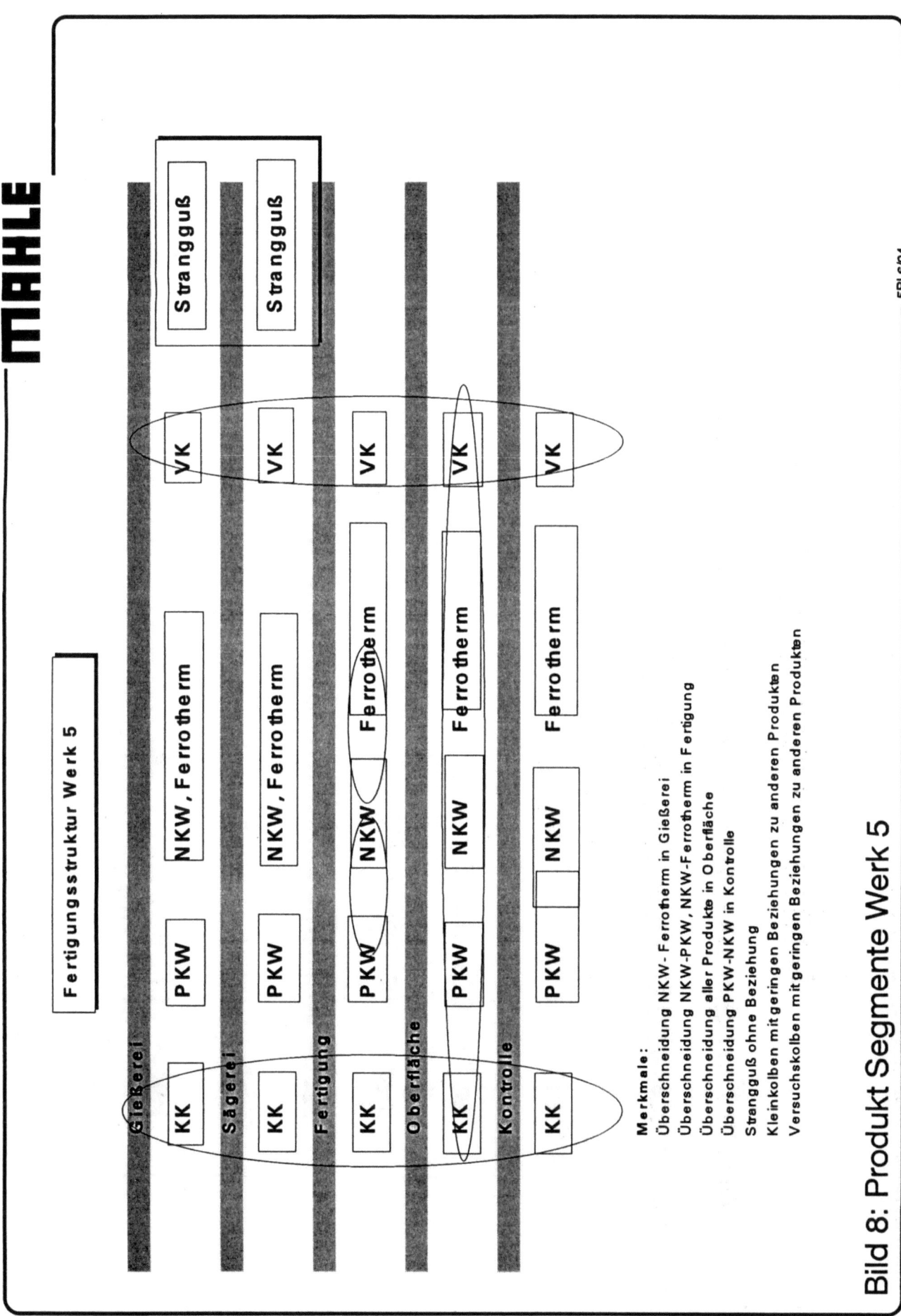

Bild 8: Produkt Segmente Werk 5

MAHLE

Durch Zusammenfassung

☞ von im Fertigungsablauf aufeinander folgenden Arbeitsplätze

☞ von mitarbeiter- bzw. teambezogenen Funktionen (Prozeßorientierung)

☞ von geteilter Verantwortung zu Gesamtverantwortlichkeit (Bearbeitungsschritt - Baugruppen - Produkt - Auftrag)

↑ reduzierte Liegezeiten
↑ geringere Bestände
↑ weniger Steuerungsaufwand
↑ weniger interne Betriebsaufträge
↑ verbesserte Reaktionsgeschwindigkeit auf Kundenaufträge

Bild 9: Aufgabenintegration in die Produktion

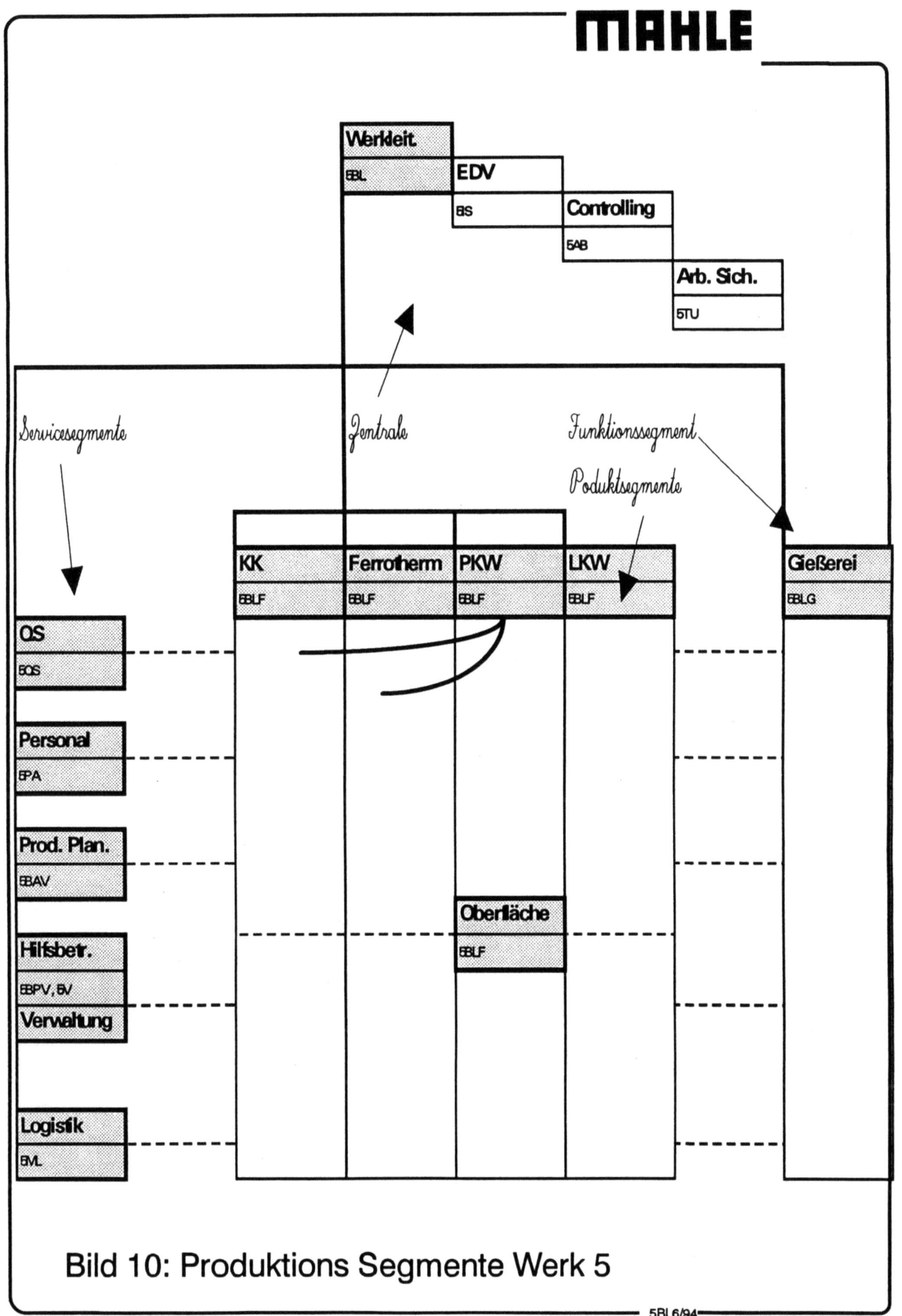

Bild 10: Produktions Segmente Werk 5

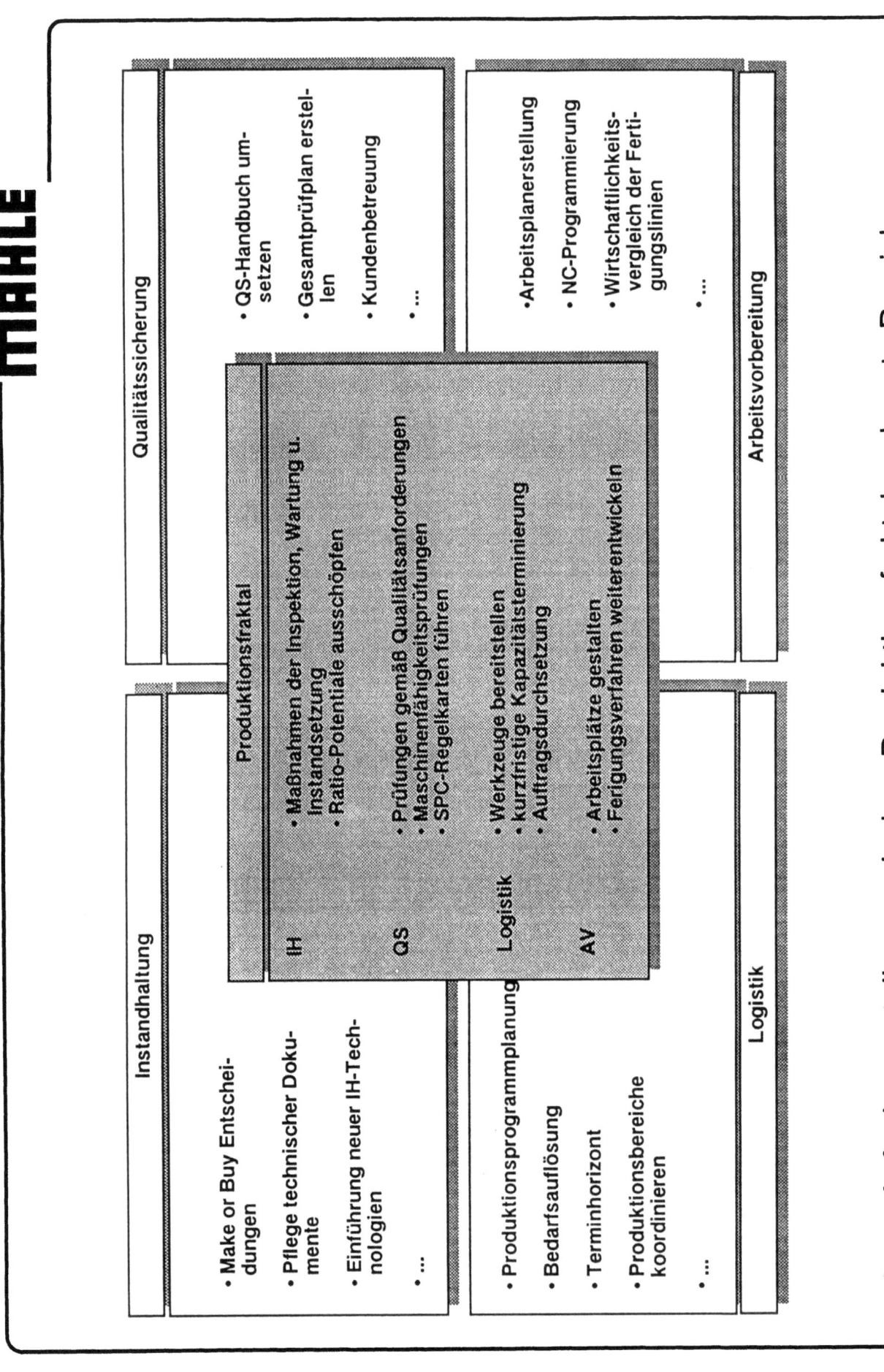

Bild 11: Aufgabenverteilung zwischen Produktionsfraktal und zentr. Bereich

MAHLE

- Durchführung von Inspektionen und Wartungsarbeiten *
- Durchführung von mech. Instandsetzungen *
- Durchführung von elektr. Instandsetzungen *
- Rationalisierungen an Anlagen in Abstimmung mit dem Service-Center Instandhaltung
- Instandhaltungsstrategien umsetzen
- Verfügbarkeitsüberwachung, -visualisierung
- Veranlassung von umfangreichen Instandhaltungsmaßnahmen
- Terminierung von Instandhaltungsmaßnahmen
- Funktionstests und Schwachstellenanalysen
- Verbesserungsvorschläge eigenverantwortlich umsetzen
- Instandhaltungsziele umsetzen
- ...

Bild 12: Dezentrale Inst. Aufgaben und -Funktionen

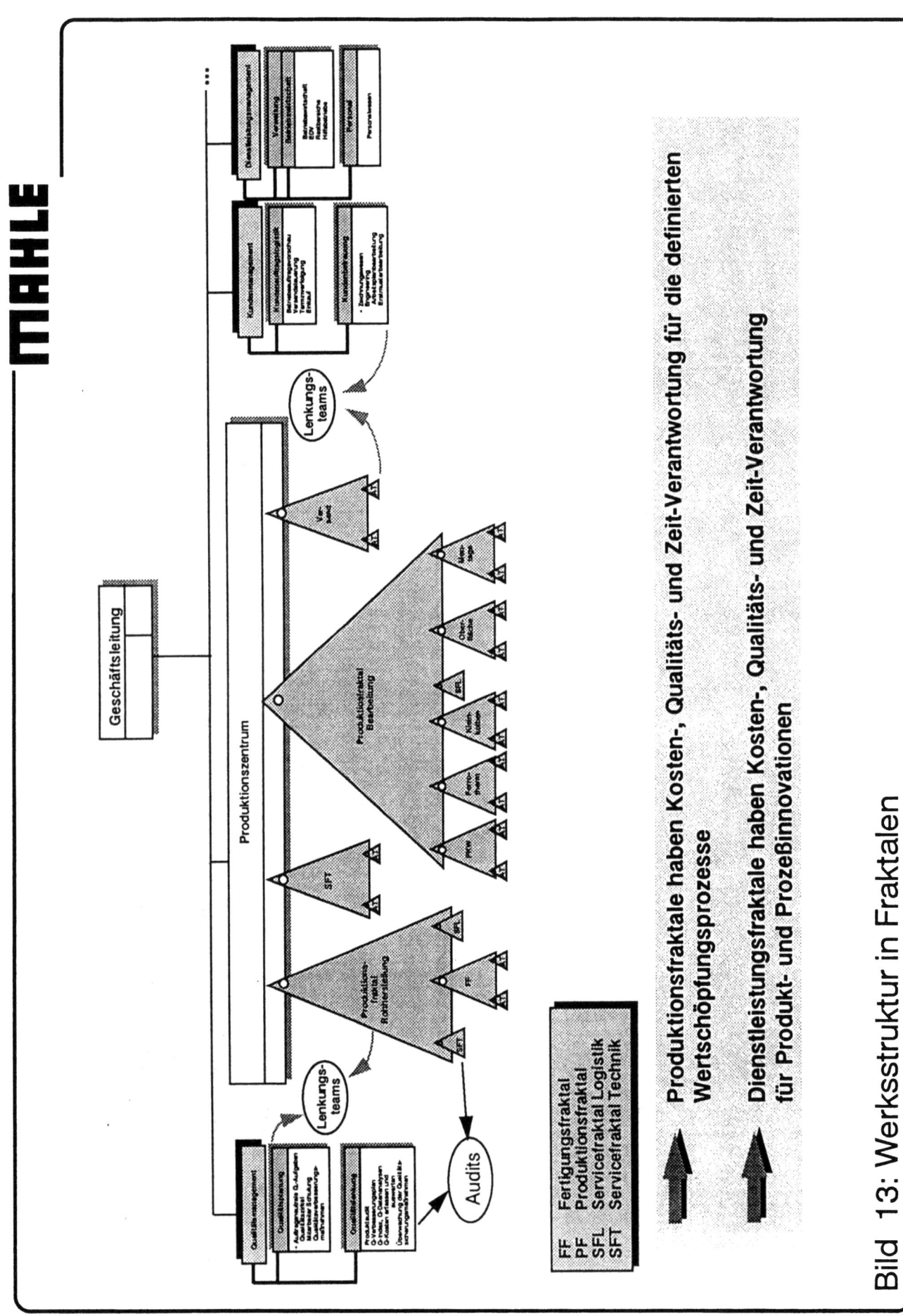

Bild 13: Werksstruktur in Fraktalen

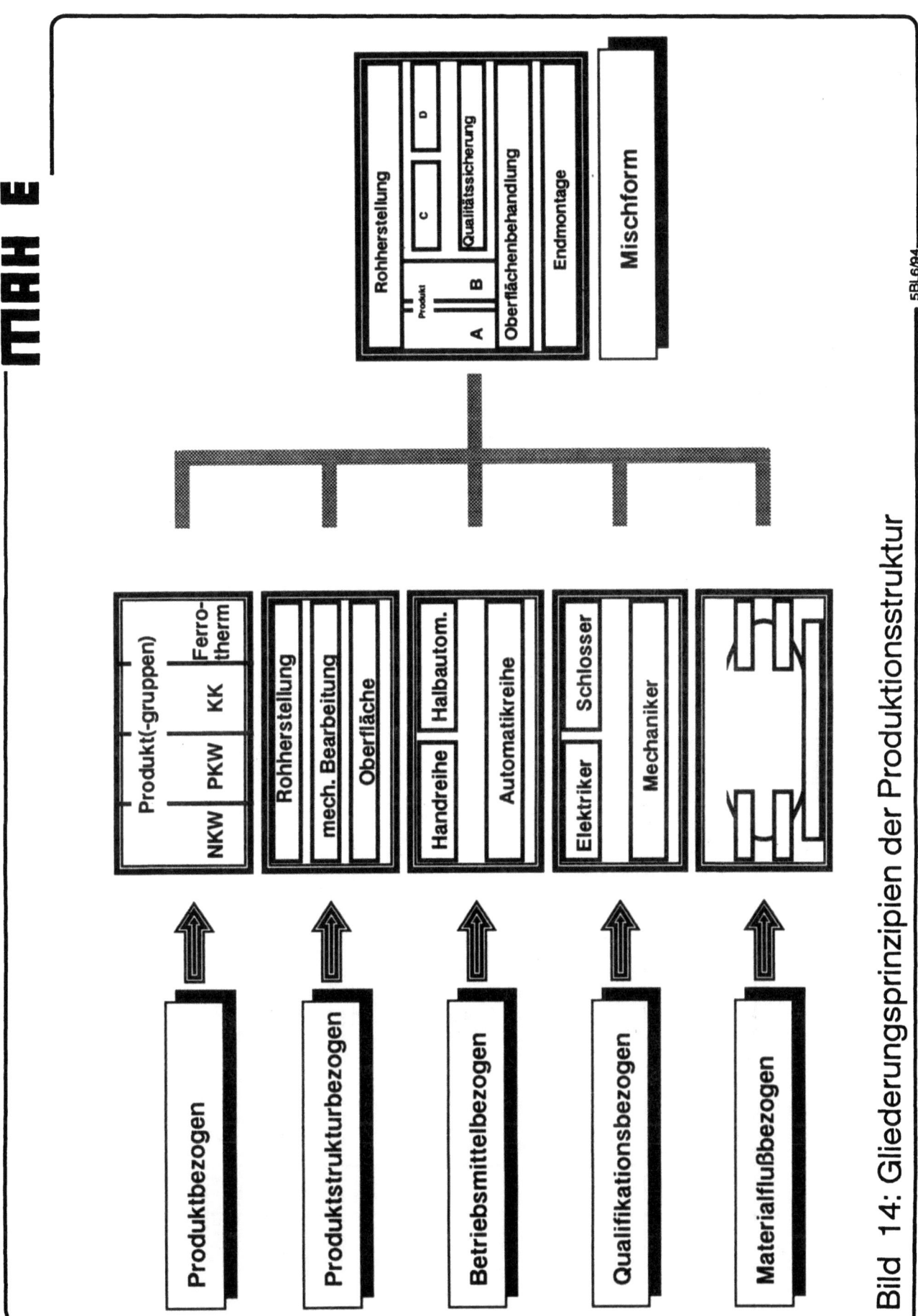

Bild 14: Gliederungsprinzipien der Produktionsstruktur

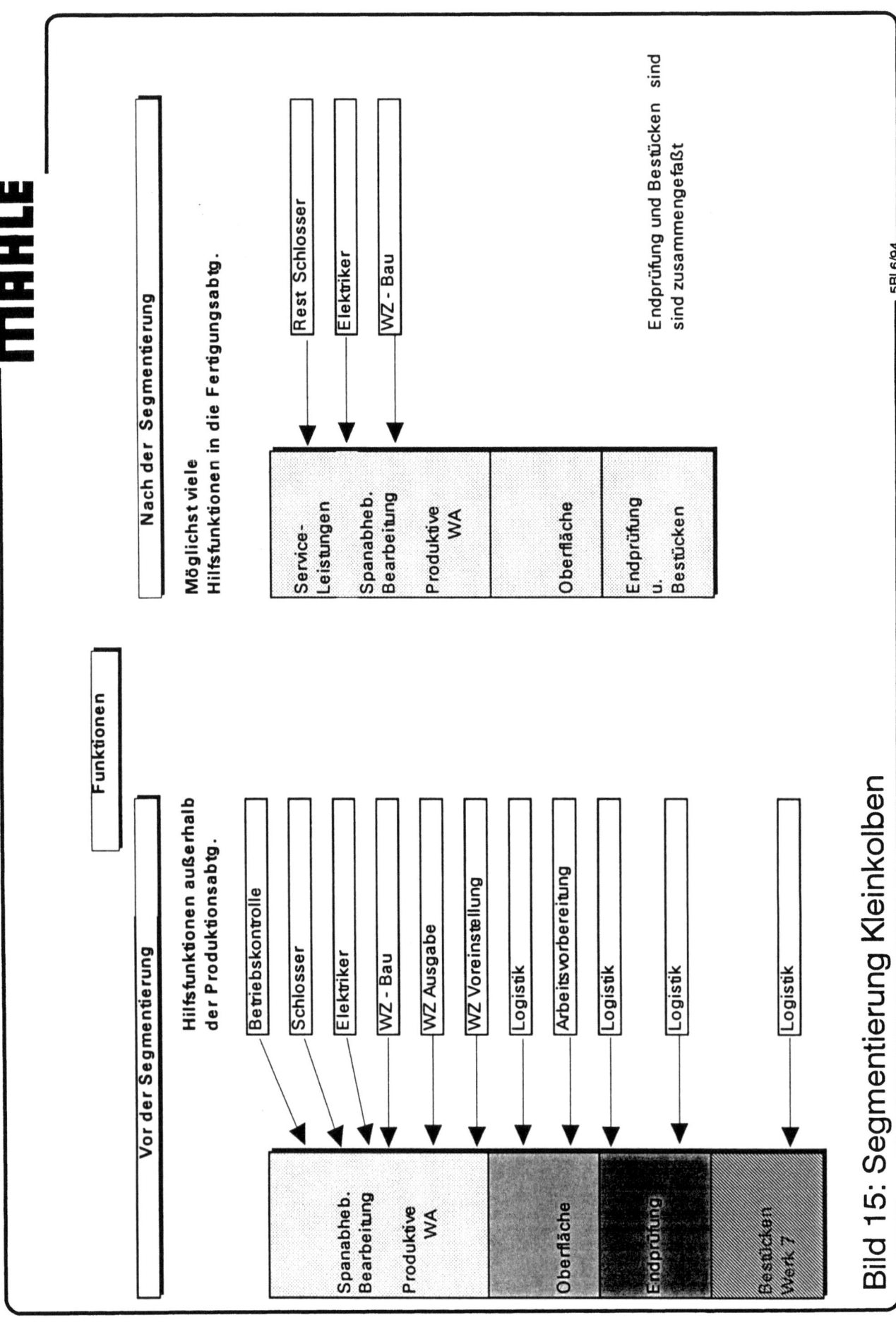

Bild 15: Segmentierung Kleinkolben

MAHLE

- Anforderungen an Arbeitszeit

  - Hohe Nutzung kapitalintensiver Engpaßmaschinen
    - Reduzierung Rüst-, Ausfallzeiten
    - 3- Schicht Betrieb, n+.. Modelle, Samstag Regelarbeitszeit
    - 40- Stunden Woche

  - Flexibilität
    - Hohe Qualifikation, Einsatzflexibilität der Mitarbeiter
    - geringere Arbeitsteilung
    - Spitzen durch Umsetzung von WA o. Überzeit
    - Begrenzte Flexibilisierung, ggf. erweitertes Freizeitkonto
    - Selbsteinsteller

- Anforderungen an Entlohnung

  - Gruppenprämie
  - Einbeziehung der indirekten Mitarbeiter
  - Leistungs-, qualitätsorientiert
  - Individuelle Komponente
  - Berücksichtigung der Einsatzflexibilität
  - Einfach, nachvollziehbar

Bild 16: Arbeitszeiten, Entlohnung

WINI - Standortsicherung durch Fraktale Strukturen

H. Karsch

WINI - Standortsicherung durch fraktale Strukturen
Hans F. Karsch
Geschäftsführer WINI Büromöbel

1. Anforderungen an Büromöbelhersteller am Standort Deutschland

Der Büromöbelmarkt in der BRD hat ein Volumen von etwa 3,5 Milliarden DM. Dieser Markt wird von etwa 200 Anbieter in der Bundesrepublik bedient. Der Exportanteil dieser Branche lag zuletzt bei etwa 12 %. Die Importe aus Westeuropa haben in den letzten Jahren ständig zugenommen; insbesondere aus Italien. Neuerdings drängen auch Anbieter aus Osteuropa auf den bundesdeutschen Markt.

Der Markt ist polypolistisch gegliedert. Von den etwa 200 Anbietern sind ca. 130 kleiner als DM 20 Mio. Jahresumsatz - die Nachfrage kennt keine Konzentration in Einkaufsverbänden o.ä. - also im Prinzip läßt es sich in diesem Markt gut einrichten.

Das Unternehmen WINI ist ein typisches Unternehmen dieser Branche - mittelständisch strukturiert, 350 Mitarbeiter an zwei Produktionsstandorten - WINI produziert 14 Büromöbelprogramme vom preiswerten Standardprogramm bis hin zum hochwertigen furnierten Chefzimmer, einschließlich Schrank- und Trennwänden - also alles, was benötigt wird, um Büros komplett einzurichten.

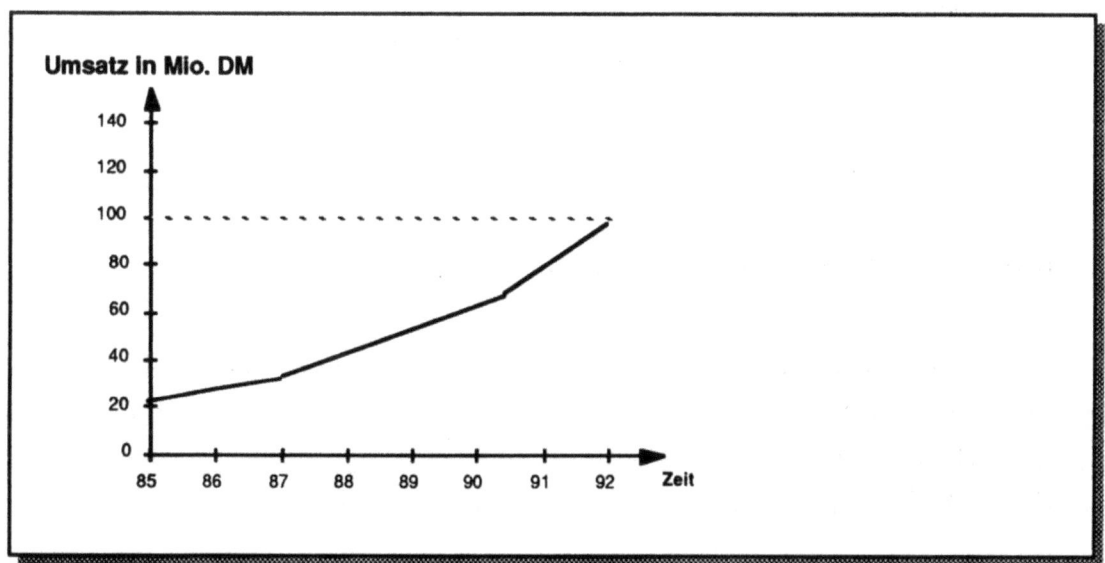

Bild 1: Umsatz in den Jahren 1985 - 1992

WINI ist ein stark wachsendes Unternehmen - wir gehören zu den fünf wachstumsstärksten Unternehmen dieser Branche - das Wachstum von 1987 bis 1992 betrug 260 % - was natürlich auch nicht unerhebliche Probleme aufwirft (siehe Bild 1).

2. Aktive Standortsicherung bei WINI

Der teure Produktionsstandort Bundesrepublik Deutschland - Sie alle kennen die Klagen über die hohen Arbeitskosten (siehe Bild 2) - die Arbeitskosten sind ja nur ein Teil der Standortnachteile, die wir hier haben, was letztlich dazu führt, daß Auslandsinvestoren Deutschland meiden und viele deutsche Unternehmen im Ausland investieren (siehe Bild 3).

Arbeitskosten in Osteuropa (monatliche Aufwendungen
für einen Industriearbeiter im ersten Halbjahr 1992)

	Durch-schnittslohn (in Mark)	zuzüglich		Arbeits-kosten insgesamt (in Mark)
		Sozial-abgaben	Aufwendungen für Urlaubs- und Feiertage	
		(in Prozent vom Durchschnittslohn)		
Bulgarien	112	40,0	14,4	173
Polen	218	49,0	19,2	367
Rumänien	125	35,0	15,6	188
Rußland	58	43,6	19,8	95
ehem. Tschechoslowakei	254	38,0	19,8	401
Ungarn	403	44,0	20,4	663
Westdeutschland	**3.575**	**58,0**	**26,0**	**6.578**

Quelle: Institut der deutschen Wirtschaft

Bild 2: Arbeitskosten im Vergleich

Dieses ist ja zunächst auch einmal sehr einleuchtend, wenn wir uns die Arbeitskosten (siehe Bild 2) - in den östlichen Nachbarländern anschauen. Dieses führt zu dem Ergebnis, daß wir für einen deutschen gewerblichen Mitarbeiter 18 Polen, 10 Ungarn oder sogar 70 Russen einstellen könnten.

Wir selbst waren natürlich auch versucht, unsere Produktion oder Teile unserer Produktion in den Osten zu verlegen und haben uns zunächst einmal in den neuen Bundesländern, später oder fast zeitgleich in Ungarn, Polen und Tschechien umgesehen. Wir sind aber, als wir alle Für und Wider abgewogen haben, zu der Entscheidung gekommen, nicht in diesen osteuropäischen Nachbarländern zu investieren, weil uns die dort gezeigte niedrige Produktivität und schlechte Qualität abgeschreckt haben.

Wir haben zudem kalkuliert, daß auch in diesen Ländern die Löhne sich relativ bald - wenn man in etwas längeren Zeiträumen denkt - angleichen, und daß bei einer sehr hohen kapitalintensiven Fertigung der Lohnvorteil nur für einen verhältnismäßig kleinen Zeitraum vorhanden ist.

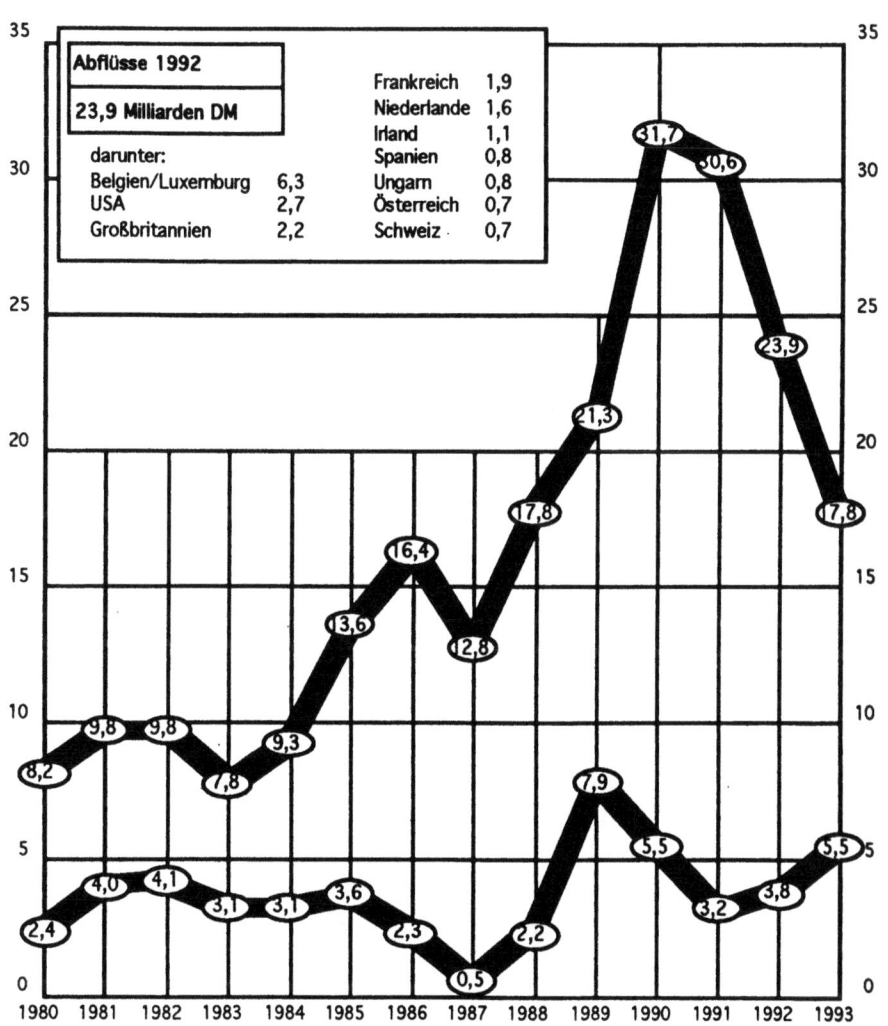

Institut der deutschen Wirtschaft

Bild 3: Direktinvestitionen in Deutschland

Wir haben auf der anderen Seite aber auch ein Joint Venture mit 51% Beteiligung in Kiew/Ukraine gegründet, wo wir ein begrenztes Büromöbelsortiment fertigen, in der Annahme, daß in diesem Land die Löhne noch auf absehbare Zeit erhebliche Vorteile für uns bringen werden (mit dem Nachteil, daß wir aufgrund der politischen Instabilität nur ein begrenztes Engagement eingegangen sind).

FAZIT:

Wir haben uns entschieden, im wesentlichen in Deutschland zu bleiben, haben uns dann zur Aufgabe gemacht, uns wesentlich intelligenter zu organisieren und die Vorteile des Standortes BRD mit relativ gut ausgebildeten Mitarbeitern besser zu nutzen - also sind wir zur FRAKTALEN FABRIK gekommen, weil wir zutiefst davon überzeugt sind, daß wir in allen Bereichen wesentlich leistungsfähiger werden, wenn wir die tayloristische Denkweise und die starre Hierarchie verlassen und versuchen, dem Mitarbeiter mehr Eigenständigkeit und Eigenverantwortung zu geben - ihn zugleich damit wesentlich besser motivieren und ihm durch Schulungen und Veränderungen in der Organisationsstruktur helfen, "Unternehmer im Unternehmen" zu werden.

---

1. Schwerpunkt unseres Geschäfts sind Entwicklung, Herstellung und Vertrieb von Büroeinrichtungen sowie damit verbundene Dienstleistungen.

2. Unser Ziel ist ertragsorientiertes Wachstum

3. Qualitätswettbewerb vor Preiswettbewerb

4. Wir fördern den leistungsbereiten Mitarbeiter
   Wir wünschen uns den Unternehmer im Unternehmen

5. Ökologisch verantwortliches Handeln gegenüber unserer Umwelt, unseren Mitarbeitern und Kunden ist erklärtes Ziel

6. Das Unternehmen WINI bekennt sich zu einer CI- und Designkultur, die nach außen ein unverwechselbares Auftreten ermöglicht und den hier arbeitenden Mitarbeitern eine Heimat bietet, mit der sie sich identifizieren können

7. Zeit ist Wettbewerbsfaktor.
   Wir sind schneller als der Wettbewerb.

Bild 4: Unternehmensziele und Leitlinien der Fa. Wini

Wir haben bei dem raschen Wachstum, das wir verarbeiten mußten, festgestellt, daß die zentrale Lenkung trotz aller EDV-Unterstützung einfach nicht funktioniert, und daß wir die notwendige Flexibilität, um auf den Markt zu reagieren, nicht verbessert, sondern eher verschlechtert haben.

Wir haben immer wieder feststellen müssen, daß unsere starren, funktionalen Strukturen, die durch die terministische Beschreibung der Abläufe bestimmt sind, sehr schnell an ihre Grenzen stoßen, wenn sich das Unternehmensumfeld schnell verändert und haben uns entschieden, unsere Unternehmensstrukturen RADIKAL zu ändern und das Konzept der FRAKTALEN FABRIK mit seinen selbständig agierenden und in ihrer Zielausrichtung selbstähnlichen Einheiten, den "Fraktalen" bei uns einzuführen.

Da die Planung neuer Organisationsstrukturen sich natürlich an der Unternehmensphilosophie oder den Unternehmensleitlinien des Unternehmens WINI orientieren sollte, haben wir aus den Unternehmensleitlinien (siehe Bild 4) ein neues Zielsystem generiert. Dieses Zielsystem ist erarbeitet worden von den leitenden Mitarbeitern des Hauses WINI.

Die Sicherung der Marktposition (siehe Bild 5) - und damit die Sicherung von Arbeitsplätzen - soll durch die in der Zielpyramide abgebildete Hierarchie der Oberziele erreicht werden.

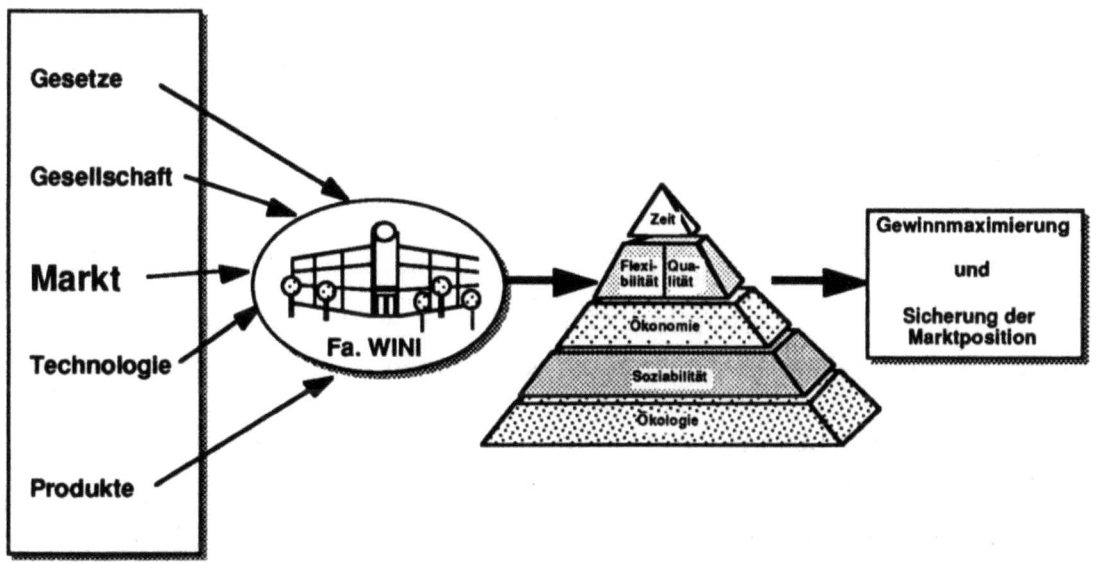

Bild 5: Unternehmensstrategie beeinflußt durch Unternehmensumfeld

Die Oberziele, die dem steigenden Wettbewerbsdruck, den zunehmenden wirtschaftlichen Unsicherheiten und dem technologischen Wandel begegnen müssen, sind Soziabilität, Ökologie, Qualität, Ökonomie, Zeit und Flexibilität. Mit Hilfe des paarweisen Vergleiches wurden die einzelnen Oberziele gegeneinander gewichtet.

Daß hierbei die Zeit in der Pyramide ganz oben als wichtigstes Kriterium gewertet wurde, nimmt sicherlich nicht wunder - zumindest wir sind davon überzeugt, daß nicht die großen die kleinen Unternehmen fressen, sondern die schnellen die langsamen.

Wir verstehen unter ZEIT eine Reduzierung der Durchlaufzeiten von der Zeit 5-8 Wochen auf 2 Wochen und für Einzelfertigung auf 1 Woche. Die Beschleunigung der Produktentwicklung von derzeit bis zu 2 Jahren auf maximal 3 Monate.

Flexibilität bedeutet für uns die schnelle Reaktion auf Kundenwünsche - bei einer hohen Variantenvielfalt nicht immer ganz ohne Probleme.

Qualität bedeutet für uns die Senkung von Kundenreklamationen, verbunden mit der Einführung der ISO 9000.

Ökonomie bedeutet Reduktion von Schnittstellen und damit Erhöhung der Effizienz des Gesamtorganismus - und letztlich eine jährliche Produktionssteigerung von mindestens 5 %.

Ökologie bedeutet die Minimierung von Abfällen, die Einführung umweltfreundlicher Materialien, die Reduktion der Materialvielfalt, das Sparen von Energie und

Soziabilität bedeutet für uns, den Mitarbeiter zum Unternehmer im Unternehmen zu machen, mit hoher Motivation durch Verantwortung, unterstützt durch entsprechende Entlohnungssysteme und Schulungen.

Wir sind uns bewußt, daß diese Zielpyramide, wie wir sie hier für das Gesamtunternehmen aufgebaut haben, nicht für jedes Fraktal gleich aussehen muß, weil es hier durchaus zu anderen Gewichtungen kommen kann - aber die anderen Zielpyramiden müssen so gestaltet sein, daß sie das Gesamtsystem optimal unterstützen.

Eine Analyse des IST-Zustandes durch Mitarbeiter des IPA, unterstützt durch WINI-eigene Mitarbeiter, hat sehr bald fünf besondere Problemfelder aufgezeigt, bei denen besonderer Handlungsbedarf gegeben ist.

Wir haben daraufhin fünf verschiedene Arbeitsgruppen zusammengestellt, die interdisziplinär zusammengesetzt sind. Die Moderation der Arbeitsgruppen haben Mitarbeiter des Fraunhofer-Instituts übernommen, um verschiedene Lösungsansätze zu kanalisieren.

Das Vorgehen in den Arbeitsgruppen mit daraus resultierenden ersten Erfolgen soll im folgenden Kapitel aufgezeigt werden.

3. Erste Erfolge der mitarbeiterorientierten Strukturentwicklung

Die Akzeptanz von Veränderungen ist immer dann gegeben, wenn sie Veränderungen bei Mitarbeitern hervorruft, die wesentlich betroffen sind. Es ist deshalb auch sinnvoll, diese Mitarbeiter in die Lösung neuer Strukturen einzubeziehen, deren Know-how einzusetzen und letzten Endes sie selbst an dem Erfolg partizipieren zu lassen. Wichtig war uns in allen Fällen, den Konsens aller Involvierten zu finden.

Durch die sehr hierarchisch aufgebauten Strukturen mit festgelegten Stellenbeschreibungen sind die Kompetenzen der einzelnen Mitarbeiter klar abgegrenzt, und es gibt wenig Spielraum, über die hierarchischen Grenzen hinaus Veränderungen herbeizuführen.

Alles unternehmerische Denken und Handeln wird in diesen hierarchischen Strukturen erstickt, oder zumindest behindert. Die Freisetzung dieser Ressourcen sind ein wesentliches Potential, was die Fraktale Fabrik nutzen will.

Erste Ansätze ganzheitlichen Denkens sind bereits in den ersten Arbeitssitzungen erzielt worden. Dies ist darauf zurückzuführen, daß die Arbeitsgruppen interdisziplinär - unabhängig von den Hierarchien - zusammengesetzt worden sind und sich aus den Mitarbeitern rekrutierten, die am meisten von den Problemen betroffen sind.

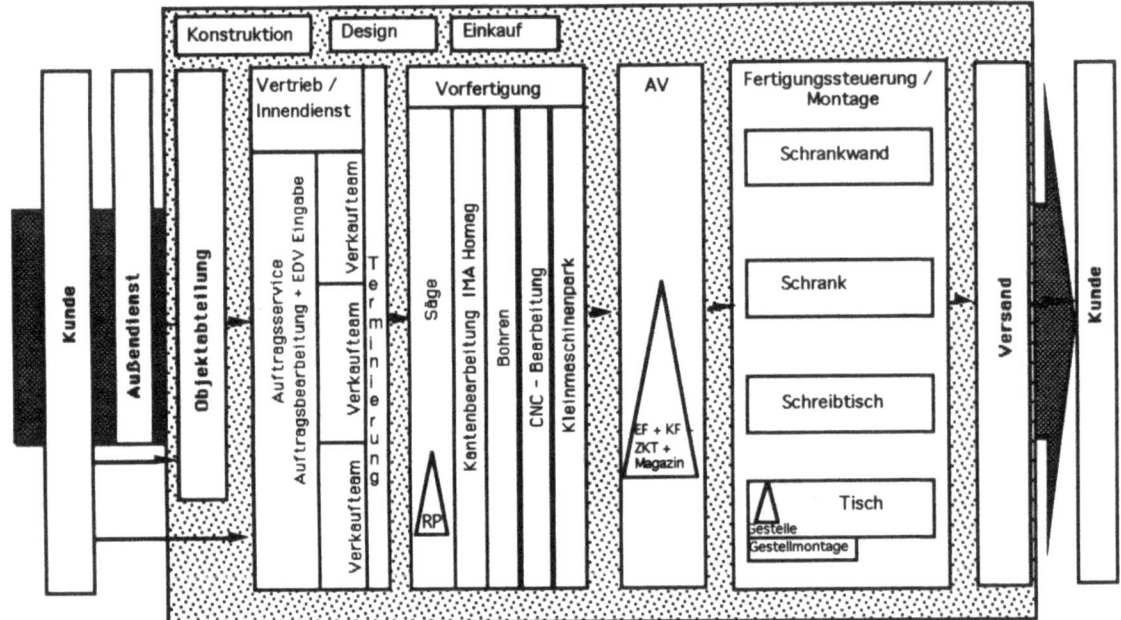

Bild 6: IST-Struktur

Ein Beispiel für die funktional gegliederte IST-Struktur, die zu Problemen führt, ist die Funktion EINKAUF (siehe Bild 6), eine selbständige Abteilung, die der technischen Gesamtleitung untersteht. In die Verantwortung des Einkaufs fällt die Verhandlung über Preise, Jahresabschlüsse, aber auch die Abwicklung Bestellung, Terminverfolgung von Zukaufteilen. Die Disponenten geben den Bedarf an den Einkauf weiter und dieser disponiert bei seinen Lieferanten.
Die Disponenten im Einkauf sind nicht so nahe am Betriebsgeschehen, daß sie die Wirkung von Terminverzögerungen oder Terminverschiebungen richtig einschätzen können, so daß es in diesem Bereich dann häufig zu Fehlbeständen kommt.

Daß hier eine problematische Schnittstelle liegt, zeigt sich darin, daß zwar die Verantwortung für den Materialbestand bei den Disponenten der Arbeitsvorbereitung liegt, während die Kompetenz für die Bereitstellung der Teile dem Einkauf zugeordnet ist.

Im Laufe der Diskussion der Arbeitsgruppe wurde eine Neustrukturierung umgesetzt (siehe Bild 7). Diese sieht den direkten Kontakt und Terminverfolgung im Tätigkeitsbereich der Disponenten. Der Einkauf baut die Erstkontakte auf, verhandelt Preise und Jahresabschlußmengen; die tägliche Abwicklung liegt jetzt aber bei den Disponenten.

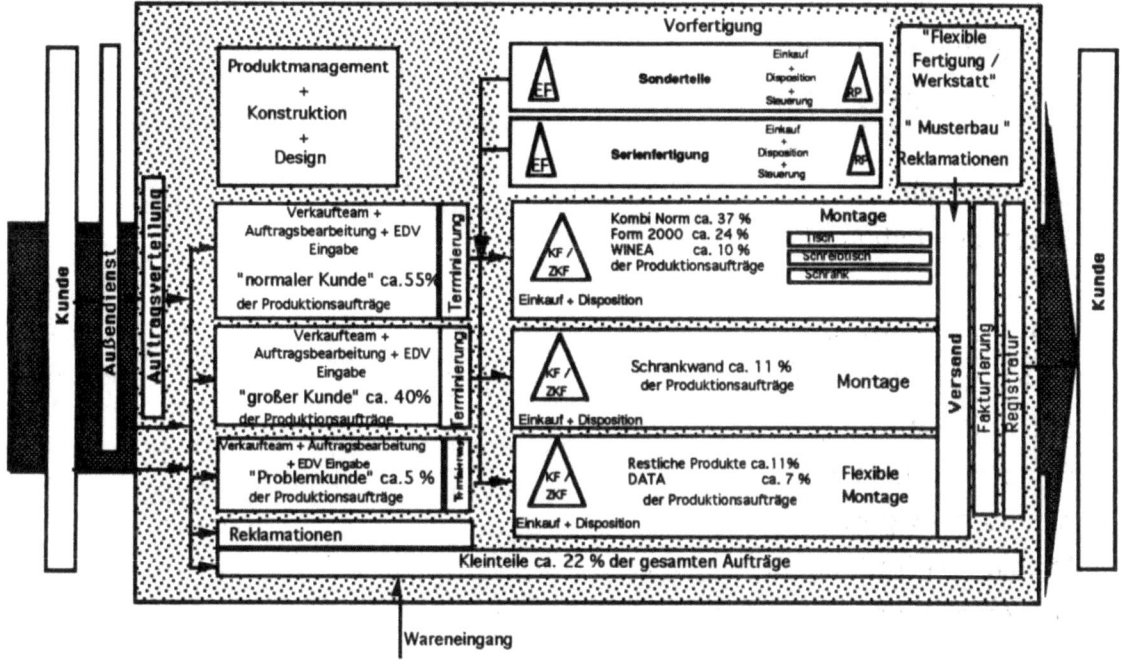

Bild 7: Mögliche SOLL-Struktur

Ein weiteres Schnittstellenproblem ergab sich bei den weiterführenden Untersuchungen zwischen Disposition, Teilelager und Vorfertigung.

Grundsätzlich muß zur Fertigungssteuerung bei der Firma Wini folgendes gesagt werden: bis zum Halbteilelager, also montagefertige Teile, wird in Serien vorgefertigt, mit der Ausnahme von "Schnellschüsse". Erst vom Halbteilelager werden dann für die Endmontage kommissionsweise Teile und Baugruppen entnommen und fertig montiert.

Aufgrund der hohen Anzahl zu verwaltender Teile - ca. 30.000 Stück - gibt es eine Dreiteilung des Lagers, so daß jeder Disponent für ein Drittel der Teile verantwortlich ist. Jeder der drei Disponenten leitet seine Betriebsaufträge an den Meister der Vorfertigung weiter und macht die Aufträge mit Prioritäten kenntlich. Jetzt aber obliegt dem Meister die Reihenfolge für das Einlasten der Teile, obwohl dieser keine Kenntnis über den aktuellen Lagerbestand und die Dringlichkeit der Teile hat.

Es kommt ein weiteres Problem hinzu:
Bei dem Teilelager handelt es sich um ein offenes Lager, das zwar EDV-gepflegt wird, in der Praxis aber erhebliche Differenzen aufweist.

Die mangelnde Transparenz im Teilelager führt dazu, daß eher Lagerbestände hochgefahren werden, Sicherheitsbestände angelegt werden und trotzdem "Schnellschüsse" gefahren werden, weil angeblich Teile nicht verfügbar waren.

Dieses ergibt einen Kreislauf, der in Abb. 8 dargstellt wird und letztlich zu einer Bestandserhöhung führt.

Die hier aufgezeigten Probleme müssen zwangsläufig dazu führen, daß wir zu einem geschlossenen Lager kommen, und daß die Verantwortung für das Lager auch die Abteilungen der Vorfertigung übernehmen, und die Vorfertigung in zwei Bereiche untergliedert wird: in Sonderfertigung und Standardfertigung. Darüber hinaus muß gewährleistet sein, daß der Disponent in Zusammenarbeit mit dem Meister der Vorfertigung des betreffenden Fraktals Einfluß auf den Bestand und die Reihenfolge der zu fertigenden Teile bekommt.

Mangelnde Transparenz im Teilelager wird durch eine Erhöhung des Soll-Bestandes aufgefangen!

Um die Bestandsführung des Teilelagers zu verbessern müssen geeignete Maßnahmen ergriffen werden; z.B.: *Senkung der Materialbestände, neue Steuerungsstrategien!*

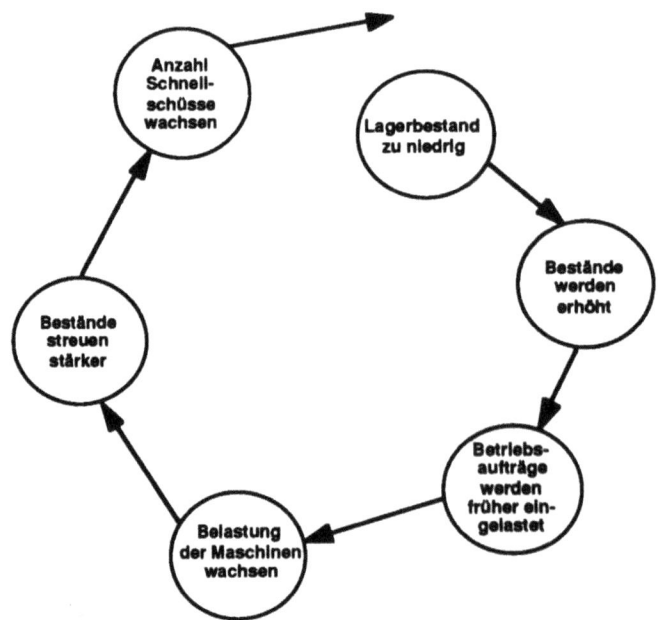

Bild 8: Fehlerkreislauf durch Bestandserhöhung

In den Jahren des starken Wachstums haben wir bei WINI die Entscheidung getroffen, den vermehrten Teilebedarf im wesentlichen - wenn irgendwo möglich - durch Zukauf abzudecken.
Dieses ist bei Möbelteilen ohne weiteres möglich, da es hier eine Reihe von Zulieferanten gibt. Wir haben diese Entscheidung unter zwei Aspekten gefällt:

1. Wir müssen unsere eigene Kapazität nicht aufstocken und können somit flexibel auf den Markt reagieren;

2. Die Zukaufteile erhalten wir billiger als die eigengefertigen Teile.

Wir haben hier sicherlich bei der Auswahl der Lieferanten die heute definierte Zieldefinition nicht eingehalten - nämlich das Fakto Ökonomie hinter dem Oberziel "Zeit, Flexibilität und Qualität" steht, sondern wir haben hier die Ökonomie an die oberste Stelle gesetzt mit der Folge, daß wir zwar günstig einkaufen können, aber Liefertermintreue und Qualität nicht immer ausreichen, so daß automatisch die Lagerbestände hochgefahren wurden. Es kommt hinzu, daß die Lieferzeiten für diese Teile erheblich über der Zeit der Eigenfertigung liegen.

Die Folge: die Materialbestände wurden durch die lange Dispositionszeit und die schlechte Termintreue aufgebaut, was erheblich Umlaufvermögen bindet und die Transparenz mindert.

Wir haben zudem im Laufe der Untersuchungen in Frage gestellt, daß die Eigenfertigung wesentlich teurer ist als die Fremdfertigung mit der Folge, die Eigenteilproduktion deutlich zu erhöhen. Schon lange Zeit, bevor wir uns entschlossen hatten, die Fraktale Fabrik bei WINI zu verwirklichen, hatten wir den Auftrag erteilt, ein neues PPS-System in unserem Hause einzuführen. Dieses PPS-System hat sehr bald in unseren Arbeitsgruppen zu erheblichen Diskussionen geführt, da es sich hier um relativ starre Strukturen handelt, wie man sie bei der Einführung CIM-ähnlicher Systeme kennt; mit starren, deterministischen Arbeitsweisen, die z.B. durch fest vorgegebene Terminierungsalgorithmen der Fertigungsaufträge bestimmt ist.

Hierbei ist eine Anpassung an sich ändernde Randbedingungen nicht möglich (z.B. Wandel einer Massen- zu einer Sortenfertigung).

So steht beispielsweise der hohe zeitliche Aufwand, der in der Montage betrieben werden muß, um die einzelnen Arbeitsgänge zurückzumelden, in keinem Verhältnis zum relativ kurzen Bearbeitungsaufwand innerhalb des Montagesystems. Des weiteren muß die Datenpflege für das System laufend betrieben werden, um Veränderungen im Produktprogramm oder Modifizierungen der bestehenden Modelle zu berücksichtigen. Hier steht sicherlich der notwendige Aufwand nicht im rechten Verhältnis zu dem erwarteten Nutzen.

Die durch die Fraktale angestrebten, sich selbst steuernden und organisierenden Einheiten mit hoher Eigendynamik werden durch solche starren Systeme behindert. Die Diskussion wird letztlich dazu führen, daß wir sehr viel einfachere und robustere Systeme einsetzen können (siehe Bild 9), die sich aus Standardmodulen zusammensetzen, so daß relativ preiswerte Systeme zum Einsatz kommen können mit der gewünschten Datentransparenz und ohne die aufwendigen Anpassungen des Systems an WINI-Strukturen.

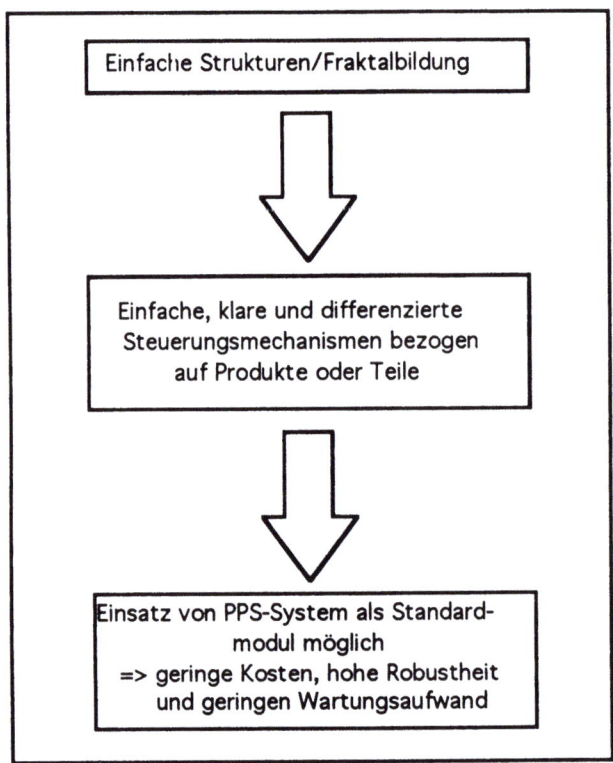

Bild 9: Strukturierungspotential für PPS-Systeme

Bei der Untersuchung der Steuerungsmechanismen sind wir zunächst einmal davon ausgegangen, welche Anforderungen der Markt an das Unternehmen WINI stellt (siehe Bild 10).

Grundsätzlich können wir bei WINI drei unterschiedliche Auftragstypen feststellen:
- der Normalkunde mit 24 %, mit einfachen, unkomplizierten Aufträgen; durchschnittliche Positionszahl: 8, ohne Sonderwünsche nach Farben, Abmessungen und Terminen.
- Großkunden, 26 % aller Aufträge. Bei diesen Kunden kommen alle Auftragstypen vor - sowohl die normalen Aufträge wie eben beschrieben als

auch sehr große Aufträge zum Teil in Sonderanfertigungen und zu besonderen Terminen (Fixterminen).

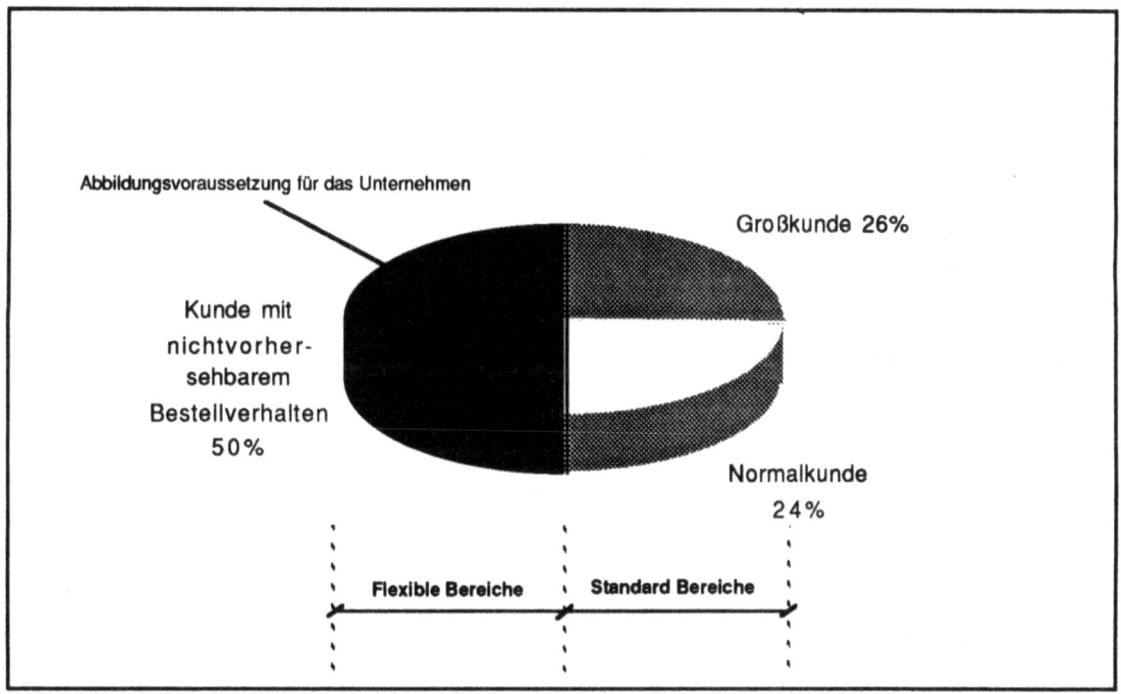

Bild 10: Auftragsverteilung

50 % des Auftragsvolumens bei WINI ist nicht vorhersehbar und unterliegt keinen besonderen Merkmalen. Da eine Gleichbehandlung aller Auftragstypen nicht die optimale Lösung darstellen kann, könnte hier insofern Rechnung getragen werden, daß die Großkunden, wie schon jetzt aus marktstrategischen Gründen geschehen, von gesonderten Sachbearbeitern betreut werden. Die Normalkunden (Normalaufträge) könnten - da es sich hier in der Regel um einfache Aufträge handelt - von weniger qualifizierten Mitarbeitern betreut (bearbeitet) werden und die 50 % der Aufträge, die kein vorhersehbares Bestellverhalten aufweisen, durch gut geschulte, flexible und wendige Mitarbeiter bearbeitet werden.

Das zu entwickelnde Steuerungssystem muß sich durch eine hohe Eigendynamik, maximale Reaktionsfähigkeit und hohe Flexibilitätsansprüche auszeichnen und stellt damit hohe Anforderungen, nicht nur an die Produktion oder die einzelnen Betriebsmittel, sondern auch an den Komplex "Mensch - Maschine".

Ziel dieser Maßnahmen muß es sein, den Anforderungen aus der Zielpyramide, nämlich kurze Durchlaufzeiten und hohe Flexibilität zu erreichen, gerecht zu werden.

In einem anderen Arbeitskreis wird an der Reduzierung der Reklamationen gearbeitet. Ziel dieser Arbeitsgruppe ist es, den Reklamationsanteil so weit zu senken, daß wir aggressiv in der zweiten Jahreshälfte in den Markt gehen mit der Aussage: "Wenn denn bei WINI eine Reklamation auftritt, wird diese - wenn technisch möglich - schnellstens, und das innerhalb einer Woche, erledigt!"
Wir würden hiermit Zeichen im Markt setzen.

Ein weiterer Arbeitskreis beschäftigt sich mit der Produktentwicklung. Hier wollen wir eine Umsetzung neuer Produkte innerhalb von 3 Monaten erreichen. Diese ist sicherlich für die Zukunft dieses Unternehmens von sehr entscheidender Bedeutung.

Wenn wir schnell und flexibel auf Kundenwünsche reagieren können, wenn wir in der Lage sind, intelligente Lösung sowohl in Hardware als auch Software anzubieten, dann werden wir in diesem Büromöbelmarkt sicherlich weiterhin recht gute Wachstumschancen haben. Wir sind zutiefst davon überzeugt, daß die Umsetzung der "Fraktalen Fabrik" so wie sie in den Arbeitsgruppen bisher sichtbar wird, maßgeblich zu diesem Ziel beitragen wird.

Wenn es gelingt, mittels der Fraktalen Fabrik den Mitarbeiter zum "Unternehmer im Unternehmen" zu machen, werden wir den Standortnachteil auch als Low-Tech-Produzent mehr als ausgleichen können.

If you have any concerns about our products,
you can contact us on
ProductSafety@springernature.com

In case Publisher is established outside the EU,
the EU authorized representative is:
**Springer Nature Customer Service Center GmbH
Europaplatz 3, 69115 Heidelberg, Germany**

Printed by Libri Plureos GmbH
in Hamburg, Germany